Progammer avec Maple V

Springer
*Berlin
Heidelberg
New York
Barcelone
Budapest
Hong Kong
Londres
Milan
Paris
Santa Clara
Singapour
Tokyo*

M. B. Monagan K. O. Geddes
K. M. Heal G. Labahn S. M. Vorkoetter

Programmer avec Maple V

Avec la collaboration de J. S. Devitt,
M. L. Hansen, D. Redfern, K. M. Rickard

Springer

Waterloo Maple Inc.
450 Phillip St.
Waterloo, ON N2L 5J2, Canada

Traducteur:

Nicolas Puech

Professeur d'Informatique en Classes Préparatoires
aux Grandes Ecoles
Lycée Hoche
BP 283
73, Avenue de Saint-Cloud
F-78002 Versailles Cedex
e-mail : puech@cicrp.jussieu.fr

L'édition originale de ce livre est parue aux Etats-Unis en 1996 sous le titre:
Maple V – Programming Guide
ISBN 0-387-94537-7 Springer-Verlag New York Berlin Heidelberg

Die Deutsche Bibliothek – CIP-Einheitsaufnahme

Programmer avec Maple V: / [Waterloo Maple]. Avec la collab. de J. S. Devitt ... –
Berlin; Heidelberg; New York; Barcelone; Budapest; Hong Kong; Londres; Milan; Paris;
Santa Clara; Singapour; Tokyo: Springer, 1997.
Dt. Ausg. u.d.T.: Programmieren mit Maple V.
Engl. Ausg. u.d.T.: Maple V – programming guide.
ISBN 3-540-60734-X

Mathematics Subject Classification (1991):
68Q40, 05-XX, 11Yxx, 12Y05, 13Pxx, 14Qxx, 20-04, 28-04, 30-04, 33-XX,
62-XX, 65-XX, 92Bxx, 94A60, 94Bxx

ISBN 3-540-60734-X Springer-Verlag Berlin Heidelberg New York

Avec 79 figures

Maple et Maple V sont des marques déposées de Waterloo Maple Inc.
© Waterloo Maple Inc. 1997
Imprimé en Allemagne

Tous droits de traduction, de reproduction et d'adaptation réservés pour tous pays. La loi du 11 mars 1957 interdit les copies ou les reproductions destinées à une utilisation collective. Toute représentation, reproduction intégrale ou partielle faite par quelque procédé que ce soit, sans le consentement de l'auteur ou de ses ayants cause, est illicite et constitue une contrefaçon sanctionnée par les articles 425 et suivants du Code pénal.

Mise en page : les fichiers fournis par le traducteur ont été mis en forme par Mitterweger Satz GmbH, Plankstadt, à l'aide de macros TEX élaborées par Springer.
Composition, impression et reliure: Konrad Triltsch, Würzburg.
SPIN 10527452   44/3143 - 5 4 3 2 1 0 – Imprimé sur papier non acide.

Avant-propos du traducteur

Maple V est un logiciel de calcul formel qui propose à l'utilisateur un interface interactif pour résoudre des problèmes mathématiques. De nombreuses commandes sont disponibles, directement ou à travers des bibliothèques spécialisées, pour traiter des situations usuelles. La description de ces commandes est l'objet du livre intitulé *Découvrir Maple V*.

Mais Maple V comporte aussi un langage de programmation complet qui permet d'adapter les commandes Maple existantes ou d'écrire des programmes plus élaborés correspondant aux besoins de l'utilisateur. Ce livre est consacré à sa presentation. C'est la traduction de l'ouvrage intitulé *Maple V : Programming Guide*.

Quelques passages de l'édition originale ont été légèrement modifiés et certains exemples ont été francisés afin, espérons-nous, d'en faciliter la lecture et la compréhension. Nous avons aussi ajouté au texte original quelques précisions sous forme de notes.

Nous remercions Bruno Petazzoni et Luc Albert pour leurs précieux conseils.

Nicolas Puech

Table des matières

1. Introduction — 1
  1.1 Mise en œuvre — 2
      Variables locales et variables globales — 6
      Entrées, paramètres, arguments — 8
  1.2 Rudiments de programmation — 10
      L'affectation — 11
      Les boucles **for** — 13
      Les instructions conditionnelles — 14
      Retour de procédure non évalué — 15
      Transformations symboliques — 17
      Vérification de type — 18
      Les boucles **while** — 20
      Programmation modulaire — 21
      Procédures récursives — 22
      L'instruction **RETURN** — 24
      Exercice — 25
  1.3 Structures de données fondamentales — 25
      Exercice — 27
      Exercice — 29
      Appartenance — 29
      Exercice — 30
      Recherche par dichotomie — 30
      Exercices — 32
      Représentation graphique des racines d'un polynôme — 32
  1.4 Programmer avec des formules — 35
      Hauteur d'un polynôme — 35

Exercice	38
Les polynômes de Chebyshev	38
Exercice	39
Intégration par parties	39
Exercice	41
Programmer avec des paramètres symboliques	41
Exercice	44

2. Fondements — 45

2.1 Règles d'évaluation	46
Paramètres	47
Variables locales	50
Variables globales	51
Exceptions	52
2.2 Procédures imbriquées	54
Variables locales ou variables globales ?	54
L'algorithme de tri rapide	58
Réalisation d'un générateur de nombres aléatoires	63
2.3 Types	65
Types modifiant les règles d'évaluation	65
Types structurés	69
Reconnaissance de types	71
2.4 Choix d'une structure de données : graphes	73
Exercices	78
2.5 Tables de remember	78
L'option **remember**	79
Ajout explicite d'entrées	79
Suppression d'entrées dans une table de remember	81
2.6 Conclusion	82

3. Programmation avancée — 83

3.1 Procédures retournant des procédures	84
Ecriture d'une procédure implémentant une méthode de Newton	84
Un opérateur de décalage	86
Exercice	89
3.2 Lorsque les variables locales s'échappent	89
Produit cartésien d'ensembles	91
Exercices	97
3.3 Saisie interactive	98
Lecture de lignes de texte	98

Lecture d'expressions saisies au clavier	99
Conversion de chaînes de caractères en expressions	100
3.4 Comment étendre Maple	101
Définition de nouveaux types	102
Exercices	103
Affichage formaté et alias	103
Opérateurs neutres	105
Exercice	108
Extension de certaines commandes	109
3.5 Ecriture de ses propres packages	112
Initialisation de packages	114
Réaliser sa propre bibliothèque	116
3.6 Conclusion	119
4. Le langage Maple	**120**
4.1 Eléments du langage	122
L'ensemble des caractères	122
Mots	123
Séparateurs	126
4.2 Caractères d'échappement	129
4.3 Instructions	129
L'instruction d'affectation	130
Désaffectation	134
Branchement conditionnel	136
Les boucles	138
Les instructions **read** et **save**	143
4.4 Expressions	144
Représentation interne des expressions	145
Entiers, chaînes, noms indexés et concaténations	148
Fractions et nombres rationnels	150
Nombres flottants (nombres décimaux)	151
Constantes numériques complexes	153
Etiquettes	155
Séquences	155
Ensembles et listes	159
Fonctions	161
Les opérateurs arithmétiques	165
Multiplication non commutative	167
Les opérateurs de composition	168
Les opérateurs ditto	169
L'opérateur factorielle	169
L'opérateur **mod**	170

Les opérateurs neutres	171
Relations et opérateurs logiques	172
Tableaux et tables	176
Séries	178
Intervalles	180
Expressions non évaluées	181
Constantes	183
Types structurés	184
4.5 Quelques boucles utiles	186
Les commandes `map`, `select`, et `remove`	186
La commande `zip`	189
Les commandes `seq`, `add` et `mul`	190
4.6 Substitution	192
4.7 Conclusion	195

5. Procédures — 196

5.1 Définition d'une procédure	196
Notation fonctionnelle	197
Procédures anonymes	198
Simplification de procédures	198
5.2 Passage des paramètres	199
Paramètres déclarés	200
La séquence des arguments	201
5.3 Variables locales et variables globales	202
Evaluation des variables locales	204
5.4 Options et description d'une procédure	206
Options	206
Le champ de description	208
5.5 Valeur retournée par une procédure	209
Affectation de valeurs à des paramètres	209
Retours explicites	212
Retours d'erreur	213
Récupération d'erreurs	214
Retours non évalués	215
Exercice	217
5.6 La procédure en tant qu'objet Maple	217
Evaluation au dernier nom	217
Type et opérandes d'une procédure	218
Sauvegarde et restitution de procédures	220
5.7 Exercices	221
5.8 Conclusion	222

6. Mise au point des programmes Maple — 224
- 6.1 Un exemple — 224
- 6.2 Activation du débogueur — 232
  - Affichage des instructions d'une procédure — 233
  - Points d'arrêt — 233
  - Points d'observation — 237
  - Points d'observation d'erreurs — 238
- 6.3 Examen et modification de l'état du système — 240
- 6.4 Contrôle de l'exécution — 247
- 6.5 Restrictions — 251

7. Calcul numérique avec Maple — 252
- 7.1 Les fondements de **evalf** — 253
- 7.2 Nombres flottants gérés par la machine — 255
  - Méthode de Newton — 258
  - Calculs avec des tableaux de nombres — 260
- 7.3 Nombres à virgule flottante en Maple — 262
  - Flottants gérés par logiciel — 263
  - Flottants gérés par la machine — 264
  - Erreurs d'arrondi — 265
- 7.4 Extension de la commande **evalf** — 267
  - Définition de nouvelles constantes — 267
  - Définition de nouvelles fonctions — 268
- 7.5 Conclusion — 271

8. Fonctions graphiques de Maple — 272
- 8.1 Fonctions graphiques fondamentales — 272
- 8.2 Programmation avec des fonctions graphiques — 276
  - Tracé d'une boucle — 276
  - Tracé d'un ruban — 278
- 8.3 Structures de données pour le graphisme en Maple — 281
  - La structure **PLOT** — 283
  - Représentation d'une série — 286
  - La structure **PLOT3D** — 289
- 8.4 Programmation à l'aide des structures de données graphiques — 293
  - Ecriture de primitives graphiques — 293
  - Représentation graphique d'un pignon — 295
  - Maillage de polygones — 299
- 8.5 Programmation avec le package **plottools** — 301
  - Un diagramme sectoriel — 302
  - Ombre portée — 303

Création d'un pavage 305
Diagramme de Smith 306
Modification des maillages de polygones 307
8.6 Représentation de champs de vecteurs 312
8.7 Génération de grilles de points 324
8.8 Animation 328
8.9 Gestion de la couleur 335
Tables de couleurs 337
Insertion de couleur dans les graphiques 340
Représentation graphique d'un damier 343
8.10 Conclusion 345

9. Entrées et sorties 346

9.1 Etude d'un exemple 346
9.2 Fichiers : types et modes 349
Fichiers tamponnés et fichiers non tamponnés 350
Fichiers textes et fichiers binaires 350
Mode lecture et mode écriture 351
Les fichiers `default` et `terminal` 351
9.3 Descripteurs et noms de fichiers 351
9.4 Manipulation de fichiers 352
Ouverture et fermeture de fichiers 352
Position dans un fichier 354
Détection de la fin d'un fichier 354
Détermination du statut d'un fichier 355
Suppression de fichiers 356
9.5 Commandes de lecture 356
Lecture de lignes de texte dans un fichier 356
Lecture d'octets dans un fichier 357
Lecture formatée 358
Lecture de déclarations Maple 361
Lecture de données tabulées 362
9.6 Commandes d'écriture 362
Configuration des paramètres d'écriture à l'aide de la commande `interface` 362
Affichage d'expressions : affichage unidimensionnel 363
Affichage d'expressions : affichage bidimensionnel 364
Ecriture de chaînes dans un fichier 366
Ecriture d'octets dans un fichier 366
Ecriture formatée 367
Ecriture de données tabulées 370
Ecriture des fichiers tamponnés 371

	Redirection du flot de sortie `default`	371
9.7	Commandes de conversion	372
	Génération de code C ou de code FORTRAN	372
	Génération de textes LaTeX ou *eqn*	374
	Conversions entre chaînes et listes d'entiers	376
	Filtrage d'expressions et de déclarations Maple	376
	Conversion formatée de chaînes	378
9.8	Etude d'un exemple détaillé	378
9.9	Remarques à destination des programmeurs C	380
9.10	Conclusion	380

Index 383

 CHAPITRE 1

Introduction

Le logiciel Maple est fourni avec un environnement qui permet d'utiliser le langage de manière interactive. On peut donc s'être servi de Maple sans avoir remarqué que c'est aussi un langage de programmation complet.

Ecrire un programme Maple est très facile : il suffit d'ajouter une déclaration **proc()** et une déclaration **end** autour d'une suite de commandes[1] qu'on utilise habituellement. Les limites d'une procédure écrite en Maple ne dépendent que du programmeur. Plus de quatre-vingts pour cent des commandes du langage sont elles-mêmes des programmes Maple que l'on peut examiner librement et modifier de manière à les adapter à de nouveaux besoins. En outre, l'interactivité du logiciel simplifie la mise au point des programmes. Toutes ces caractéristiques font de Maple un langage de programmation particulièrement efficace. Cet ouvrage présente les connaissances nécessaires pour programmer avec Maple.

L'écriture de programmes en Maple ne nécessite pas des compétences d'expert. Contrairement aux langages de programmation conventionnels le langage Maple dispose de nombreuses instructions puissantes qui permettent d'exécuter des tâches compliquées en ayant recours à une seule instruction plutôt qu'à des pages de code. Par exemple, l'instruction **solve** permet de calculer la solution d'un système d'équations. Maple met à disposition

---

[1]N.d.T. : Nous convenons d'utiliser le terme de *commande* lorsque Maple est utilisé de manière interactive (ordres adressés à l'interpréteur Maple au *toplevel*). Nous réservons le terme d'*instruction* aux ordres qui constituent le contenu d'une procédure ou d'un programme. Une commande peut donc devenir une instruction lorsqu'elle est invoquée au sein d'un programme.

de l'utilisateur une vaste bibliothèque de programmes prêts à l'emploi, notamment des primitives d'affichage graphiques, qui facilitent l'élaboration modulaire de programmes.

Le but de ce chapitre est de fournir les connaissances fondamentales pour une programmation efficace avec Maple. Il présente de nombreux exemples et exercices dont nous recommandons l'étude et la programmation. Un certain nombre d'entre eux illustrent la différence entre Maple et les langages de programmation traditionnels (qui ne permettent pas une programmation symbolique). La lecture de ce chapitre est donc importante aussi pour ceux qui ont déjà écrit des programmes à l'aide d'autres langages de programmation.

Nous allons présenter de manière informelle les éléments les plus importants du langage Maple. Il est possible d'étudier les détails, les exceptions et les options lors de la lecture des autres chapitres du présent ouvrage, en fonction des besoins. Chaque exemple de programme fourni dans ce chapitre est accompagné de références aux chapitres et aux pages d'aide qui développent les notions abordées dans l'exemple.

1.1 Mise en œuvre

Maple fonctionne sous différents environnements. On peut l'utiliser à travers un interface spécialisé qui s'appelle une feuille de travail (*worksheet*) ou directement à l'aide de commandes interactives tapées sur un terminal. Dans tous les cas, lorsque débute une session Maple, apparaît un caractère d'invite (*prompt*) :

>

Le caractère d'invite " > " indique que Maple attend une entrée au clavier. Votre entrée peut se réduire à une seule expression. Une commande est immédiatement suivie par son résultat :

> **> 103993/33102;**

$$\frac{103993}{33102}$$

Normalement une commande doit être terminée par un point-virgule (;) et un retour chariot. Maple affiche le résultat dans la feuille de travail, ou sur le terminal et l'interface particulier utilisés. Maple présente ce résultat de manière aussi proche que possible de la notation mathématique usuelle.

Dans l'exemple précédent, il s'agit d'un nombre rationnel qui est présenté sous forme de fraction [2].

On peut entrer une commande sur une seule ligne (comme cela a été fait dans l'exemple précédent) ou bien l'écrire sur plusieurs lignes.

```
> 103993
> / 33102
> ;
```

$$\frac{103993}{33102}$$

Il est même possible de mettre le point-virgule final sur une ligne séparée. Il ne se produit aucun calcul ni aucun affichage tant que la commande n'est pas terminée.

On associe un nom à une expression en utilisant l'instruction d'affectation : "`:=`".

```
> a := 103993/33102;
```

$$a := \frac{103993}{33102}$$

Une fois qu'une valeur a été assignée de cette façon, il est possible d'utiliser le nom **a** comme si cela était la valeur 103993/33102. Par exemple, on peut utiliser la commande Maple **evalf** pour calculer une approximation de 103993/33102 divisé par 2.

```
> evalf(a/2);
```

$$1.570796327$$

Un *programme* Maple n'est en fait qu'un groupe convenablement agencé de commandes que Maple va toujours exécuter ensemble. La façon la plus simple de créer un tel programme (ou *procédure*) Maple consiste à encapsuler la séquence de commandes qu'on aurait exécutées consécutivement pour réaliser le calcul de manière interactive. Ce qui suit est un programme qui implémente le calcul précédent.

```
> moitie := proc(x)
>     evalf(x/2);
> end;
```

$$moitie := \mathbf{proc}(x)\ \mathrm{evalf}(1/2\,x)\ \mathbf{end}$$

Le programme prend une valeur, appelée **x** dans la procédure, et calcule une approximation de la moitié de ce nombre. L'approximation de ce calcul

---

[2]Dans cet exemple, on a obtenu un affichage *bidimensionnel* de l'expression mathématique. On trouvera en page 364 la description de différentes commandes permettant de contrôler l'affichage d'une expression.

est retournée par la procédure **moitie** car c'est le dernier calcul effectué par cette procédure. On donne le nom **moitie** à la procédure en utilisant l'instruction **:=** comme on l'aurait fait pour assigner un nom à n'importe quel objet. Une fois qu'on a défini une nouvelle procédure, on peut l'utiliser comme n'importe quelle commande prédéfinie Maple.

```
> moitie(2/3);
```

$$.3333333333$$

```
> moitie(a);
```

$$1.570796327$$

```
> moitie(1) + moitie(2);
```

$$1.500000000$$

Le simple fait d'encadrer la commande **evalf(x/2);** par une déclaration **proc(...)** et une déclaration **end** en fait une procédure.

Ecrivons un programme correspondant aux deux instructions suivantes :

```
> a := 103993/33102;
```

```
> evalf(a/2);
```

La procédure n'a pas besoin d'argument en entrée.

```
> f := proc()
>     a := 103993/33102;
>     evalf(a/2);
> end;
```

```
Warning, `a` is implicitly declared local
```

$f := \text{proc}() \text{ local } a;\ a := 103993/33102;\ \text{evalf}(1/2\,a)\ \text{end}$

L'interprétation que Maple donne de la définition de cette procédure apparaît immédiatement après la ligne de commande qui a permis de la créer. Examinons-la soigneusement et remarquons les points suivants :

- Le *nom* de ce programme (procédure) est **f**.
- La *définition* de la procédure commence avec **proc()**. La parenthèse vide signifie que cette procédure ne prend aucun argument en *entrée*.
- Des points-virgules séparent les commandes qui constituent la procédure. Un autre point-virgule se trouve après le mot **end** et signifie que la définition de la procédure est achevée.
- On ne voit apparaître l'affichage de la définition que lorsque cette définition a été terminée par un **end** et un point-virgule (comme pour toute

autre commande Maple). Même les commandes individuelles qui constituent la procédure ne s'affichent pas tant que la procédure n'est pas complète et que le dernier point-virgule n'a pas été tapé.

- La *définition de la procédure* que Maple affiche à l'écran comme définition du nom **f** est équivalente mais pas identique à celle qu'on a entrée.
- Maple a décidé de faire de la variable **a** une variable *locale*. Le paragraphe intitulé *Variables locales et variables globales* (page 6) aborde de façon détaillée la question des variables en Maple. **local** signifie que la variable **a** au sein de la procédure n'est pas la même que la variable **a** à l'extérieur de la procédure. De la sorte, il n'y a pas d'interférences entre la variable locale **a** et une autre éventuelle variable de même nom définie en dehors de la procédure.

On *exécute* une procédure — c'est-à-dire qu'on provoque l'exécution en séquence des instructions qui forment la procédure — en tapant son nom suivi de parenthèses. Les paramètres passés à la procédure — aucun dans l'exemple précédent — doivent être placés entre les parenthèses.

> **f();**

1.570796327

On peut aussi parler de l'*appel* ou de l'*invocation* d'une procédure pour désigner son exécution. Quand on appelle une procédure, Maple exécute les instructions qui composent le *corps de la procédure* une par une. La procédure *retourne* le résultat produit par l'exécution de la dernière instruction et le considère comme la *valeur* de l'appel de procédure.

Comme pour n'importe quelle autre déclaration, Maple laisse une grande souplesse pour définir une procédure. Les instructions composant une procédure peuvent être placées sur des lignes distinctes. Une de ces instructions peut aussi s'étendre sur plusieurs lignes. On peut aussi placer plusieurs instructions séparées par des points-virgules sur une même ligne. Il est possible de placer plusieurs points-virgules consécutifs entre deux instructions sans que cela pose problème[3]. Enfin, il est possible d'omettre les points-virgules dans certaines situations[4].

On peut parfois souhaiter que Maple n'affiche pas son interprétation d'une commande (par exemple lors de la définition d'une procédure compliquée Dans ce cas il suffit de remplacer le point-virgule (**;**) terminant une déclaration par le signe de ponctuation (**:**) (deux points).

---

[3]N.d.T. : dans ce cas les points-virgules séparent des instructions "vides" donc sans effet.

[4]Par exemple, lors de la définition d'une procédure, le point-virgule séparant la dernière instruction du **end** final est facultatif.

```
> g := proc()
>   a := 103993/33102;
>   evalf(a/2);
> end:
```
Warning, `a` is implicitly declared local

Le corps de la procédure n'est plus affiché par Maple. En revanche, le message d'avertissement (*warning*) concernant la déclaration implicite subsiste.

Il peut être nécessaire de consulter le corps d'une procédure longtemps après l'avoir programmée. Pour des objets ordinaires, comme pour **e** défini ci- dessous, on obtient la valeur courante du nom simplement en appelant ce nom.

```
> e := 3;
```
$$e := 3$$

```
> e;
```
$$3$$

Si l'on essaie de faire de même avec la procédure **g**, Maple affiche seulement le nom **g** au lieu de donner le corps de la procédure. Les procédures (et les tables qui seront définies plus loin) peuvent contenir de nombreux sous-objets. La précédente forme d'évaluation masque les détails. On la désigne par *évaluation au dernier nom*. Pour obtenir le véritable contenu du nom **g** il suffit d'utiliser la commande **eval** qui force une *évaluation complète*.

```
> g;
```
$$g$$

```
> eval(g);
```

proc() local a; $a := 103993/33102$; evalf($1/2\,a$) end

On obtient l'affichage du corps d'une procédure d'une bibliothèque Maple en fixant la variable d'interface **verboseproc** à 2. Pour plus de détails sur les variables d'interface, consulter la page d'aide en ligne **?interface**.

Variables locales et variables globales

Les variables qu'on utilise au niveau interactif de Maple (toplevel), c'est-à-dire les variables qui ne sont pas définies à l'intérieur d'une procédure, sont appelées *variables globales*.

Pour les procédures, on peut souhaiter avoir des variables que Maple ne connaît qu'à l'intérieur de la procédure. Ces variables sont appelées des *variables locales*. Au cours de l'exécution d'une procédure, une variable globale qui aurait le même nom qu'une variable locale définie dans la procédure ne serait pas modifiée, quelles que soient les modifications subies par la variable locale. Ceci permet de faire des affectations temporaires à l'intérieur d'une procédure sans affecter d'autres variables définies au cours de la session.

Le *champ de validité* d'une variable désigne l'ensemble des procédures et des déclarations qui ont accès à cette variable. Avec Maple il n'y a que deux possibilités : soit la valeur d'un nom est accessible partout (et il s'agit alors d'une variable *globale*), soit seules les instructions d'une procédure particulière ont accès à la valeur de cette variable (qui est donc une variable *locale*).

Afin de souligner la différence entre variables globales et variables locales, commençons par assigner des valeurs à un nom global **b**.

```
> b := 2;
```

$$b := 2$$

Définissons à présent deux procédures presqu'identiques : **g**, qui utilise explicitement **b** comme variable locale, et **h**, qui utilise explicitement **b** comme variable globale.

```
> g := proc()
>     local b;
>     b := 103993/33102;
>     evalf(b/2);
> end:
```

and

```
> h := proc()
>     global b;
>     b := 103993/33102;
>     evalf(b/2);
> end:
```

Le fait de définir les procédures n'a aucun effet sur la valeur globale de **b**. En fait, on peut même exécuter la procédure **g** (qui utilise **b** comme variable *locale*) sans modifier la valeur de **b**.

```
> g();
```

$$1.570796327$$

La procédure **g** a assigné une valeur à la variable locale **b** qui est différente de la valeur de la variable globale portant le même nom. Toutefois, cette variable globale **b** garde toujours la valeur 2, comme on peut le vérifier en demandant sa valeur :

```
> b;
```

$$2$$

L'effet d'un appel à la procédure **h** (qui utilise **b** comme variable *globale*) est différent :

```
> h();
```

$$1.570796327$$

h modifie la valeur de la variable globale **b** de sorte que sa valeur n'est plus 2. Lors de l'appel à **h**, la variable globale **b** devient :

```
> b;
```

$$\frac{103993}{33102}$$

Lorsqu'on n'indique pas si une variable utilisée à l'intérieur d'une procédure est locale ou globale, Maple décide ce qu'il en est et prévient l'utilisateur de son choix. Il est néanmoins toujours possible de forcer le choix de Maple en ayant recours aux déclarations **local** ou **global**.

Entrées, paramètres, arguments

Il existe une autre catégorie de variables utilisées lors de la définition d'une procédure qui ne sont ni locales ni globales. Elles constituent les *entrées* de la procédure. Ces variables sont appelées des *arguments* ou des *paramètres*[5]. Les paramètres de la procédure sont des emplacements où seront mises les valeurs des données fournies au moment de l'appel de la procédure. Une procédure peut avoir plusieurs paramètres. La procédure **k** suivante accepte *deux* quantités en entrée, **p** et **q**, et construit l'expression **p/q**.

```
> k := proc(p,q)
>    p/q;
> end:
```

Les *paramètres* de cette procédure sont **p** et **q**. **p** et **q** sont donc des contenants pour les entrées qui seront effectivement fournies à la procédure.

```
> k(103993,33102);
```

$$\frac{103993}{33102}$$

---

[5]N.d.T. : nous convenons d'utiliser le terme *paramètres* pour désigner les noms utilisés lors de la *définition* de la procédure, et le terme *arguments* pour désigner les expressions utilisées lors de *l'appel* de la procédure.

Maple considère une valeur exprimée sous forme de nombre flottant comme une approximation et non comme une expression exacte. Si l'on passe un nombre flottant à une procédure, celle-ci va retourner un nombre flottant. De manière plus générale, lorsque cela est possible, Maple va retourner un nombre de même nature que les arguments qu'on lui a passés :

> k(23, 0.56);

$$41.07142857$$

Outre les calculs sur les nombres flottants ou sur les nombres rationnels, Maple permet de faire des calculs sur les nombres *complexes*. Maple utilise la lettre *majuscule* **I** pour désigner le nombre imaginaire usuellement noté *i*.

> (2 + 3*I)^2;

$$-5 + 12\,I$$

> k(2 + 3*I, ");

$$\frac{2}{13} - \frac{3}{13}\,I$$

> k(1.362, 5*I);

$$-.2724000000\,I$$

Supposons qu'on souhaite écrire un programme permettant de calculer le module $\sqrt{a^2 + b^2}$ d'un nombre complexe écrit sous forme algébrique $z = a + bi$. On peut traiter la question de plusieurs façons. La procédure **abnorm** prend les parties réelles et imaginaires, *a* et *b*, comme des entrées séparées :

> abnorm := proc(a,b)
>   sqrt(a^2+b^2);
> end;

$$abnorm := \mathrm{proc}(a, b)\,\mathrm{sqrt}(a^2 + b^2)\,\mathbf{end}$$

On peut à présent calculer le module de $2 + 3i$:

> abnorm(2, 3);

$$\sqrt{13}$$

On aurait pu utiliser les commandes **Re** et **Im** pour extraire les parties *réelle* et *imaginaire* d'un nombre complexe. Il est ainsi possible de calculer le module d'un nombre complexe de la manière suivante :

> znorm := proc(z)
>   sqrt(Re(z)^2 + Im(z)^2);

```
> end;
```
$$znorm := \mathbf{proc}(z) \text{ sqrt}(\Re(z)^2 + \Im(z)^2) \text{ end}$$

Le module de $2 + 3i$ demeure $\sqrt{13}$ comme on peut le constater :

```
> znorm( 2+3*I );
```
$$\sqrt{13}$$

Enfin, il est aussi possible de calculer le module en utilisant la procédure **abnorm**. La procédure **abznorm** qui suit a recours à **Re** et **Im** pour transmettre l'information adéquate à **abnorm** :

```
> abznorm := proc(z)
>    local r, i;
>    r := Re(z);
>    i := Im(z);
>    abnorm(r, i);
> end;
```
$$abznorm := \mathbf{proc}(z) \text{ local } r, i; \ r := \Re(z); \ i := \Im(z); \ \text{abnorm}(r, i) \text{ end}$$

On utilise à présent **abznorm** pour calculer le module de $2 + 3i$:

```
> abznorm( 2+3*I );
```
$$\sqrt{13}$$

Si l'on ne spécifie pas assez d'informations pour que Maple puisse effectuer le calcul du module, la procédure **abznorm** retourne la formule de calcul. C'est le cas dans l'exemple suivant où Maple considère que x et y sont des nombres complexes. Si Maple les considérait comme des nombres réels, l'expression $\Re(x + iy)$ se simplifierait en x :

```
> abznorm( x+y*I );
```
$$\sqrt{\Re(x + Iy)^2 + \Im(x + Iy)^2}$$

De nombreuses commandes de Maple retournent un résultat non évalué dans ce genre de situation. On pourrait modifier **abznorm** pour retourner **abznorm(x+y*I)** dans l'exemple précédent. D'autres exemples seront donnés dans cet ouvrage pour montrer comment obtenir un tel comportement de la part des procédures que nous aurons écrites.

1.2 Rudiments de programmation

Cette partie présente les éléments de programmation nécessaires pour commencer à réaliser de véritables programmes. Elle traite de l'instruction d'affectation (:=), des boucles **for** et des boucles **while**, des instructions conditionnelles (**if**) et de l'utilisation des variables locales et globales.

L'affectation

On utilise l'instruction d'affectation pour affecter à un nom la valeur d'un résultat de la manière suivante :

> Variable := Valeur ;

Cette syntaxe associe le nom de la variable dont le nom est indiqué à gauche du symbole ":=" à l'évaluation de l'expression du membre de droite. Cette instruction a été utilisée maintes fois dans les exemples précédents.

L'utilisation de ":=" dans les exemples précédents est similaire à l'instruction d'affectation d'autres langages de programmation, comme Pascal. D'autres langages, comme C ou FORTRAN, ont recours à "=" pour les affectations. Maple n'utilise pas "=" pour coder les affectations parce que "=" est un choix naturel pour déclarer des équations formelles.

Supposons qu'on souhaite écrire une procédure appelée **plotdiff** qui donne simultanément la représentation graphique d'une expression $f(x)$ et de sa dérivée $f'(x)$ par rapport à x pour x variant dans l'intervalle $[a, b]$. On peut faire cela en calculant la dérivée de f avec la commande **diff** puis en représentant les expressions $f(x)$ et $f'(x)$ sur le même intervalle avec la commande **plot**. Considérons l'expression **y** suivante :

```
> y := x^3 - 2*x + 1;
```

$$y := x^3 - 2x + 1$$

On calcule la dérivée de y (comme fonction de x) par rapport à x :

```
> yp := diff(y, x);
```

$$yp := 3x^2 - 2$$

Puis on demande la représentation graphique simultanée de y et yp :

```
> plot( [y, yp], x=-1..1 );
```

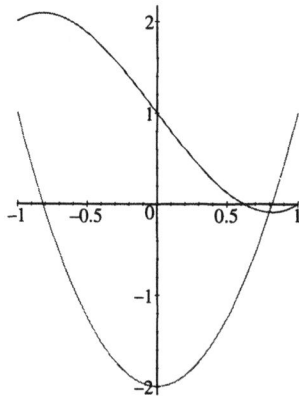

La procédure suivante regroupe les étapes précédentes :

```
> plotdiff := proc(y,x,a,b)
>     local yp;
>     yp := diff(y,x);
>     plot( [y, yp], x=a..b );
> end;
```

$plotdiff :=$

$\operatorname{\mathbf{proc}}(y, x, a, b) \text{ } \mathbf{local} \text{ } yp; \text{ } yp := \operatorname{diff}(y, x); \text{ } \operatorname{plot}([y, yp], x = a..b) \text{ } \mathbf{end}$

La procédure **plotdiff** prend quatre paramètres en entrée : l'expression y à dériver ; la variable x qui sert à définir l'expression y ; et a et b qui définissent les deux bornes de l'intervalle sur lequel seront représentées les fonctions. La procédure retourne un objet Maple de type représentation graphique (**plot**). Cet objet peut être utilisé soit pour être affiché (conduisant ainsi à la représentation graphique effective) soit pour servir de base à de nouveaux calculs. En précisant que yp est une variable locale on est certain que son utilisation ne va pas interférer avec l'utilisation pendant la session courante d'une autre variable portant le même nom.

Pour se servir de la procédure il suffit de l'invoquer avec des arguments convenables. On peut, par exemple, représenter $x \rightarrow \cos(x)$ et sa dérivée par rapport à x entre 0 et 2π.

```
> plotdiff( cos(x), x, 0, 2*Pi );
```

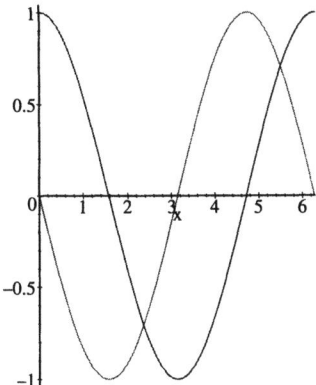

Les boucles **for**

On utilise des instructions de boucles, comme la boucle **for**, pour répéter l'exécution d'actions similaires un certain nombre de fois. On peut, par exemple, calculer la somme des cinq premiers nombres entiers naturels de la manière suivante :

```
> total := 0;

> total := total + 1;

> total := total + 2;

> total := total + 3;

> total := total + 4;

> total := total + 5;
```

Au lieu de cela on peut effectuer le même calcul en ayant recours à une boucle **for** :

```
> total := 0:
> for i from 1 to 5 do
>     total := total + i;
> od;
```

$$total := 1$$
$$total := 3$$
$$total := 6$$

$$total := 10$$
$$total := 15$$

A chaque cycle à travers la boucle, Maple incrémente d'une unité la valeur de **i** et compare la valeur de **i** à 5. Si la valeur de **i** est inférieure ou égale à 5 alors Maple exécute à nouveau les instructions qui constituent le corps de la boucle. Dans le cas contraire, l'exécution de la boucle est terminée et la valeur de **total** est 15, comme on peut le vérifier :

```
> total;
```

$$15$$

La procédure suivante se sert d'une boucle **for** pour calculer la somme des n premiers entiers naturels.

```
> SOMME := proc(n)
>     local i, total;
>     total := 0;
>     for i from 1 to n do
>         total := total+i;
>     od;
>     total;
> end:
```

L'instruction **total** placée à la fin de la procédure **SOMME** a pour but de provoquer l'affichage de la valeur de **total**[6]. Calculons la somme des 100 premiers entiers :

```
> SOMME(100);
```

$$5050$$

Les boucles **for** constituent une famille importante d'instructions du langage Maple, mais le langage dispose de bien d'autres instructions de boucle. Certaines d'entre-elles peuvent être plus concises ou plus efficaces. C'est ainsi que le calcul précédent aurait pu être réalisé en une ligne de programme de la manière suivante :

```
> add(n, n=1..100);
```

$$5050$$

Les instructions conditionnelles

Les boucles constituent une des deux familles d'instructions les plus fondamentales en programmation. L'autre famille est constituée par les instruc-

---

[6]N.d.T. : rappelons que, lors de l'exécution d'une procédure, Maple affiche le "résultat" de la dernière instruction exécutée dans cette procédure.

tions de *branchement conditionnel* implémentées en Maple par l'instruction **if**. Cette instruction est utilisée dans de nombreuses situations. On peut, par exemple, utiliser une instruction **if** pour réaliser la fonction valeur absolue.

$$|x| = \begin{cases} x & \text{si } x \geq 0 \\ -x & \text{si } x < 0. \end{cases}$$

On trouve ci-dessous une façon de programmer la fonction **ABS**. Maple exécute l'instruction **if** de la manière suivante : si $x < 0$, alors Maple calcule $-x$, sinon Maple calcule x. Le mot-clé final **fi** (**if** à l'envers) complète la déclaration d'une instruction **if**. Dans tous les cas la valeur absolue de x est le dernier calcul effectué par la procédure **ABS** de sorte que ce résultat est bien celui que retourne **ABS** :

```
> ABS := proc(x)
>     if x<0 then
>          -x;
>     else
>          x;
>     fi;
> end;
```

$$ABS := \text{proc}(x) \text{ if } x < 0 \text{ then } -x \text{ else } x \text{ fi end}$$

```
> ABS(3); ABS(-2.3);
```

$$3$$
$$2.3$$

Retour de procédure non évalué

La procédure **ABS** telle qu'elle est définie précédemment ne peut pas traiter les entrées non numériques.

```
> ABS( a );
```

Error, (in ABS) cannot evaluate boolean

Le problème rencontré est le suivant : Maple ne sait rien à propos de la variable **a** et donc ne peut déterminer si **a** est inférieur à zéro[7]. Dans de tels cas, la procédure devrait retourner un *résultat non évalué*, c'est-à-dire que **ABS** devrait retourner **ABS(a)**. Effectuons l'appel suivant :

---

[7] N.d.T. : le booléen (mentionné dans le message d'erreur) que Maple ne parvient pas à évaluer est **x<0**.

```
> 'ABS'(a);
```

$$\text{ABS}(a)$$

Les guillemets simples (*single quotes*) signifient à Maple qu'il ne faut pas évaluer **ABS**. On peut modifier la procédure **ABS** en utilisant la commande **type(..., numeric)** pour savoir si *x* est un nombre ou non, de manière à obtenir un résultat non évalué, le cas échéant.

```
> ABS := proc(x)
>    if type(x,numeric) then
>        if x<0 then -x else x fi;
>    else
>        'ABS'(x)
>    fi;
> end:
```

La procédure **ABS** précédente contient un exemple d'instructions **if** *imbriquées* c'est-à-dire qu'une instruction **if** se trouve au sein d'une autre instruction **if**. On a besoin d'instructions **if** imbriquées pour réaliser la fonction :

$$\text{chapeau}(x) = \begin{cases} 0 & \text{si } x \leq 0 \\ x & \text{si } 0 < x \leq 1 \\ 2 - x & \text{si } 1 < x \leq 2 \\ 0 & \text{si } x > 2. \end{cases}$$

Voici une première implémentation de cette fonction :

```
> CHAPEAU := proc(x)
>    if type(x, numeric) then
>        if x<=0 then
>            0;
>        else
>            if x<=1 then
>                x;
>            else
>                if x<=2 then
>                    2-x;
>                else
>                    0;
>                fi;
>            fi;
>        fi;
>    else
>        'CHAPEAU'(x);
>    fi;
> end:
```

L'indentation permet de savoir plus facilement quelles sont les instructions qui correspondent à une condition donnée. Une façon de procéder plus efficace consiste à utiliser la clause optionnelle **elif** (*else if*) dans l'instruction **if** de second niveau.

```
> CHAPEAU := proc(x)
>    if type(x, numeric) then
>       if x<=0 then 0;
>       elif x<=1 then x;
>       elif x<=2 then 2-x;
>       else 0;
>       fi;
>    else
>       'CHAPEAU'(x);
>    fi;
> end:
```

On peut utiliser autant de branches **elif** que nécessaire.

Transformations symboliques

On peut encore améliorer la procédure **ABS** précédente. Considérons le produit *ab*. Comme *ab* est inconnu, **ABS** va retourner un résultat non évalué :

```
> ABS( a*b );
```

$$\mathrm{ABS}(a\,b)$$

Toutefois, la valeur absolue d'un produit est le produit des valeurs absolues.

$$|ab|=|a||b|.$$

On aimerait donc que **ABS** s'applique à chaque facteur du produit. On peut forcer un tel comportement en ayant recours à la commande **map** :

```
> map( ABS, a*b );
```

$$\mathrm{ABS}(a)\,\mathrm{ABS}(b)$$

On peut utiliser la commande **type(..., `*`)** pour savoir si une expression est un produit, et la commande **map** pour appliquer **ABS** à chaque opérande du produit.

```
> ABS := proc(x)
>    if type(x, numeric) then
>       if x<0 then -x else x fi;
>    elif type(x, `*`) then
```

```
>         map(ABS, x);
>     else
>         `ABS`(x);
>     fi;
> end:
> ABS( a*b );
```

$$\mathrm{ABS}(a)\,\mathrm{ABS}(b)$$

Cette caractéristique est particulièrement intéressante lorsque l'un des facteurs est un nombre :

```
> ABS( -2*a );
```

$$2\,\mathrm{ABS}(a)$$

On peut à présent souhaiter modifier la procédure **ABS** de manière à ce que **ABS** soit capable de calculer le module d'un nombre complexe. Le paragraphe suivant explique comment déterminer le type d'un argument passé en entrée à une procédure.

Vérification de type

Lorsqu'on écrit une procédure, on souhaite parfois traiter seulement certains types d'entrées. L'appel de la procédure avec un paramètre d'un autre type que ceux prévus peut être dépourvu de sens. Il est alors possible de recourir à la vérification de types pour vérifier que les arguments passés à la procédure ont un type convenable. La vérification des types est particulièrement importante lorsqu'on écrit des procédures compliquées, car elle permet d'identifier certaines erreurs.

Considérons la procédure **SOMME** étudiée précédemment :

```
> SOMME := proc(n)
>     local i, total;
>     total := 0;
>     for i from 1 to n do
>         total := total+i;
>     od;
>     total;
> end:
```

Il paraît évident que *n* doit être un entier lorsqu'on invoque la procédure. Si l'on essaie d'utiliser la procédure sur une entrée symbolique, on provoque une erreur :

```
> SOMME(`salut`);

Error, (in SOMME) unable to execute for statement
```

Le message d'erreur indique un dysfonctionnement dans l'exécution de l'instruction **for** lors de l'invocation de la procédure. Le test dans la boucle **for** a échoué parce que `salut` n'est pas un nombre : Maple n'a pas pu déterminer s'il fallait ou non exécuter la boucle. L'implémentation suivante de **SUM** fournit un message d'erreur beaucoup plus explicite. L'instruction **type(...,integer)** détermine si n est un entier ou non.

```
> SOMME := proc(n)
>    local i,total;
>    if not type(n, integer) then
>       ERROR(`l'entrée doit être un entier`);
>    fi;
>    total := 0;
>    for i from 1 to n do  total := total+i  od;
>    total;
> end:
```

A présent le message d'erreur est beaucoup plus explicite.

```
> SOMME(`salut`);
```

Error, (in SOMME) l'entrée doit etre un entier

Maple fournit un moyen simple de vérifier les types des arguments passés à une procédure, en déclarant[8] ces types au moment de la définition de la procédure. On peut ainsi écrire une nouvelle version de la procédure **SOMME**. Un message d'erreur explicite[9] permet de trouver et de corriger rapidement une erreur éventuelle.

```
> SOMME := proc(n::integer)
>    local i, total;
>    total := 0;
>    for i from 1 to n do  total := total+i  od;
>    total;
> end:
> SOMME(`salut`);
```

Error, SOMME expects its 1st argument, n, to be of type integer, but received salut

Maple connaît un grand nombre de types. En outre, il est possible de combiner des types algébriques existants pour définir de nouveaux types. Il est même possible de définir des types entièrement nouveaux. Voir **?type**.

---

[8] N.d.T. : remarquer que dans la version 4 de Maple V, la déclaration de type se fait, en principe, au moyen du symbole **::** alors qu'elle se faisait au moyen de **:** dans la version 3. La version 4 reconnaît néanmoins les déclaratinos de types effectuées au moyen de **:**.

[9] N.d.T. : à condition de comprendre l'anglais... En effet le message produit est à présent en anglais puisque totalement géré par Maple.

Les boucles `while`

Les boucles `while` constituent une famille de structures. Leur forme est la suivante :

> `while` Condition `do` Instructions `od;`

Maple teste la *Condition* et exécute les *Instructions* qui se trouvent au sein de la boucle et ainsi de suite tant que la *Condition* est satisfaite. On peut utiliser une boucle `while` pour écrire une procédure qui divise un entier n par deux autant de fois que cela est possible. Les commandes `iquo` et `irem` calculent le quotient et le reste de la division euclidienne de leur premier argument par leur deuxième argument.

```
> iquo( 9, 4 );
```
$$2$$
```
> irem( 9, 4 );
```
$$1$$

On peut ainsi écrire la procédure `divisepar2` de la manière suivante[10] :

```
> divisepar2 := proc(n::posint)
>     local q;
>     q := n;
>     while irem(q, 2) = 0 do
>         q := iquo(q, 2);
>     od;
>     q;
> end:
```

On peut alors appliquer cette procédure à 32 et 48.

```
> divisepar2(32);
```
$$1$$
```
> divisepar2(48);
```
$$3$$

Les boucles `while` et `for` sont toutes les deux des cas particuliers d'une instruction plus générale de répétition. Se reporter à la partie intitulée *Les instructions de répétition* (page 138).

---

[10]N.d.T. : on remarquera la vérification de type effectuée sur l'argument passé à la procédure, et l'emploi du type `posint` (entier positif).

1.2 Rudiments de programmation • 21

Programmation modulaire

Lorsqu'on écrit une procédure, pour traiter un problème donné, il peut être judicieux d'identifier des sous-problèmes et d'écrire des procédures séparées pour traiter ces sous-problèmes. De la sorte, les procédures sont plus lisibles. En outre, il sera possible d'utiliser un des modules ainsi développés dans une tout autre application.

Considérons le problème mathématique suivant : on dispose d'un entier positif, par exemple quarante.

> `> 40;`

$$40$$

On divise cet entier par deux, autant de fois que cela est possible. C'est exactement ce que fait la procédure[11] **divisepar2**. On vient de rentrer 40 qui constitue à ce stade des opérations le dernier "résultat" calculé par Maple. L'appel **divisepar2(")** revient donc ici à faire l'appel **divisepar2(40)** :

> `> divisepar2( " );`

$$5$$

On multiplie le résultat obtenu par trois et on ajoute un.

> `> 3*" + 1;`

$$16$$

On divise de nouveau le résultat obtenu par deux autant de fois que cela est possible :

> `> divisepar2( " );`

$$1$$

On multiplie le résultat obtenu par trois et on ajoute un :

> `> 3*" + 1;`

$$4$$

On applique **divisepar2** :

> `> divisepar2( " );`

$$1$$

De nouveau le résultat obtenu est 1, si bien qu'on va désormais obtenir la suite 4, 1, 4, 1, ... Une conjecture mathématique, connue sous le nom de

---

[11]N.d.T. : dans l'exemple qui suit on a plusieurs fois recours aux guillemets (doubles) (**"**). Il s'agit d'un raccourci désignant le résultat du dernier calcul effectué au cours de la session.

conjecture $3n + 1$, prévoit qu'on obtient toujours 1 au bout d'un certain nombre d'itérations de la méthode, quel que soit l'entier naturel fourni au départ. On peut étudier empiriquement cette conjecture en écrivant une procédure qui calcule le nombre d'itérations[12] nécessaires pour aboutir au nombre 1. La procédure suivante effectue exactement une itération :

```
> iteration := proc(n::posint)
>    local a;
>    a := 3*n + 1;
>    divisepar2( a );
> end:
```

La procédure **conjecture** effectue le décompte du nombre d'itérations nécessaires pour aboutir à 1 à partir d'un entier donné :

```
> conjecture := proc(x::posint)
>    local nbre, n;
>    nbre := 0;
>    n := divisepar2(x);
>    while n>1 do
>       n := iteration(n);
>       nbre := nbre + 1;
>    od;
>    nbre;
> end:
```

On peut maintenant vérifier la conjecture pour différentes valeurs de x :

```
> conjecture( 40 );
```

$$1$$

```
> conjecture( 4387 );
```

$$49$$

On aurait pu écrire la procédure **conjecture** directement, sans recourir aux procédures **iteration** ou **divisepar2**. On aurait alors eu besoin d'écrire des boucles **while** imbriquées, ce qui aurait rendu la lecture de la procédure moins facile.

Procédures récursives

De même qu'on peut écrire une procédure qui appelle d'autres procédures, on peut écrire une procédure qui s'appelle elle-même. On dit qu'on fait

---

[12]N.d.T. : on entend ici par itération l'exécution du cycle : multiplier par trois, ajouter un et appliquer la procédure **divisepar2**.

de la *programmation récursive*. Etudions, à titre d'exemple, la suite des nombres de Fibonacci définie par :

$$f_n = f_{n-1} + f_{n-2} \quad \text{pour } n \geq 2,$$

avec $f_0 = 0$ et $f_1 = 1$. La procédure suivante calcule f_n pour tout n.

```
> Fibonacci := proc(n::nonnegint)
>    if n<2 then
>       n;
>    else
>       Fibonacci(n-1)+Fibonacci(n-2);
>    fi;
> end:
```

Voici comment on peut obtenir la suite des seize premiers nombres de Fibonacci à l'aide de la commande **seq**[13] :

```
> seq( Fibonacci(i), i=0..15 );
```

$$0, 1, 1, 2, 3, 5, 8, 13, 21, 34, 55, 89, 144, 233, 377, 610$$

La commande **time** indique le temps d'exécution d'une procédure (en secondes CPU). La procédure **Fibonacci** n'est pas très efficace.

```
> time( Fibonacci(20) );
```

$$6.016$$

En effet, **Fibonacci** calcule plusieurs fois les mêmes valeurs. Pour calculer f_{20} la procédure calcule f_{19} puis f_{18} ; pour calculer f_{19} la procédure calcule f_{18} une nouvelle fois puis f_{17} ; et ainsi de suite. Une façon de résoudre ce problème est de dire à la procédure de se souvenir des résultats déjà calculés. De la sorte **Fibonacci** ne calculera f_{18} qu'une seule fois. L'option **remember** force une procédure à conserver ses résultats dans une table appelée *table de remember*. Se reporter à la partie intitulée *Tables de remember* (page 78).

```
> Fibonacci := proc(n::nonnegint)
>    option remember;
>    if n<2 then
>       n;
>    else
>       Fibonacci(n-1)+Fibonacci(n-2);
>    fi;
> end:
```

Cette version de **Fibonacci** est beaucoup plus rapide.

---

[13]N.d.T. : voir le chapitre 4 pour plus de détails sur la commande **seq**.

```
> time( Fibonacci(20) );
```
$$0$$
```
> time( Fibonacci(2000) );
```
$$.133$$

Si l'on utilise les tables de remember inconsidérément, Maple risque de manquer de mémoire. On peut souvent écrire une procédure récursive sous forme non récursive en ayant recours à une boucle. Toutefois, la lecture des procédures récursives est en général plus aisée. Voici une version non récursive de **Fibonacci** :

```
> Fibonacci := proc(n::nonnegint)
>    local temp, fnew, fold, i;
>    if n<2 then
>        n;
>    else
>        fold := 0;
>        fnew := 1;
>        for i from 2 to n do
>            temp := fnew + fold;
>            fold := fnew;
>            fnew := temp;
>        od;
>        fnew;
>    fi;
> end:
> time( Fibonacci(2000) );
```
$$.133$$

Lorsqu'on écrit une procédure récursive, il faut comparer le bénéfice apporté par les tables de remember à la place mémoire qu'elles vont coûter. Il faut aussi être certain que la récursion va s'arrêter.

L'instruction **RETURN**

Une procédure Maple retourne par défaut le résultat du dernier calcul effectué dans cette procédure. Pour modifier ce comportement on peut recourir à l'instruction **RETURN**. Dans la version de **Fibonacci** qui suit, si $n < 2$ alors la procédure retourne n et Maple n'exécute pas le reste de la procédure.

```
> Fibonacci := proc(n::nonnegint)
>    option remember;
```

```
>     if n<2 then
>        RETURN(n);
>     fi;
>     Fibonacci(n-1)+Fibonacci(n-2);
> end:
```

L'utilisation de l'instruction **RETURN** peut rendre certaines procédures récursives plus faciles à lire. En effet, le code le plus compliqué, qui est celui qui gère le cas général de la récursion, ne se termine plus à l'intérieur de branches imbriquées d'une instruction `if`[14].

Exercice

1. Les nombres de Fibonacci satisfont aux relations de récurrence suivantes :

$$f_{2n} = 2f_{n-1}f_n + f_n^2 \qquad \text{pour } n > 1$$

et :

$$f_{2n+1} = f_{n+1}^2 + f_n^2 \qquad \text{pour } n > 1$$

Utiliser ces relations pour écrire une nouvelle procédure récursive qui calcule les nombres de Fibonacci. Combien de calculs superflus cette nouvelle procédure fait-elle ?

1.3 Structures de données fondamentales

Les programmes développés jusqu'ici dans ce chapitre travaillaient essentiellement sur des nombres ou des formules simples. Des programmes plus élaborés opèrent souvent sur des ensembles de données plus complexes. Une *structure de données* est une façon systématique d'organiser les données. L'organisation retenue pour décrire les données peut affecter directement le style de programmation et la rapidité d'exécution des programmes. Maple intègre de nombreuses structures de données. Cette partie traite des *séquences*, des *listes* et des *ensembles*.

De nombreuses commandes Maple prennent des séquences, des listes ou des ensembles comme entrées et produisent des séquences, des listes ou des ensembles en sortie. Voici quelques exemples montrant à quel point ce genre de structures peut être utile dans la résolution de certains problèmes.

---

[14]N.d.T. : nous nous permettons toutefois d'indiquer qu'une telle utilisation de **RETURN** ne nous semble pas recommandable. On aura, en effet, l'occasion de voir que **RETURN** sert surtout à permettre une sortie de procédure *exceptionnelle*. Ici, l'utilisation de **RETURN** n'est pas absolument nécessaire pour réaliser le programme demandé.

Supposons qu'on désire calculer la moyenne μ de n nombres x_1, x_2, ..., x_n où n est un entier strictement positif donné. La moyenne μ se calcule selon la formule :

$$\mu = \frac{1}{n}\sum_{i=1}^{n} x_i.$$

Il est commode de regrouper les données de ce problème sous forme de liste. La commande **nops** donne le nombre d'éléments d'une liste. **X[i]** fournit le i-ième élément de la liste[15] **X**.

```
> X := [1.3, 5.3, 11.2, 2.1, 2.1];
```

$$X := [1.3, 5.3, 11.2, 2.1, 2.1]$$

```
> nops(X);
```

$$5$$

```
> X[2];
```

$$5.3$$

La meilleure façon d'additionner les nombres d'une liste est d'utiliser la commande **add**[16] :

```
> add( i, i=X );
```

$$22.0$$

La procédure **moyenne** ci-dessous calcule la moyenne des éléments de la liste qui lui est passée en argument. Elle traite le cas particulier des listes vides[17].

```
> moyenne := proc(X::list)
>    local n, i, total;
>    n := nops(X);
>    if n=0 then ERROR(`liste vide`) fi;
>    total := add(i, i=X);
>    total / n;
> end:
```

---

[15]N.d.T. : on remarquera qu'une liste se définit en extension par la donnée de la liste des éléments entre crochets.

[16]N.d.T. : la commande **add** est détaillée dans la partie intitulée *Les commandes* **seq**, **add**, *et* **mul** (page 190).

[17]N.d.T. : remarquer de nouveau le contrôle de type sur le paramètre en entrée et constater que **list** est donc un type reconnu par Maple.

En utilisant cette procédure on trouve la moyenne de la liste X définie précédemment.

> **moyenne(X);**

$$4.400000000$$

La procédure fonctionne même si la liste contient des éléments symboliques :

> **moyenne([a , b , c]);**

$$\frac{1}{3}a + \frac{1}{3}b + \frac{1}{3}c$$

Exercice

1. Ecrire une procédure Maple, appelée **sigma**, qui, étant donnés $n > 1$ valeurs numériques, $x_1, x_2, \ldots, x_n$, calcule leur écart-type :

$$\sigma = \sqrt{\frac{1}{n}\sum_{i=1}^{n}(x_i - \mu)^2}$$

où μ est la moyenne des valeurs données.

Il existe une structure de données encore plus fondamentale que les listes : cette structure est appelée une *séquence*.

> **Y := X[];**

$$Y := 1.3, 5.3, 11.2, 2.1, 2.1$$

On sélectionne les éléments d'une séquence de la même façon qu'on sélectionne les éléments d'une liste.

> **Y[3];**

$$11.2$$

> **Y[2..4];**

$$5.3, 11.2, 2.1$$

La grande différence entre les listes et les séquences réside dans ce que Maple transforme une séquence de séquences en une séquence :

> **W := a,b,c;**

$$W := a, b, c$$

> Y, W, Y;

$$1.3, 5.3, 11.2, 2.1, 2.1, a, b, c, 1.3, 5.3, 11.2, 2.1, 2.1$$

alors qu'une liste de listes demeure ce qu'elle est :

> [X, [a,b,c], X];

$$[[1.3, 5.3, 11.2, 2.1, 2.1], [a, b, c], [1.3, 5.3, 11.2, 2.1, 2.1]]$$

On obtient un *ensemble* en entourant une séquence d'une paire d'accolades.

> Z := { Y };

$$Z := \{1.3, 5.3, 11.2, 2.1\}$$

Comme en mathématiques, un ensemble est pour Maple une collection d'objets distincts dans laquelle l'ordre n'intervient pas. C'est ainsi que Z n'a que quatre éléments comme on peut le vérifier :

> nops(Z);

$$4$$

On sélectionne un élément d'un ensemble de la même façon qu'on sélectionne un élément d'une liste ou d'une séquence. Toutefois l'ordre d'apparition des éléments d'un ensemble dépend de la session ; on ne peut faire aucune hypothèse a priori sur cet ordre.

Pour construire des séquences il est souvent judicieux de recourir à la commande **seq**.

> seq(i^2, i=1..5);

$$1, 4, 9, 16, 25$$

> seq(f(i), i=X);

$$f(1.3), f(5.3), f(11.2), f(2.1), f(2.1)$$

Pour fabriquer des listes ou des ensembles à partir de séquences, il suffit d'entourer une séquence de crochets ou d'accolades.

> [seq({ seq(i^j, j=1..3) }, i=-2..2)];

$$[\{-2, 4, -8\}, \{-1, 1\}, \{0\}, \{1\}, \{2, 4, 8\}]$$

Il est évidemment possible de créer une séquence à l'aide d'une boucle. **NULL** représente la séquence vide.

> s := NULL;

$$s :=$$

```
> for i from 1 to 5 do
>     s := s, i^2;
> od;
```

$$s := 1$$
$$s := 1, 4$$
$$s := 1, 4, 9$$
$$s := 1, 4, 9, 16$$
$$s := 1, 4, 9, 16, 25$$

Toutefois, cette boucle **for** est bien moins efficace que l'utilisation directe de **seq** car son déroulement provoque l'exécution de nombreuses instructions et la création de toutes les séquences intermédiaires. La commande **seq** crée la séquence désirée en une seule étape.

Exercice
1. Etant donnée une liste de listes de valeurs numériques, écrire une procédure Maple qui calcule la moyenne μ_i de chaque sous-liste de données.

Appartenance
On peut écrire une procédure pour savoir si un certain objet appartient à une liste ou à un ensemble donnés. C'est l'objet de la procédure suivante qui a recours à l'instruction **RETURN** décrite en page 24 :

```
> MEMBRE := proc( a::anything, L::{list, set} )
>     local i;
>     for i from 1 to nops(L) do
>         if a=L[i] then RETURN(true) fi;
>     od;
>     false;
> end:
```

Ici, 3 est membre de la liste [1,2,3,4,5,6] passée en argument :

```
> MEMBRE( 3, [1,2,3,4,5,6] );
```
true

Le genre de boucle utilisé dans **MEMBRE** est d'usage tellement fréquent que Maple en propose une version plus concise :

```
> MEMBRE := proc( a::anything, L::{list, set} )
>     local i;
>     for i in L do
```

```
>        if a=i then RETURN(true) fi;
>     od;
>     false;
> end:
```

On vérifie le fonctionnement de la nouvelle procédure sur l'exemple suivant :

```
> MEMBRE( 5, {1,2,3,4} );
```

false

Il n'est pas nécessaire de programmer sa propre procédure **MEMBRE** puisque Maple dispose déjà d'une commande prédéfinie **member**.

Exercice

1. Ecrire une procédure Maple, appelée **POSITION**, qui donne la position i d'un élément x dans une liste L. **POSITION(x,L)** doit donc retourner un entier $i > 0$ tel que **L[i]=x**. On convient de retourner 0 si x n'appartient pas à la liste L.

Recherche par dichotomie

Un des problèmes fondamentaux de programmation les plus étudiés est celui de la recherche d'un élément dans une liste. A titre d'illustration, on s'intéresse à la recherche d'un mot m parmi une liste de mots (un dictionnaire, par exemple).

Une approche consiste à parcourir la liste de mots en comparant chaque mot de la liste à m jusqu'à ce qu'on trouve m ou qu'on atteigne la fin de la liste :

```
> Recherche := proc(Dictionnaire::list, m::anything)
>    local x;
>    for x in Dictionnaire do
>       if x=w then RETURN(true) fi;
>    od;
>    false
> end:
```

Toutefois, si le dictionnaire est important, cette façon de procéder peut prendre beaucoup de temps. Il est possible de réduire le temps de recherche en commençant par trier le dictionnaire. En effet, si le dictionnaire est trié par ordre croissant, la recherche s'interrompt dès qu'on rencontre un mot "plus grand que" m. En moyenne on n'a ainsi besoin de parcourir que la moitié du dictionnaire.

La recherche par dichotomie est une approche encore plus efficace. Elle consiste à comparer m avec le mot qui se trouve au milieu du dictionnaire. Comme le dictionnaire est trié, on peut savoir si m est susceptible de se trouver dans la première ou dans la deuxième partie de celui-ci. On recommence avec la moitié du dictionnaire qui convient.

La procédure suivante parcourt le dictionnaire D de la position d à la position f à la recherche du mot m. La commande **lexorder** (qui retourne un booléen) détermine si ses deux arguments sont dans l'ordre lexicographique ou non[18].

```
> Recherche_dichotomique :=
> proc(D::list(string), m::string, d::integer,
>      f::integer)
>    local i;
>    if d>f then RETURN(false) fi; # mot non trouve.
>    i := iquo(d+f+1, 2);   # indice du milieu de D.
>    if m=D[i] then
>       true;
>    elif lexorder(m, D[i]) then
>       Recherche_dichotomique(D, m, d, i-1);
>    else
>       Recherche_dichotomique(D, m, i+1, f);
>    fi;
> end:
```

Voici un dictionnaire (trié) de petite taille :

```
> Dictionnaire := [ abricot, orange, poire, raisin ];
```

$$Dictionnaire := [abricot, orange, poire, raisin]$$

A présent recherchons quelques mots dans le dictionnaire :

```
> Recherche_dichotomique( Dictionnaire, prune, 1,
>    nops(Dictionnaire) );
```

false

---

[18] N.d.T. : remarquer la présence de commentaires dans cet exemple. Maple considère comme un commentaire tout ce qui se trouve entre un symbole # et la fin de la ligne courante. Remarquer aussi l'apparition du type **list(string)** qui est un raffinement du type **list** : un objet de type **list(string)** est une liste de chaînes de caractères.

```
> Recherche_dichotomique( Dictionnaire, poire, 1,
>    nops(Dictionnaire) );
```

true

```
> Recherche_dichotomique( Dictionnaire, navet, 1,
>    nops(Dictionnaire) );
```

false

Exercices

1. Démontrer que la procédure (récursive) **Recherche_dichotomique** s'arrête dans tous les cas. Supposons que le dictionnaire est constitué de n mots. Combien de mots la procédure **Recherche_dichotomique** doit-elle consulter dans le dictionnaire dans le pire des cas ?
2. Ecrire la procédure **Recherche_dichotomique** en utilisant une boucle **while** afin d'éviter les appels récursifs.

Représentation graphique des racines d'un polynôme

On peut mettre n'importe quels objets Maple dans une liste. En particulier, il est possible de faire des listes de listes. Il est courant de représenter les coordonnées d'un point du plan affine par une liste à deux éléments. La commande **plot** utilise cette structure de données pour produire des représentations graphiques de points ou de lignes. Dans l'exemple qui suit, **plot** permet de représenter dans le plan trois points définis par leurs coordonnées.

```
> plot( [ [ 0, 0], [ 1, 2], [-1, 2] ],
>    style=point, color=black );
```

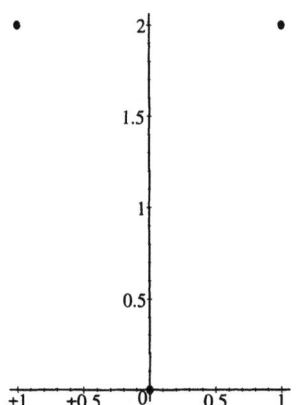

De cette manière il est possible d'écrire une procédure qui représente graphiquement dans le plan complexe les racines d'un polynôme. Considérons le polynôme $x^3 - 1$.

> **y := x^3-1;**

$$y := x^3 - 1$$

Une résolution numérique suffit pour représenter les racines[19].

> **R := [fsolve(y=0, x, complex)];**

$$R := [-.5000000000 - .8660254038\, I,$$
$$-.5000000000 + .8660254038\, I, \quad 1.]$$

Il faut à présent transformer cette liste de nombres complexes en une liste de coordonnées. Les commandes **Re** et **Im** extraient respectivement la partie réelle et la partie imaginaire d'un nombre complexe. On obtient donc la liste de coordonnées en faisant[20] :

> **points := map(z -> [Re(z), Im(z)], R);**

$$points := [[-.5000000000, -.8660254038],$$
$$[-.5000000000, .8660254038], \quad [1., 0]]$$

Il est maintenant possible de représenter graphiquement les points.

> **plot(points, style=point);**

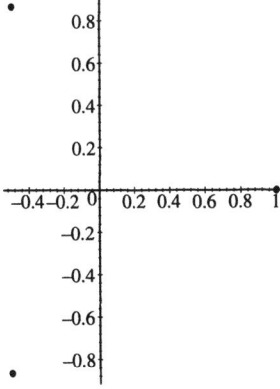

---

[19]N.d.T. : on utilise ici la commande **fsolve** pour entreprendre une recherche numérique des racines du polynôme. La commande **fsolve** s'oppose à la commande **solve** qui permet une résolution algébrique exacte lorsque cela est possible.

[20]N.d.T. : on peut considérer ici que la commande **map** applique la "fonction" qui lui est passée en premier argument à tous les éléments de la liste qui lui est passée en deuxième argument.

On peut automatiser cette façon de procéder en écrivant une nouvelle procédure admettant en entrée un polynôme en x à coefficients constants[21].

```
> rootplot := proc( p::polynom(constant, x) )
>    local R, points;
>    R := [ fsolve(p, x, complex) ];
>    points := map( z -> [Re(z), Im(z)], R );
>    plot( points, style=point );
> end:
```

Voici la représentation des racines du polynôme $x^6 + 3x^5 + 5x + 10$.

```
> rootplot( x^6+3*x^5+5*x+10 );
```

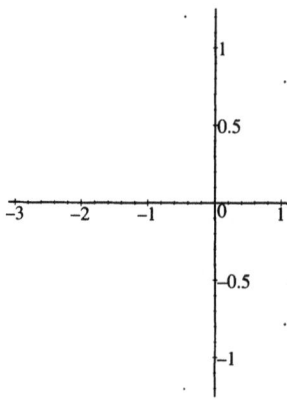

Essayons la procédure sur un polynôme choisi au hasard à l'aide de la commande **randpoly** :

```
> y := randpoly(x, degree=100);
```
$$y := 79\,x^{71} + 56\,x^{63} + 49\,x^{44} + 63\,x^{30} + 57\,x^{24} - 59\,x^{18}$$

```
> rootplot( y );
```

---

[21] N.d.T. : remarquer de nouveau le contrôle de type sur le paramètre de la procédure, ainsi que la grande variété de types prédéfinis disponibles sous Maple.

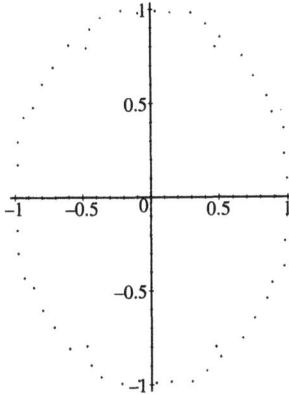

Lorsqu'on écrit un programme, on a souvent le choix entre plusieurs représentations des données. Le choix d'une structure de données peut avoir un impact considérable sur la lisibilité et l'efficacité de la procédure. La partie intitulée *Choix d'une structure de données : graphes* (page 73) illustre ce problème.

1.4 Programmer avec des formules

La grande force de Maple vient de sa capacité à effectuer des manipulations formelles. Cette partie montre certaines de ces capacités à travers quelques exemples de programmes de calculs sur les polynômes. Les techniques mises en œuvre sur les polynômes s'étendent à des situations plus générales.

En mathématiques, on écrit généralement un *polynôme* à une indéterminée x sous la forme :

$$\sum_{i=0}^{n} a_i x^i, \quad \text{où } a_n \neq 0.$$

Les a_i sont les *coefficients* du polynôme. Ce sont des nombres ou des expressions dépendant de variables. En revanche, chaque coefficient est indépendant de x.

Hauteur d'un polynôme

On définit la *hauteur* d'un polynôme comme la plus grande valeur absolue de ses coefficients. La procédure qui suit trouve la hauteur d'un polynôme, p, à une indéterminée x. L'instruction **degree** trouve le degré d'un polynôme, et l'instruction **coeff** extrait un coefficient spécifique d'un polynôme :

```
> HAUT := proc(p::polynom, x::name)
>     local i, c, ht;
>     ht := 0;
>     for i from 0 to degree(p, x) do
>         c := coeff(p, x, i);
>         ht := max(ht, abs(c));
>     od;
>     ht;
> end:
```

La hauteur de $32x^6 - 48x^4 + 18x^2 - 1$ est 48.

```
> p := 32*x^6-48*x^4+18*x^2-1;
```

$$p := 32\,x^6 - 48\,x^4 + 18\,x^2 - 1$$

```
> HAUT(p,x);
```

$$48$$

Une faiblesse importante de la procédure **HAUT** réside dans son inefficacité pour le traitement des polynômes creux c'est-à-dire des polynômes qui présentent peu de coefficients non nuls. Par exemple, pour trouver la hauteur du polynôme $x^{4321} - 1$ la procédure **HAUT** va examiner 4322 coefficients.

La commande **coeffs** retourne la séquence des coefficients d'un polynôme[22] :

```
> coeffs( p, x );
```

$$-1, 32, -48, 18$$

Il n'est pas possible d'appliquer la fonction **abs** (à l'aide d'une commande **map**) à une séquence. Une solution à ce problème consiste à transformer la séquence en liste ou en ensemble.

```
> S := map( abs, {"} );
```

$$S := \{1, 18, 32, 48\}$$

La commande **max** s'aplique à des séquences, ce qui nous oblige à transformer à nouveau l'ensemble en une séquence.

```
> max( S[] );
```

$$48$$

---

[22]N.d.T. : par séquence des coefficients d'un polynôme, il faut comprendre séquence des coefficients non nuls de ce polynôme. Par ailleurs, on remarquera l'ordre aléatoire dans lequel apparaissent les coefficients dans la séquence.

1.4 Programmer avec des formules

La version suivante de **HAUT** reprend les méthodes que nous venons de détailler.

```
> HGHT := proc(p::polynom, x::name)
>    local S;
>    S := { coeffs(p, x) };
>    S := map( abs, S );
>    max( S[] );
> end:
```

Essayons la procédure sur un polynôme choisi aléatoirement :

```
> p := randpoly(x, degree=100 );
```

$$p := 79\,x^{71} + 56\,x^{63} + 49\,x^{44} + 63\,x^{30} + 57\,x^{24} - 59\,x^{18}$$

```
> HAUT(p, x);
```

$$79$$

Si le polynôme se trouve sous forme développée, il est aussi possible de trouver sa hauteur de la manière suivante : on peut appliquer directement une fonction sur un polynôme à l'aide de la commande **map**. La commande **map** applique une commande à chaque terme du polynôme :

```
> map( f, p );
```

$$f(79\,x^{71}) + f(56\,x^{63}) + f(49\,x^{44}) + f(63\,x^{30}) + f(57\,x^{24}) + f(-59\,x^{18})$$

Il est donc possible d'appliquer **abs** directement au polynôme :

```
> map( abs, p );
```

$$79\,|x|^{71} + 56\,|x|^{63} + 49\,|x|^{44} + 63\,|x|^{30} + 57\,|x|^{24} + 59\,|x|^{18}$$

On peut alors utiliser la commande **coeffs** pour obtenir la séquence des coefficients de ce polynôme.

```
> coeffs( " );
```

$$79, 56, 49, 63, 57, 59$$

Et enfin on trouve le maximum de la séquence.

```
> max( " );
```

$$79$$

Il est donc possible de déterminer la hauteur d'un polynôme avec une commande d'une seule ligne :

```
> p := randpoly(x, degree=50);
```

$$p := (77\,x^{48} + 66\,x^{44} + 54\,x^{37} - 5\,x^{20} + 99\,x^{5} - 61\,x^{3})$$

```
> max( coeffs( map(abs, p)) ) );
```
$$99$$

Exercice

1. Ecrire une procédure qui calcule la norme euclidienne d'un polynôme, c'est-à-dire $\sqrt{\sum_{i=0}^{n} |a_i|^2}$.

Les polynômes de Chebyshev

Les polynômes de Chebyshev, $T_n(x)$, satisfont la relation de récurrence :

$$T_n(x) = 2xT_{n-1}(x) + T_{n-2}(x), \quad \text{for } n \geq 2.$$

Les deux premiers polynômes de Chebyshev sont $T_0(x) = 1$ et $T_1(x) = x$.

Cet exemple ressemble à celui des suites de Fibonacci donné pour illustrer les procédures récursives (page 22).

```
> T := proc(n::nonnegint, x::name)
>   option remember;
>   if n=0 then
>     RETURN(1);
>   elif n=1 then
>     RETURN(x);
>   fi;
>   2*x*T(n-1,x) - T(n-2,x);
> end:
```

Maple ne développe pas automatiquement les polynômes.

```
> T(4,x);
```
$$2x(2x(2x^2 - 1) - x) - 2x^2 + 1$$

On peut forcer Maple à développer un polynôme :

```
> expand(");
```
$$8x^4 - 8x^2 + 1$$

On peut être tenté de modifier la procédure de manière à ce que le résultat apparaisse sous forme développée. Toutefois, ceci peut constituer un effort inutile dans la mesure où l'on ne sait pas si l'utilisateur de la procédure souhaite obtenir les polynômes de Chebyshev sous forme développée ou non. En outre, la procédure **T** étant récursive, elle développerait aussi tous les résultats intermédiaires.

Exercice

1. Les polynômes de Fibonacci, $F_n(x)$, satisfont à la relation récurrence :

$$F_n(x) = xF_{n-1}(x) + F_{n-2}(x),$$

où $F_0(x) = 0$ et $F_1(x) = 1$. Ecrire une procédure pour calculer et factoriser $F_n(x)$. Que remarque-t-on ?

Intégration par parties

L'évaluateur d'intégrales de Maple est très puissant. Cette partie explique comment on pourrait écrire sa propre procédure pour intégrer des expressions de la forme $p(x)f(x)$, où $p(x)$ est une fonction polynomiale de la variable x et $f(x)$ est une fonction particulière. Prenons, par exemple, $p(x) = x^2$ et $f(x) = e^x$:

```
> int( x^2*exp(x), x );
```

$$x^2 e^x - 2x e^x + 2 e^x$$

On peut donner un autre exemple avec $p(x) = x^3$ et $f(x) = \arcsin(x)$:

```
> int( x^3*arcsin(x), x );
```

$$\frac{1}{4}x^4 \arcsin(x) + \frac{1}{16}x^3 \sqrt{1-x^2} + \frac{3}{32}x\sqrt{1-x^2} - \frac{3}{32}\arcsin(x)$$

On a en général recours à l'*intégration par parties* pour calculer des intégrales de cette forme :

```
> int( u(x)*v(x), x ) = u(x)*int(v(x),x) -
> int( diff(u(x),x) * int(v(x),x), x );
```

$$\int u(x)\,v(x)\,dx = u(x)\int v(x)\,dx - \int \left(\frac{\partial}{\partial x}u(x)\right)\int v(x)\,dx\,dx)$$

On peut d'ailleurs demander à Maple de vérifier cette formule en dérivant les deux membres de l'égalité :

```
> diff(",x);
```

$$u(x)\,v(x) = u(x)\,v(x)$$

```
> evalb(");
```

true

Si l'on applique une intégration par parties à une expression analogue à celle du premier exemple, on trouve :

$$\int x^n e^x dx = x^n \int e^x dx - \int \left(n x^{n-1} \int e^x dx \right) dx$$

$$= x^n e^x - n \int x^{n-1} e^x dx.$$

Cette opération introduit une nouvelle intégrale, mais le degré de la fonction polynômiale en x dans la nouvelle intégrale est inférieur à celui qui apparaissait dans l'intégrale initiale. En appliquant ce procédé de façon répétitive, on abouti à l'évaluation de $\int e^x$ qui vaut e^x.

La procédure suivante utilise (implicitement) l'intégration par parties pour calculer une intégrale de la forme :

$$\int x^n e^x dx,$$

en s'appelant récursivement jusqu'à ce que $n = 0$:

```
> IntExpMonomial := proc(n::nonnegint, x::name)
>    if n=0 then RETURN( exp(x) ) fi;
>    x^n*exp(x) - n*IntExpMonomial(n-1, x);
> end:
```

IntExpMonomial peut calculer $\int x^5 e^x \, dx$:

```
> IntExpMonomial(5, x);
```

$$x^5 e^x - 5 x^4 e^x + 20 x^3 e^x - 60 x^2 e^x + 120 x e^x - 120 e^x$$

On peut simplifier le résultat en utilisant la commande **collect** pour regrouper les termes en facteurs de exp(x).

```
> collect(", exp(x));
```

$$(x^5 - 5 x^4 + 20 x^3 - 60 x^2 + 120 x - 120) e^x$$

On peut à présent écrire une procédure qui calcule $\int p(x) e^x \, dx$ pour n'importe quel polynôme p. A cet effet on utilise la linéarité de l'intégration :

$$\int a f(x) + g(x) \, dx = a \int f(x) \, dx + \int g(x) \, dx.$$

La procédure **IntExpPolynomial** qui suit utilise l'instruction **coeff** pour extraire les coefficients de p un par un.

```
> IntExpPolynomial := proc(p::polynom, x::name)
>   local i, result;
>   result := add( coeff(p, x, i)*IntExpMonomial(i, x),
>                  i=0..degree(p, x) );
>   collect(result, exp(x));
> end:
```

On peut utiliser **IntExpPolynomial** pour calculer $\int (x^2+1)(1-3x)e^x\,dx$.

```
> IntExpPolynomial( (x^2+1)*(1-3*x), x );
```
$$(21 + 10\,x^2 - 20\,x - 3\,x^3)\,e^x$$

Exercice

1. Modifier la procédure **IntExpPolynomial** de manière à ce qu'elle soit plus efficace en ne traitant que les coefficients non nuls de $p(x)$.

Programmer avec des paramètres symboliques

Le polynôme $2x^5+1$ est un exemple de *polynôme explicite* en x. Mis à part x, tous les éléments intervenant dans la définition du polynôme sont des nombres explicites. On peut aussi avoir affaire à des polynômes comme $3x^n+2$, où n est un entier positif non spécifié, ou encore comme $a+x^5$, où a est un paramètre indépendant de x. Ce sont des exemples de *polynômes symboliques*, car ils contiennent des paramètres additionnels non spécifiés.

La procédure **IntExpPolynomial** définie dans la partie intitulée *Intégration par parties* (page 39) calcule la primitive $\int p(x)e^x\,dx$ où p est un polynôme explicite. Dans sa version actuelle **IntExpPolynomial** ne peut pas traiter les polynômes symboliques.

```
> IntExpPolynomial( a*x^n, x );

Error, IntExpPolynomial expects its 1st argument, p,
to be of type polynom, but received a*x^n
```

On va donc étendre **IntExpPolynomial** de manière à pouvoir intégrer aussi $p(x)e^x$ pour des polynômes symboliques. La première chose à faire est de trouver une formule pour $\int x^n e^x\,dx$ quelle que soit la valeur de l'entier naturel n. On peut parfois trouver une telle formule en examinant minutieusement la forme obtenue dans certains cas particuliers. Voici les résultats obtenus pour les premières valeurs de n.

```
> IntExpPolynomial(x, x);
```
$$(x-1)\,e^x$$

```
> IntExpPolynomial(x^2, x);
```

$$(x^2 - 2x + 2)e^x$$

```
> IntExpPolynomial(x^3, x);
```

$$(x^3 - 3x^2 + 6x - 6)e^x$$

Avec beaucoup d'intuition on trouve :

$$\int x^n e^x \, dx = n! \, e^x \sum_{i=0}^{n} \frac{(-1)^{n-i} x^i}{i!}.$$

Cette formule n'est valable que pour des valeurs positives de n. On utilise la commande *assume* pour signifier à Maple que la variable n a certaines propriétés.

```
> assume(n, integer);
> additionally(n >= 0);
```

Remarquons qu'une simple vérification de type n'est pas suffisante pour savoir si n est un entier.

```
> type(n, integer);
```

false

Il faut en fait utiliser la commande **is** qui intervient dans la définition de la commande **assume**.

```
> is(n, integer), is(n >= 0);
```

true, true

On va écrire une nouvelle version de la procédure **IntExpMonomial** vue au paragraphe *Intégration par parties* (page 39) de la manière suivante :

```
> IntExpMonomial := proc(n::anything, x::name)
>    local i;
>    if is(n, integer) and is(n >= 0) then
>      n! * exp(x) * sum( ( (-1)^(n-i)*x^i )/i!,
>          i=0..n );
>    else
>      ERROR(`Entier positif attendu. A reçu :`, n);
>    fi;
> end:
```

Cette version[23] de `IntExpMonomial` fonctionne à la fois sur les entrées explicites et sur les entrées symboliques.

> `IntExpMonomial(4, x);`

$$24\, e^x \left(1 - x + \frac{1}{2}x^2 - \frac{1}{6}x^3 + \frac{1}{24}x^4\right)$$

Dans l'exemple suivant Maple fait apparaître la fonction gamma[24]. Le signe "~" qui suit n indique qu'on a fait des hypothèses sur n.

> `IntExpMonomial(n, x);`

$$\tilde{n}!\, e^x \Bigg((-1)^{\tilde{n}} e^{(-x)} + \frac{x^{(\tilde{n}+1)}(\tilde{n}+1)(-x)^{(-1-\tilde{n})} e^{(-x)} (\Gamma(\tilde{n}+1) - \Gamma(\tilde{n}+1, -x))}{(\tilde{n}+1)!} \Bigg)$$

On peut vérifier le résultat en le dérivant par rapport à x. En utilisant la commande `simplify` on obtient finalement le résultat espéré : $x^n e^x$.

> `diff(", x);`

$$\tilde{n}!\, e^x \left((-1)^{\tilde{n}} e^{(-x)} + \frac{x^{(\tilde{n}+1)}(\tilde{n}+1)(-x)^{(-1-\tilde{n})} e^{(-x)} \%1}{(\tilde{n}+1)!}\right) + \tilde{n}!\, e^x$$

$$\left(-(-1)^{\tilde{n}} e^{(-x)} + \frac{x^{(\tilde{n}+1)}(\tilde{n}+1)^2 (-x)^{(-1-\tilde{n})} e^{(-x)} \%1}{x(\tilde{n}+1)!} \right.$$

$$+ \frac{x^{(\tilde{n}+1)}(\tilde{n}+1)(-x)^{(-1-\tilde{n})}(-1-\tilde{n}) e^{(-x)} \%1}{(\tilde{n}+1)!\, x}$$

$$\left. - \frac{x^{(\tilde{n}+1)}(\tilde{n}+1)(-x)^{(-1-\tilde{n})} e^{(-x)} \%1}{(\tilde{n}+1)!} \right)$$

---

[23] N.d.T. : on aurait pu résoudre la question de l'entier n (qui doit être positif) comme précédemment par un contrôle de type lors de la déclaration du paramètre (`n::nonnegint`). La façon de procéder exposée ici permet aux auteurs d'introduire les commandes `is` et `assume` et se prête naturellement à la résolution de l'exercice posé en fin de chapitre.

[24] N.d.T. : la *fonction gamma d'une variable* x est définie par :

$$\Gamma(x) = \int_0^\infty e^{-t} t^{x-1}\, dt$$

et la *fonction gamma de deux variables* x et a est définie par :

$$\Gamma(x, a) = \int_a^\infty e^{-t} t^{x-1}\, dt$$

$$-\frac{x^{(\tilde{n}+1)}\,(\tilde{n}+1)\,(-x)^{(-1-\tilde{n})}\,e^{(-x)}\,(-x)^{\tilde{n}}\,e^{x}}{(\tilde{n}+1)!}\Bigg)$$

$$\%1 := \Gamma(\tilde{n}+1) - \Gamma(\tilde{n}+1, -x)$$

> `simplify(");`

$$e^x\, x^{\tilde{n}}$$

Il est clair qu'une telle utilisation de constantes symboliques étend fortement la puissance du système.

Exercice

1. Etendre la dernière version de **IntExpPolynomial** pour pouvoir calculer des primitives de la forme $\int x^n e^{ax+b}\, dx$, où n est un entier et a et b sont des constantes. Il faut traiter le cas $n = -1$ séparément puisque[25] :

$$\int \frac{e^x}{x}\, dx = -\mathrm{Ei}(1, -x).$$

Utiliser la commande **ispoly** pour tester l'expression $ax + b$ qui est polynomiale en x.

---

[25]N.d.T. : la fonction *exponentielle intégrale* est définie par

$$\mathrm{Ei}(n, x) = \int_1^\infty \frac{e^{-xt}}{t^n}\, dt$$

CHAPITRE
 # Fondements

Vous venez d'écrire un certain nombre de procédures avec Maple et vous avez constaté que son langage de programmation vous permet de traiter une grande variété de problèmes. Le chapitre 1 a présenté quelques exemples simples dont nous espérons qu'ils vous ont paru intuitifs et utiles pour élaborer vos propres programmes.

Toutefois, il vous est peut-être arrivé de vous trouver face à des situations curieuses. Par exemple, vous venez de développer une séquence de commandes qui fonctionnent convenablement lorsque vous les exécutez de façon interactive, mais cette séquence ne fonctionne plus lorsque vous l'insérez entre un **proc()** et un **end** pour en faire une procédure.

Même si cette situation ne vous est pas familière, vous risquez d'y être confronté prochainement. Heureusement, la solution du problème est presque toujours simple. Quelques règles fondamentales régissent la façon dont Maple interprète ce que vous tapez. La compréhension de ces règles est particulièrement importante pour la rédaction des procédures.

L'apprentissage des fondements n'est pas difficile si l'on a compris cinq principes essentiels :

1. la méthode suivie par Maple pour évaluer une expression,

2. la différence entre variables locales, variables globales et paramètres,

3. quelques détails sur les types gérés par Maple, les types qui modifient les règles d'évaluation de Maple, les types structurés et la reconnaissance de types,

4. les structures de données et la façon de les utiliser efficacement pour résoudre un problème donné,

5. les tables de remember qui peuvent améliorer considérablement l'efficacité de certains programmes, comme nous l'avons vu au chapitre 1.

En résumé, ce chapitre traite des fondements de la programmation avec Maple, vous permettant ainsi d'écrire et de comprendre des programmes Maple conséquents.

2.1 Règles d'évaluation

Maple n'évalue pas les lignes de code à l'intérieur d'une procédure de la même façon que si ces lignes étaient introduites au cours d'une session interactive. Ces règles d'évaluation sont assez simples, comme va le montrer cette partie.

Maple a de bonnes raisons de ne pas suivre les mêmes règles d'évaluation au sein d'une procédure que dans une session interactive (toplevel), notamment pour des raisons d'efficacité. Dans une session interactive, Maple évalue la plupart des noms complètement. Par exemple, supposons qu'on affecte à **a** la valeur de **b** et à **b** celle de **c**. Lorsqu'on tape **a**, Maple suit automatiquement la liste des affectations pour établir que la valeur de **a** est finalement **c**.

```
> a := b;
```
$$a := b$$

```
> b := c;
```
$$b := c$$

```
> a + 1;
```
$$c + 1$$

Au cours d'une session interactive, Maple suit systématiquement la liste des affectations, aussi longue soit elle. Il n'en va pas nécessairement de même, lors du traitement d'une procédure.

On appelle *évaluation* cette substitution des valeurs affectées à un nom. Chaque étape de ce processus est appelé un *niveau d'évaluation*. En utilisant la commande **eval** on peut demander explicitement à Maple de procéder à une évaluation à un niveau déterminé.

```
> eval(a, 1);
```
$$b$$

```
> eval(a, 2);
```
$$c$$

Si l'on ne spécifie pas le niveau d'évaluation, Maple évalue le nom au niveau maximal existant[1].

```
> eval(a);
```
$$c$$

Quand on entre des commandes en mode interactif, Maple évalue généralement les noms comme s'ils avaient été inclus dans une commande **eval()**. L'exception principale à cette règle réside dans ce que le processus d'évaluation s'arrête lorsque l'évaluation du nom au niveau suivant le tranformerait en table, en tableau[2] ou en procédure. La commande **a + 1** ci-dessus est presque identique à la commande **eval(a) + 1**.

Dans les procédures, certaines règles sont différentes. Si l'on procède à l'affectation précédente dans une procédure, le résultat risque de paraître surprenant :

```
> f := proc()
>       local a,b;
>       a := b;
>       b := c;
>       a + 1;
> end;
```
$$f := \mathbf{proc}() \; \mathbf{local} \; a, b; \; a := b; \; b := c; \; a + 1 \; \mathbf{end}$$
```
> f();
```
$$b + 1$$

La réponse est **b + 1** au lieu de **c + 1**, parce que **a** est une variable locale et que Maple n'évalue les variables locales qu'au premier niveau. La procédure se comporte donc comme si la dernière ligne était **eval(a,1) + 1**.

Les parties suivantes explicitent toutes les règles d'évaluation de Maple. Elles abordent en particulier les différents types de variables qui peuvent exister dans une procédure et les règles qui sont associées à chaque type de variables.

Paramètres

Le chapitre 1 a présenté deux types de variables : les variables locales et les variables globales. Mais il existe un type de variables encore plus

---

[1] N.d.T. : ce niveau dépend de la nature (type) du nom qui doit être évalué, comme on va le voir dans la suite.

[2] N.d.T. : cela est vrai en particulier pour les matrices qui sont considérées comme des tableaux particuliers.

important : les paramètres. Les paramètres sont des variables dont le nom apparaît entre les parenthèses d'une déclaration **proc()**. Elles jouent un rôle particulier puisque Maple les remplace par des arguments lorsque la procédure est exécutée.

Considérons la procédure suivante qui calcule le carré de son premier argument et qui affecte le résultat à son deuxième argument (qui doit donc être un nom).

```
> carre := proc(x::anything, y::name)
>         y := x^2;
> end;
```

$$carre := \mathrm{proc}(x\mathrm{::}anything, y\mathrm{::}name)\, y := x^2 \text{ end}$$

```
> carre(d, rep);
```

$$d^2$$

```
> rep;
```

$$d^2$$

La procédure élève au carré la valeur de **d** et affecte le résultat au nom **rep**. Essayons maintenant d'appliquer la procédure à **a** auquel Maple a affecté **b** précédemment. Il ne faut pas oublier de commencer par libérer **rep** de sa valeur.

```
> rep := 'rep';
```

$$rep := rep$$

```
> carre(a, rep);
```

$$c^2$$

```
> rep;
```

$$c^2$$

La réponse montre que Maple se souvient qu'on avait affecté **b** à **a** et **c** à **b**. Pour savoir à quel moment s'est produite l'évaluation il faut pouvoir examiner la valeur de **x** dès que Maple entre dans la procédure. On peut utiliser le débogueur pour forcer Maple à s'arrêter juste après être entré dans **carre**.

```
> stopat(carre);
```

$$[carre]$$

```
> rep := 'rep':
```

```
> carre(a, rep);

carre:
   1*    y := x^2
```

La valeur du paramètre formel **x** est **c**.

```
DBG> x
c
carre:
   1*    y := x^2

DBG> cont
```
$$c^2$$

```
> unstopat(carre):
```

En fait Maple évalue les arguments *avant* d'invoquer la procédure.

Le mieux est de se représenter les étapes suivies par Maple de la manière suivante : Maple évalue les arguments de façon appropriée relativement au contexte dans lequel se produit l'appel à la procédure. Ainsi, si l'on appelle **carre** à l'intérieur d'une procédure, alors Maple ne va évaluer **a** qu'à un seul niveau. C'est pourquoi dans la procédure **g** qui suit, Maple évalue **a** en **b** plutôt qu'en **c**.

```
> g := proc()
>       local a,b,rep;
>       a := b;
>       b := c;
>       carre(a,rep);
> end;
```

$g := \text{proc}() \text{ local } a, b, rep; \ a := b; \ b := c; \ \text{carre}(a, rep) \text{ end}$

```
> g();
```
$$b^2$$

Que l'on appelle une procédure au niveau interactif ou depuis une procédure, Maple évalue les arguments avant d'invoquer la procédure. Une fois que Maple a évalué les arguments, il remplace toutes les occurrences des paramètres formels de la procédure par leurs valeurs effectives. Ce n'est qu'après avoir fait cela que Maple invoque la procédure.

Comme Maple n'évalue les paramètres qu'une seule fois, on ne peut pas les utiliser comme des variables locales. L'auteur de la procédure **cube** suivante a oublié que Maple ne revient pas sur l'évaluation des paramètres.

```
> cube := proc(x::anything, y::name)
>           y := x^3;
```

```
>           y;
> end:
```

Lorsqu'on appelle la procédure **cube** comme suit, Maple affecte à **rep** la valeur 2^3, mais la procédure retourne le nom **rep** plutôt que sa valeur :

```
> rep := ´rep´;
```

$$rep := rep$$

```
> cube(2, rep);
```

$$rep$$

```
> rep;
```

$$8$$

Maple remplace chaque **y** par **rep**, mais Maple n'évalue pas les occurrences de **rep** à nouveau. La dernière ligne de **cube** retourne donc le nom **rep** et non la valeur assignée à **rep**.

Il convient donc d'utiliser les paramètres dans deux cas : pour passer des informations à la procédure et pour récupérer des informations de la part de la procédure. On peut considérer que les paramètres constituent des évaluations au niveau *zéro*.

Variables locales

Les variables locales sont des emplacements temporaires de mémorisation situés dans une procédure. On peut créer des variables locales en utilisant la déclaration **local** au début d'une procédure. Si l'on n'a pas indiqué si une variable était globale ou locale, Maple décide de la nature de cette variable. Si l'on affecte une valeur à une variable dans une procédure, alors Maple décide qu'elle doit être **locale**. Une variable locale est distincte de toute variable globale même si elles ont des noms identiques. De manière analogue, une variable locale est distincte de toute autre variable locale définie dans une autre procédure, même si elles ont des noms identiques.

Maple évalue les variables locales au premier niveau seulement :

```
> f := proc()
>     local a,b;
>     a := b;
>     b := c;
>     a + 1;
> end;
```

$$f := \text{proc}()\ \text{local}\ a, b;\ a := b;\ b := c;\ a + 1\ \text{end}$$

Lorsqu'on invoque **f**, Maple évalue **a** dans l'expression **a+1** en **b**.

```
> f();
```
$$b+1$$

Maple a toujours recours à une évaluation au dernier nom pour les tables, les tableaux[3] et les procédures. C'est pourquoi, si l'on affecte à une variable locale une table, un tableau ou une procédure, Maple n'évalue pas cette variable à moins qu'on ne fasse un appel explicite à **eval**. Maple crée les variables locales d'une procédure lors de chaque appel de la procédure de sorte que ces variables sont locales à un appel particulier de la procédure.

Lorsqu'on n'a pas une grande expérience de l'écriture de programmes avec Maple, on peut penser que l'évaluation au premier niveau est une sérieuse limitation. En fait, les programmes qui nécessitent une évaluation plus profonde des variables locales sont difficiles à comprendre. Par ailleurs, comme Maple n'essaie pas d'évaluer les variables locales au-delà du premier niveau, de nombreuses étapes sont évitées lors de l'exécution, ce qui rend les procédures plus performantes.

Variables globales

Les variables globales sont accessibles à l'intérieur de n'importe quelle procédure comme au niveau interactif. En effet, n'importe quel nom utilisé au niveau interactif est une variable globale. Une variable globale peut donc être modifiée par n'importe quelle procédure.

```
> h := proc()
>       global x;
>       x := 5;
> end:
> h();
```
$$5$$
```
> x;
```
$$5$$

Il convient d'utiliser les variables globales avec précaution à l'intérieur d'une procédure. La procédure **h** affecte une valeur à la variable globale **x** mais ne délivre aucun avertissement dans la feuille de travail. Si l'on utilise ensuite **x** en croyant que x est une inconnue, on risque d'être confronté à des messages d'erreur déroutants.

```
> diff( x^2, x);
```
Error,

---

[3]N.d.T. : et en particulier pour les matrices, comme nous l'avons déjà signalé...

```
wrong number (or type) of parameters in function diff
```

En outre, si l'on écrit une autre procédure qui utilise la variable globale **x**, les deux procédures risquent d'utiliser le même **x** de façon incompatible.

Que ce soit dans une procédure ou au niveau interactif, Maple applique toujours la même règle d'évaluation aux variables globales. Une variable globale est évaluée complètement, sauf quand à un niveau donné l'évaluation conduit à une table, un tableau ou une procédure. Dans ce cas l'évaluation reste bloquée au dernier nom rencontré dans la chaîne des affectations. Cette règle d'évaluation est connue sous le nom d'*évaluation par le dernier nom*.

On peut donc retenir que *Maple évalue les paramètres au niveau zéro, les variables locales au niveau un et les variables globales complètement*, à l'exception des cas d'application de la règle d'évaluation par le dernier nom.

Exceptions

Cette partie décrit deux exceptions importantes aux règles d'évaluation.

L'opérateur ditto L'*opérateur ditto* (") qui contient le dernier résultat, est local à une procédure. Toutefois Maple l'évalue *complètement*. Lorsqu'on invoque une procédure, Maple initialise la version locale de " à **NULL**.

```
> f := proc()
>    local a,b;
>    print( `Initialement ["] a la valeur`, ["] );
>    a := b;
>    b := c;
>    a + 1;
>    print( `Maintenant ["] a la valeur`, ["] );
> end:
> f();
```

Initialement ["] *a la valeur*, []

Maintenant ["] *a la valeur*, [c + 1]

Les mêmes règles spécifiques s'appliquent aux opérateurs **""** et **"""**.

Variables d'environnement La variable **Digits**, qui détermine le nombre de chiffres utilisés par Maple pour faire les calculs en virgule flottante, est un exemple de *variable d'environnement*. Maple évalue les variables d'environnement comme les variables globales : les variables d'environnement sont évaluées complètement, sauf si la règle d'évaluation par le dernier nom s'applique. Lorsqu'une procédure retourne son résultat, toutes les variables d'environnement sont forcées aux valeurs qui étaient les leurs au moment de l'appel de cette procédure.

```
> f := proc()
>    print( `Debut de f.  Digits vaut`, Digits );
>    Digits := Digits + 13;
>    print( `L'addition de 13 a Digits donne`,
>           Digits );
> end:
> g := proc()
>    print( `Debut de g.  Digits vaut`, Digits );
>    Digits := 77;
>    print( `Appel de f depuis g.  Digits vaut`,
>           Digits );
>    f();
>    print( `Retour a g depuis f.  Digits vaut`,
>           Digits );
> end:
```

La valeur par défaut de **Digits** est 10 :

```
> Digits;
```

$$10$$

```
> g();
```

Debut de g. Digits vaut 10

Appel de f depuis g. Digits vaut 77

Debut de f. Digits vaut 77

L'addition de 13 a Digits donne 90

Retour a g depuis f. Digits vaut 77

A la sortie de **g**, Maple force **Digits** à son ancienne valeur, 10 :

```
> Digits;
```

$$10$$

Se reporter à la page d'aide en ligne **?environment** pour une liste des variables d'environnement. On peut aussi créer ses propres variables d'environnement : Maple considère toute variable dont le nom commence par les quatre caractères **_Env** comme une variable d'environnement.

2.2 Procédures imbriquées

On peut définir une procédure à l'intérieur d'une autre procédure. Cela s'appelle écrire des procédures imbriquées. Dans une session interactive, la commande **map** permet d'appliquer une opération identique à tous les éléments de certains types de structure. Par exemple, on peut souhaiter diviser tous les éléments d'une liste par 8 :

```
> lst := [8, 4, 2, 16]:
> map( x->x/8, lst);
```

$$\left[1, \frac{1}{2}, \frac{1}{4}, 2\right]$$

La commande **map** peut aussi être très utile à l'intérieur d'une procédure. Un autre exemple d'utilisation de cette commande apparaît dans l'exemple qui suit. L'auteur de la procédure voulait que tous les éléments d'une liste soient divisés par le premier élément de la liste, mais le programme qui suit ne fonctionne pas convenablement, comme on peut le constater :

```
> try := proc(x::list)
>    local v;
>    v := x[1];
>    map( y -> y/v, x );
> end:
> try(lst);
```

$$\left[\frac{8}{v}, \frac{4}{v}, \frac{2}{v}, \frac{16}{v}\right]$$

Dans la partie qui suit on explique pourquoi la procédure **try** ne fonctionne pas convenablement et comment la modifier pour que son fonctionnement devienne correct. On va voir comment Maple décide quelles variables sont locales ou non à une procédure. La compréhension des règles d'évaluation des paramètres, ainsi que des variables locales ou globales est essentielle pour faire un usage complet du langage Maple.

Variables locales ou variables globales ?

Chaque fois qu'on écrit une procédure, on devrait déclarer explicitement la nature des variables utilisées. De la sorte, le code devient plus lisible et plus facile à corriger. Néanmoins, il est parfois gênant d'avoir à déclarer certaines variables. Dans la procédure **try** ci-dessus, l'opérateur flèche (—>) au sein de la commande **map** crée une nouvelle procédure. Si l'on veut déclarer la variable qui intervient à l'intérieur de cette procédure, on ne peut plus recourir à la notation flèche, il faut revenir aux notations **proc** et **end**. Dans le cas de la procédure **try**, si l'on se prive de la notation flèche, la procédure devient moins lisible. En revanche, cela permet de comprendre pourquoi la procédure ne fonctionne pas convenablement.

```
> try2 := proc(x::list)
>    local v;
>    v := x[1];
>    map( proc(y) global v; y/v; end, x );
> end:
```

La procédure **try2** se comporte exactement de la même façon que la procédure **try** :

```
> try2(lst);
```

$$\left[\frac{8}{v}, \frac{4}{v}, \frac{2}{v}, \frac{16}{v}\right]$$

La raison pour laquelle **try** ne fonctionne pas convenablement réside dans ce que Maple décide que la variable **v** à l'intérieur de la procédure interne est une variable globale, donc que cette variable est distincte de la variable **v** locale à la procédure **try**.

En résumé, *il n'y a que deux possibilités pour une variable : ou bien cette variable est locale à la procédure où elle apparaît, ou elle est globale à toute la session Maple*. Les variables locales sont propres à la procédure qui les définit. Elles ne sont connues *d'aucune autre procédure*, même de celles qui seraient définies dans la procédure qui les a définies.

Si l'on exécute les deux commandes qui se trouvent dans le corps de la procédure **try** dans une session interactive, les deux occurrences de **v** désignent la même variable globale, si bien que les commandes fonctionnent comme souhaité :

```
> v := lst[1];
```

$$v := 8$$

```
> map( y -> y/v, lst );
```

$$\left[1, \frac{1}{2}, \frac{1}{4}, 2\right]$$

Si l'on invoque à présent **try**, la procédure *semble* fonctionner :

```
> try(lst);
```

$$\left[1, \frac{1}{2}, \frac{1}{4}, 2\right]$$

En fait, il se trouve qu'à ce stade de la session interactive, la variable globale **v** a fortuitement la même valeur que la variable locale **v**. On peut se convaincre facilement de cette situation en changeant la valeur de la variable globale **v** ; l'exécution de **try** ne conduit pas du tout au même résultat :

```
> v := Pi;
```

$$v := \pi$$

```
> try(lst);
```

$$\left[\frac{8}{\pi}, \frac{4}{\pi}, \frac{2}{\pi}, \frac{16}{\pi}\right]$$

Si l'on ne déclare pas une variable, alors Maple décide de sa nature. *Si une variable apparaît dans le membre de gauche d'une affectation explicite, alors Maple suppose que cette variable est une variable locale.* Dans le cas contraire, Maple suppose que la variable est globale à toute la session. En particulier, Maple suppose par défaut que toutes les variables qui sont passées en argument à d'autres procédures, lesquelles peuvent donc fixer leurs valeurs, sont globales. Dans **try** on n'affecte aucune valeur à **v** dans la procédure interne, **y->y/v** ; Maple décide donc que **v** est une variable globale. Les trois parties qui suivent étudient différentes façons de passer des variables à des procédures.

Passage de variables comme paramètres Une façon de corriger la procédure **try** consiste à passer *deux* paramètres au lieu d'un à la procédure interne. Le second paramètre sert à passer la variable supplémentaire à la procédure interne. Dans la procédure **try3** qui suit, la commande **map** passe son troisième argument, **v**, comme second argument à la procédure interne **(y,z)->y/z** :

```
> try3 := proc(x::list)
>    local v;
>    v := x[1];
>    map( (y,z) -> y/z, x, v );
> end:
```

La procédure **try3** fonctionne comme souhaité :

```
> try3(lst);
```

$$\left[1, \frac{1}{2}, \frac{1}{4}, 2\right]$$

Cette façon de passer les variables locales comme paramètres aux sous-procédures est très facile à comprendre. Toutefois, si l'on a beaucoup de paramètres à passer, les procédures peuvent devenir difficiles à lire.

Utilisation de la commande `unapply`   La commande **unapply** permet de fabriquer facilement des procédures à partir d'expressions :

```
> unapply(y/v, y);
```

$$y \to \frac{y}{v}$$

Dans la procédure suivante, Maple reconnaît les variables **v** et **y** de l'expression y/v comme étant les mêmes que les variables locales **v** et **y** de **try4** :

```
> try4 := proc(x::list)
>    local v, y;
>    v := x[1];
>    map( unapply(y/v, y), x );
> end:
> try4(lst);
```

$$\left[1, \frac{1}{2}, \frac{1}{4}, 2\right]$$

Cet usage de **unapply** pour créer des sous-procédures est très concis et facile à comprendre. Il convient donc de recourir à **unapply** chaque fois que c'est possible. La procédure **dropshadowplot** (page 303) utilise cette méthode.

Substitution   Il arrive parfois qu'aucune des deux méthodes décrites précédemment ne soit pratique à implémenter. Dans ce cas, il faut recourir à la substitution. Cette méthode s'applique dans tous les cas, mais il convient d'essayer d'abord une des deux méthodes précédentes car elles sont plus lisibles et donc plus faciles à comprendre.

La commande **subs** permet d'effectuer des substitutions dans n'importe quel objet Maple :

```
> f := x -> x/chat;
```

$$f := x \to \frac{x}{chat}$$

```
> g := subs( chat=chien, x->x/chat );
```

$$g := x \to \frac{x}{chien}$$

Si l'on veut effectuer une substitution dans une procédure donnée par son nom, il faut utiliser **eval** pour forcer l'évaluation du nom en procédure.

Si l'on ne procède pas ainsi, Maple ne passe que le nom de la procédure, et non son corps, à **subs** à cause de la règle d'évaluation au dernier nom[4].

```
> subs( chat=chien, eval(f) );
```

$$x \to \frac{x}{chien}$$

La version suivante de **try** utilise la méthode de substitution. La procédure intérieure est **y->y/w**. Cette fois, **y** est un paramètre et **w** est une variable globale puisqu'on ne lui affecte pas explicitement de valeur dans **y->y/w**. La variable **w** de **try5** est explicitement globale de sorte que chaque invocation de **w** désigne bien le même objet. Les guillemets simples autour de **w** ('w') permettent de s'assurer que l'on se réfère au *nom* global **w** même si la variable globale **w** a déjà une valeur. Maple n'évalue pas le corps de la procédure **y->y/w** tant que il n'a pas invoqué la procédure, et à cet instant la commande **subs** a substitué **v** à **w** dans **y/w**. Ainsi **try5** fonctionne même si la variable **w** a déjà une valeur :

```
> try5 := proc(x::list)
>    local v;
>    global w;
>    v := x[1];
>    map( subs('w'=v, y->y/w), x);
> end:
> try5(lst);
```

$$\left[1, \frac{1}{2}, \frac{1}{4}, 2\right]$$

Il est, bien sûr, possible de substituer plusieurs variables dans une procédure.

La substitution de variables est moins concise et moins lisible que les deux méthodes évoquées précédemment. Il est donc préférable de n'appliquer cette méthode qu'en dernier recours.

L'algorithme de tri rapide

Les algorithmes de tri ont toujours constitué un sujet d'intérêt pour les informaticiens. Même sans avoir étudié les aspects théoriques concernant les algorithmes de tri, on comprend que beaucoup de choses doivent être triées. Le tri de quelques nombres est rapide quelle que soit la façon de procéder. En revanche, dès qu'on a une grande quantité de données à trier,

---

[4]N.d.T. : sans recours à **eval** on obtient :

```
> g:=subs(chat=chien,f);
```

$$g := f$$

l'efficacité de la méthode employée pour réaliser le tri intervient de manière prépondérante dans le temps d'exécution.

L'algorithme de tri rapide[5] détaillé dans la suite est un algorithme de tri classique. La clé pour comprendre le fonctionnement de cet algorithme réside dans la compréhension de la partition de la liste des objets à trier. On commence par choisir un élément de la liste à trier ; cet élément est appelé pivot. Ensuite, on place d'un côté les éléments qui sont inférieurs au pivot et de l'autre ceux qui lui sont supérieurs. On insère enfin le pivot entre ces deux groupes.

A la fin de la partition, la liste n'est pas complètement triée. En effet, la liste des nombres inférieurs au pivot et celle des nombres supérieurs au pivot ne sont pas nécessairement triées. La partition a seulement eu pour effet de découper la liste initiale en deux sous-listes qu'il reste à trier. Les deux sous-listes étant plus petites que la liste initiale, le problème de tri a diminué en complexité. La partition a donc contribué à rendre le problème plus facile à traiter. On peut ensuite recommencer la même manipulation sur les deux sous-listes pour finalement aboutir à quatre listes encore plus petites. On trie le tableau en répétant cette démarche, c'est-à-dire en partitionnant la liste initiale de façon récursive.

La procédure **partition** utilise un tableau pour mémoriser la liste des éléments à trier. En effet, on peut modifier les éléments d'un tableau directement, et de la sorte trier le tableau sur lui-même, ce qui évite de perdre de la place mémoire en générant des copies de ce tableau.

La procédure **quicksort** est plus facile à comprendre si l'on commence par étudier séparément la procédure **partition**. Cette procédure accepte un tableau de nombres et deux entiers pour paramètres. Les deux entiers indiquent la portion du tableau qui doit être partitionnée. On peut choisir n'importe quel élément du tableau pour jouer le rôle du pivot. Dans l'écriture de la procédure **partition** on a choisi de prendre le dernier élément de la portion sélectionnée comme pivot, en l'occurrence **A[n]**. Notons que les variables n'ont pas été déclarées (locales ou globales) afin de voir de quelle manière Maple va classer ces variables.

```
> partition := proc(A::array(1, numeric),
>                   m::integer, n::integer)
>     i := m;
>     j := n;
>     x := A[j];
>     while i<j do
>         if A[i]>x then
>             A[j] := A[i];
```

---

[5]N.d.T. : l'algorithme de tri rapide est aussi connu sous son appellation anglo-saxonne de *quicksort*.

```
>            j := j-1;
>            A[i] := A[j];
>        else
>            i := i+1;
>        fi;
>     od;
>     A[j] := x;
>     eval(A);
> end:
Warning, `i` is implicitly declared local
Warning, `j` is implicitly declared local
Warning, `x` is implicitly declared local
```

Maple déclare **i**, **j** et **x** locales parce que la procédure **partition** effectue des affectations explicites à ces variables. **partition** effectue aussi une affectation explicite à **A** mais **A** est un paramètre, et ne peut donc être vu comme une variable locale.

Après avoir partitionné le tableau **a** qui suit, tous les éléments inférieurs à 3 précèdent 3 mais ne sont pas triés. De même, les éléments supérieurs à 3 apparaissent après 3 mais ne sont pas triés :

```
> a := array( [2,4,1,5,3] );
```

$$a := [2, 4, 1, 5, 3]$$

```
> partition( a, 1, 5);
```

$$[2, 1, 3, 5, 4]$$

La procédure **partition** change son premier argument, en l'occurrence **a**.

```
> eval(a);
```

$$[2, 1, 3, 5, 4]$$

La procédure **quicksort** qui implémente le tri rapide va insérer la procédure **partition** en son sein. La procédure **quicksort** définit donc d'abord la procédure **partition** comme sous-procédure, puis se sert de cette sous-procédure pour partitionner le tableau qui lui est passé en argument. En général, on préfère éviter d'imbriquer une procédure dans une autre. Toutefois, la possibilité d'imbriquer des procédures nous sera utile au chapitre 3, et nous avons recours à des procédures imbriquées dans cet exemple afin de familiariser le lecteur à cette technique. Lorsque **quicksort** a partitionné le tableau qui lui est passé en paramètre il faut appliquer récursivement **quicksort** aux deux morceaux de la partition. A cet effet **partition** retourne la position du pivot. Le programme qui suit est une première tentative pour implémenter le tri rapide. Cette version est en fait erronée, comme on va le constater. On va corriger le programme en tenant compte des règles que nous venons de voir.

```
> quicksort := proc(A::array(1, numeric),
>                   m::integer, n::integer)
>   local partition, p;
>
>   partition := proc(m,n)
>     i := m;
>     j := n;
>     x := A[j];
>     while i<j do
>       if A[i]>x then
>         A[j] := A[i];
>         j := j-1;
>         A[i] := A[j];
>       else
>         i := i+1;
>       fi;
>     od;
>     A[j] := x;
>     p := j;
>   end:
>
>   if m<n then    # si m>=n il n'y a rien a faire
>     partition(m, n);
>     quicksort(A, m, p-1);
>     quicksort(A, p+1, n);
>   fi;
> end:
Warning, `i` is implicitly declared local
Warning, `j` is implicitly declared local
Warning, `x` is implicitly declared local
Warning, `A` is implicitly declared local
Warning, `p` is implicitly declared local
> a := array( [2,4,1,5,3] );
```

$$a := [2, 4, 1, 5, 3]$$

```
> quicksort( a, 1, 5);
Error, (in partition) cannot evaluate boolean
```

Le problème réside dans ce que Maple déclare **A** et **p** comme des variables locales à la sous-procédure **partition** parce que des affectations explicites à **A** et **p** ont lieu dans cette procédure. Par suite, la variable **A** de

partition est différente du paramètre **A** de **quicksort**, et la variable **p** de **partition** est différente de la variable locale **p** de **quicksort**.

La version suivante de **quicksort** résout le problème en ayant recours à un passage de paramètres tel qu'il est décrit en page 47. Le tableau **A** est passé comme paramètre à la procédure **partition**. La dernière instruction de la sous-procédure **partition** est **j**, si bien que **partition** retourne la nouvelle position de la partition[6].

```
> quicksort := proc(A::array(1, numeric),
>                   m::integer, n::integer)
>    local partition, p;
>
>    partition := proc(A, m, n)
>       local i, j, x;
>       i := m;
>       j := n;
>       x := A[j];
>       while i<j do
>          if A[i]>x then
>             A[j] := A[i];
>             j := j-1;
>             A[i] := A[j];
>          else
>             i := i+1;
>          fi;
>       od;
>       A[j] := x;
>       j;
>    end;
>
>    if m<n then    # if m>=n il n'y a rien a faire
>       p := partition(A, m, n);
>       quicksort(A, m, p-1);
>       quicksort(A, p+1, n);
>    fi;
>
>    eval(A);
> end:
```

---

[6]N.d.T. : on rappelle qu'une procédure retourne (par défaut) le résultat du dernier "calcul" effectué.

La procédure **quicksort** fonctionne convenablement à présent[7]. Le tri se fait sur place : le tableau contenant les données initiales est modifié et non dupliqué.

```
> a := array( [2,4,1,5,3] );
```
$$a := [2, 4, 1, 5, 3]$$

```
> quicksort( a, 1, 5 );
```
$$[1, 2, 3, 4, 5]$$

```
> eval(a);
```
$$[1, 2, 3, 4, 5]$$

Réalisation d'un générateur de nombres aléatoires

Pour simuler des phénomènes physiques, on peut avoir besoin d'un générateur de nombres aléatoires. On dit que la distribution des nombres aléatoires sur un intervalle est uniforme lorsque tous les nombres de cet intervalle sont équiprobables. Ainsi un *générateur uniforme de nombres aléatoires* est une procédure qui retourne un nombre flottant aléatoirement tiré dans un intervalle donné. On va développer une procédure, **uniform**, qui va implémenter un générateur uniforme de nombres aléatoires.

La commande **rand** retourne une procédure qui génère des nombres entiers aléatoires. Dans l'exemple suivant, **rand(4..7)** crée une procédure qui produit des nombres entiers aléatoires entre 4 et 7 (bornes incluses) :

```
> f := rand(4..7):
> seq( f(), i=1..20 );
```
$$5, 6, 5, 7, 4, 6, 5, 4, 5, 5, 7, 7, 5, 4, 6, 5, 4, 5, 7, 5$$

La procédure **uniform** devrait avoir un comportement similaire à celui de **rand**. On peut utiliser **rand** pour générer des nombres flottants entre 4 et 7 en multipliant et en divisant par **10^Digits** :

```
> f := rand( 4*10^Digits..7*10^Digits ) / 10^Digits:
> f();
```
$$\frac{12210706011}{2000000000}$$

---

[7]N.d.T. : remarquer la présence de **eval(A)** comme dernière instruction de la procédure. De la sorte **quicksort** affiche le tableau trié en fin d'exécution (toujours comme "résultat" de la dernière instruction effectuée par la procédure). Remarquer aussi que **eval** est nécessaire pour que l'évaluation du tableau **A** ne reste pas bloquée au dernier nom.

La procédure **f** retourne des fractions plutôt que des nombres flottants. Il faut forcer l'évaluation du résultat de **f** avec **evalf** pour obtenir le résultat souhaité. On peut aussi composer **evalf** avec **f** en ayant recours à l'opérateur de composition **@** :

```
> (evalf @ f)();
```

$$6.648630719$$

La procédure **uniform** qui suit utilise **evalf** pour forcer l'évaluation sous forme de flottants des constantes qui apparaissent dans la spécification de l'intervalle **r**. Ensuite la commande **map** sert à multiplier les deux bornes de l'intervalle par **10^Digits** et **round** sert à mettre le résultat sous forme de nombres entiers.

```
> uniform := proc( r::constant..constant )
>    local intrange, f;
>    intrange := map( x -> round(x*10^Digits),
>                     evalf(r) );
>    f := rand( intrange );
>    (evalf @ eval(f)) / 10^Digits;
> end:
```

On peut à présent générer des nombres flottants aléatoires[8] entre 4 et 7 :

```
> U := uniform(4..7):
> seq( U(), i=1..20 );
```

4.559076346, 4.939267370, 5.542851096, 4.260060897,

4.976009937, 5.598293374, 4.547350945, 5.647078832,

5.133877918, 5.249590037, 4.120953928, 6.836344299,

5.374608653, 4.586266491, 5.481365622, 5.384244382,

5.190575456, 5.207535837, 5.553710879, 4.163815544

La procédure **uniform** présente néanmoins un défaut important : elle se sert de la valeur courante de **Digits** pour fabriquer **intrange**. Par suite, **U** dépend de la valeur de **Digits** au moment où **uniform** le crée. En revanche, l'instruction **evalf** située à l'intérieur de **U** se sert de la valeur courante de **Digits** lorsqu'on l'invoque. Ces deux valeurs de **Digits** ne sont pas nécessairement identiques. **U** ne devrait dépendre que de la valeur de **Digits** lorsqu'on appelle **U**. C'est ce qui se produit dans la version suivante de **uniform**. Tous les calculs sont désormais effectués à

---

[8]N.d.T. : remarquer que **uniform** est une procédure qui fabrique une procédure. On peut s'en convaincre en faisant afficher le contenu de U dans l'exemple qui suit.

l'intérieur de la procédure retournée par **uniform**. On a eu recours à un passage de paramètre par substitution, comme cela a été décrit en page 57.

```
> uniform := proc( r::constant..constant )
>     global R;
>     subs( 'R'=r, proc()
>         local intrange, f;
>         intrange := map( x -> round(x*10^Digits),
>                          evalf(R) );
>         f := rand( intrange );
>         evalf( f()/10^Digits );
>     end );
> end:
```

On ne fait aucune affectation explicite à **R** à l'intérieur de la procédure interne si bien que Maple déclare **R** comme une variable globale. La variable **R** de **uniform** est déclarée globale et donc les deux occurrences de **R** renvoient au même objet. Maple évalue les variables globales complètement, ce qui explique qu'on ait placé **R** entre guillemets simples pour éviter qu'il ne soit évalué lors de l'appel à **uniform**. Maple n'évalue pas le corps d'une procédure tant qu'on ne l'a pas invoquée, et lorsqu'on invoque la procédure interne l'instruction **subs** a déjà substitué **r** à **R**. La procédure générée par **uniform** est maintenant indépendante de la valeur de **Digits** au moment de l'appel à **uniform** :

```
> U := uniform( cos(2)..sin(1) ):
> Digits := 5:
> seq( U(), i=1..8 );
```

$$-.17503, -.11221, -.15794, -.18007, .38662, -.40436, .094310,$$
$$.17760$$

Cette partie a présenté les règles appliquées par Maple pour décider de la nature d'une variable. On vient de voir les principales conséquences de ces règles, en particulier lors de l'écriture de procédures imbriquées.

2.3 Types

Types modifiant les règles d'évaluation

Nous avons vu dans la partie intitulée *Règles d'évaluation* (page 46) les règles d'évaluation des variables : Maple évalue les variables globales complètement (sauf dans les cas d'évaluation au dernier nom) et évalue les variables locales à un niveau seulement. Maple évalue les arguments d'une procédure en fonction des circonstances, *avant* d'invoquer la procédure, et substitue alors simplement les paramètres effectifs aux paramètres formels dans la procédure, sans évaluation supplémentaire. Toutes ces règles semblent impliquer que rien dans la procédure n'affecte l'évaluation des arguments puisque celle-ci a lieu *avant* l'appel de la procédure. En fait, il existe un certain nombre d'exceptions qui facilitent le contrôle de l'évaluation des arguments et qui rendent le fonctionnement des procédures plus intuitif. Ces exceptions permettent aussi d'éviter l'évaluation dans des cas où elle se traduirait par la perte d'informations qui doivent être disponibles au sein de la procédure.

Maple utilise des règles d'évaluation différentes pour certaines de ses propres commandes. C'est le cas, par exemple, pour la commande **evaln**. Cette commande s'utilise en particulier pour effacer la valeur de variables préalablement définies. Une telle utilisation de la commande serait impossible si elle évaluait son argument de façon usuelle. Si l'on affecte à x la valeur π, alors Maple donne la valeur π à x chaque fois qu'on utilise la variable x.

```
> x := Pi;
```

$$x := \pi$$

```
> cos(x);
```

$$-1$$

Si Maple procédait de la même façon chaque fois qu'on entre la commande **evaln(x)**, Maple passerait systématiquement la valeur π à **evaln(x)**, si bien que toute référence au nom x serait perdue. C'est pourquoi Maple évalue l'argument de **evaln** de façon spécifique : l'argument est évalué comme nom et non comme la valeur que ce nom est susceptible d'avoir.

```
> x := evaln(x);
```

$$x := x$$

```
> cos(x);
```

$$\cos(x)$$

Il arrive qu'on souhaite écrire une procédure qui retourne une valeur en l'affectant à l'un de ses arguments. La procédure **carre** vue en page 47 utilise ce procédé. Toutefois, lors de chaque appel à **carre** il faut passer une variable non affectée.

```
> carre := proc(x::anything, y::name)
>    y := x^2;
> end:
```

Cette procédure fonctionne convenablement la première fois qu'on l'appelle. Il faut quand même faire attention à ce que le deuxième argument soit bien un nom, sinon une erreur se produit. Dans l'exemple qui suit, une erreur se produit lors du deuxième essai parce que **rep** a la valeur 9 :

```
> rep;
```
$$rep$$

```
> carre(3, rep);
```
$$9$$

```
> rep;
```
$$9$$

```
> carre(4, rep);
```
```
Error, carre expects its 2nd argument, y,
to be of type name, but received 9
```

Il y a deux façons de contourner ce problème. La première consiste à utiliser des guillemets simples ou une instruction **evaln** pour forcer Maple à passer un nom au lieu d'une valeur. La deuxième façon consiste à déclarer le deuxième paramètre comme étant de type **evaln**. En effet, lorsqu'un paramètre a été déclaré de type **evaln**, Maple évalue cet argument comme un nom, si bien qu'on n'a plus à se préoccuper de l'éventuelle évaluation de ce paramètre lorsqu'on appelle la procédure.

```
> cube := proc(x::anything, y::evaln)
>    y := x^3;
> end:
> rep;
```
$$9$$

```
> cube(5, rep);
```
$$125$$

```
> rep;
```
$$125$$

Dans l'exemple précédent, Maple passe le nom **rep** à la procédure **cube** au lieu de lui passer la valeur 9.

Le recours à une instruction **evaln** est en général opportun. Cela permet notamment d'être certain que la procédure va faire ce qu'on souhaite au lieu de retourner des messages d'erreur sibyllins. Certains programmeurs préfèrent malgré tout utiliser des guillemets simples. Lorsque l'appel de procédure a lieu à l'intérieur d'une procédure, l'usage des guillemets simples présente un aspect déclaratif en attirant l'attention sur le fait qu'on affecte une valeur à un paramètre. Néanmoins, si l'on doit se servir de la procédure de manière interactive, le recours à l'instruction **evaln** est beaucoup plus pratique.

Le type **uneval** modifie les règles d'évaluation de Maple. Tandis que **evaln** force Maple à évaluer l'argument comme un nom, **uneval** force Maple à laisser l'argument inchangé. Ce type est utile lorsqu'on veut écrire une procédure qui traite une structure comme un objet et qu'elle ne connaît pas les détails de la structure interne de l'objet. Il peut aussi servir lorsque le développement de l'argument au sein même de la procédure est nécessaire. Supposons qu'on souhaite étendre la commande **map** pour qu'elle puisse s'appliquer aussi à des séquences. La commande **map** ordinaire ne s'applique pas à une séquence. En effet, si le second argument passé à **map** est une séquence, alors Maple évalue cet argument avant même d'exécuter la commande. Comme Maple transforme les séquences de séquences en séquences, seul le premier élément de la séquence (constituant initialement le deuxième argument passé à **map**) est passé comme deuxième argument effectif à **map**, les autres éléments de la séquence étant vus comme des paramètres additionnels.

La procédure **smap** qui suit se sert d'une instruction **uneval** pour signifier à Maple de ne pas évaluer le deuxième argument. C'est seulement à l'intérieur de la procédure que l'instruction **eval** va évaluer complètement S. La commande **whattype** retourne **exprseq** si on lui passe une séquence :

```
> whattype( a, b, c );
```

exprseq

Si S n'est pas une séquence, **smap** appelle simplement **map**. **args[3..-1]** n'est autre que la séquence des arguments passés à **smap** après S. Si S est une séquence, on en fait une liste en l'entourant de crochets. On peut alors appliquer **map** sur cette liste et utiliser l'opérateur de sélection, **[ ]**, pour transformer la liste résultat en séquence.

```
> smap := proc( f::anything, S::uneval )
>    local s;
>    s := eval(S);
>    if whattype(s) = `exprseq` then
>       map( f, [s], args[3..-1] )[];
>    else
>       map( f, s, args[3..-1] );
>    fi;
> end:
```

On peut à présent utiliser **map** sur des séquences aussi bien que sur des listes ou des ensembles :

```
> S := 1,2,3,4;
```
$$S := 1, 2, 3, 4$$

```
> smap(f, S, x, y);
```
$$f(1, x, y), f(2, x, y), f(3, x, y), f(4, x, y)$$

```
> smap(f, [a,b,c], x, y);
```
$$[f(a, x, y), f(b, x, y), f(c, x, y)]$$

evaln et **uneval** rendent le langage de programmation Maple beaucoup plus flexible.

Types structurés

Que ce soit à travers la déclaration de paramètres formels ou explicitement en ayant recours à la commande **type**, il arrive parfois que la vérification de types ne fournisse pas assez de renseignements. Une simple vérification de type permet de savoir que 2^x est une exponentiation mais ne permet pas de distinguer entre 2^x et x^2 :

```
> type( 2^x, `^` );
```
true

```
> type( x^2, `^` );
```
true

Pour faire une telle distinction on a besoin de *types structurés*. Par exemple, 2 est de type **constant** et x est de type **name**, si bien que 2^x est de type **constant^name** ce qui n'est pas le cas de x^2 :

```
> type( 2^x, constant^name );
```
true

```
> type( x^2, constant^name );
```
false

Supposons qu'on veuille résoudre un système d'équations. Avant de procéder à la résolution, on souhaite enlever les équations qui sont trivialement vérifiées, comme $4 = 4$. On a donc besoin d'une procédure qui accepte un système d'équations comme entrée. La procédure **nontrivial**

qui suit[9] a recours à la vérification automatique de types pour établir que
l'argument passé en entrée est effectivement un ensemble d'équations.

```
> nontrivial := proc( S::set( `=` ) )
>    remove( evalb, S );
> end:
> nontrivial( { x^2+2*x+1=0, y=y, z=2/x } );
```

$$\left\{x^2 + 2x + 1 = 0, z = \frac{2}{x}\right\}$$

On étend aisément la procédure **nontrivial** de manière à ce qu'elle
accepte des relations plus générales que les équations, et de manière à ce
qu'elle accepte à la fois les ensembles et les listes de relations. Le type d'une
expression appartient à un ensemble de types pourvu qu'il soit reconnu
comme l'un des types présents dans l'ensemble.

```
> nontrivial := proc( S::{ set(relation),
>                          list(relation) } )
>    remove( evalb, S );
> end:
> nontrivial( [ 2<=78, 1/x=9 ] );
```

$$\left[\frac{1}{x} = 9\right]$$

On peut encore étendre **nontrivial** : si un élément de S n'est pas une
relation mais une expression algébrique f, alors **nontrivial** doit la traiter
comme l'équation $f = 0$.

```
> nontrivial := proc( S::{
>                     set( {relation, algebraic} ),
>                     list( {relation, algebraic} ) } )
>    local istrivial;
>    istrivial := proc(x)
>       if type(x, relation) then evalb(x);
>       else evalb( x=0 );
>       fi;
>    end;
>    remove( istrivial, S );
> end:
> nontrivial( [ x^2+2*x+1, 23>2, x=-1, y-y ] );
```

$$[x^2 + 2x + 1, x = -1]$$

---

[9]N.d.T. : la commande **remove** fonctionne un peu à la manière de **map**. Elle ôte de la liste passée en deuxième argument les éléments qui satisfont à la commande passée en premier argument.

La vérification automatique de type est un outil très puissant. Elle permet de gérer automatiquement une grande partie des arguments invalides passés à une procédure. Il convient d'y recourir systématiquement puisqu'on peut facilement concevoir des procédures acceptant des entrées de natures très différentes.

La vérification automatique de type présente néanmoins deux points faibles. D'une part, si le type est compliqué, autorisant différentes structures, le code implémentant la vérification peut devenir ardu. D'autre part, Maple ne sauvegarde aucune information concernant la structure des arguments. Maple analyse et vérifie les arguments, mais leur structure est perdue. Si l'on désire extraire une composante spécifique de la structure, il faut écrire davantage de code.

Les types très compliqués ne se rencontrent que rarement dans la pratique. Une procédure qui repose sur des arguments dont les structures sont compliquées est généralement d'utilisation complexe. La commande **typematch** traite la question de l'analyse des arguments. Cette commande fournit un moyen parfois plus souple pour faire du contrôle de type.

Reconnaissance de types

La partie intitulée *Intégration par parties* (page 39) décrit les deux procédures suivantes qui implémentent la primitivation d'exponentielles-polynômes :

```
> IntExpMonomial := proc(n::nonnegint, x::name)
>     if n=0 then RETURN( exp(x) ) fi;
>     x^n*exp(x) - n*IntExpMonomial(n-1, x);
> end:
> IntExpPolynomial := proc(p::polynom, x::name)
>     local i, result;
>     result := add( coeff(p, x, i)*IntExpMonomial(i, x),
>                    i=0..degree(p, x) );
>     collect(result, exp(x));
> end:
```

On peut avoir envie de modifier la procédure **IntExpPolynomial** de manière à pouvoir aussi calculer des intégrales définies. La nouvelle version de **IntExpPolynomial** doit autoriser son deuxième argument à être un nom, auquel cas **IntExpPolynomial** doit faire un calcul de primitive, ou encore à être de la forme *name=range* et dans ce cas il faudra procéder à un calcul d'intégrale. On peut recourir à la commande **type** et à une instruction **if** pour traiter cette question. Toutefois la procédure devient difficile à lire :

```
> IntExpPolynomial := proc(p::polynom,
>                          xx::{name, name=range})
>   local i, result, x, a, b;
>   if type(xx, name) then
>      x:=xx;
>   else
>      x := lhs(xx);
>      a := lhs(rhs(xx));
>      b := rhs(rhs(xx));
>   fi;
>   result := add( coeff(p, x, i)*IntExpMonomial(i, x),
>                  i=0..degree(p, x) );
>   if type(xx, name) then
>      collect(result, exp(x));
>   else
>      subs(x=b, result) - subs(x=a, result);
>   fi;
> end:
```

Le recours à la commande **typematch** rend la procédure beaucoup plus lisible. La commande **typematch** vérifie qu'une expression s'ajuste à un type particulier, mais elle peut en outre affecter des variables avec certaines parties de l'expression. Ci-dessous, **typematch** vérifie que **expr** est de la forme **name=integer..integer** mais en affecte aussi le nom à *y*, affecte la borne de gauche à *a* et la borne de droite à *b* :

```
> expr := myvar=1..6;
```

$$expr := myvar = 1..6$$

```
> typematch( expr, y::name=a::integer..b::integer );
```

$$true$$

```
> y, a, b;
```

$$myvar, 1, 6$$

La version suivante de **IntExpPolynomial** utilise la commande **typematch** :

```
> IntExpPolynomial := proc(p::polynom, expr::anything )
>   local i, result, x, a, b;
>   if not typematch( expr, {x::name,
>         x::name=a::anything..b::anything} ) then
>      ERROR( `expects a name or name=range but
>            received`, expr );
>   fi;
>   result := add( coeff(p, x, i)*IntExpMonomial(i, x),
```

```
>                    i=0..degree(p, x) );
>   if type(expr, name) then
>     collect(result, exp(x));
>   else
>     subs(x=b, result) - subs(x=a, result);
>   fi;
> end:
```

IntExpPolynomial peut à présent traiter les calculs d'intégrales définies comme les calculs de primitives :

```
> IntExpPolynomial( x^2+x^5*(1-x), x=1..2 );
```

$$-118\,e^2 + 308\,e$$

```
> IntExpPolynomial( x^2*(x-1), x);
```

$$(-4\,x^2 + 8\,x - 8 + x^3)\,e^x$$

2.4 Choix d'une structure de données : graphes

Pour écrire un programme il faut décider comment représenter les données. Parfois le choix est évident, mais souvent il nécessite une réflexion approfondie. Une représentation judicieuse des données permet une programmation efficace et lisible.

On a déjà vu un certain nombre de structures de données comme les séquences, les listes, les tables ou les ensembles. Cette partie va présenter d'autres structures disponibles dans le langage Maple à l'aide d'un exemple. Cet exemple va être l'occasion d'illustrer le choix d'une structure adaptée aux données du problème.

Supposons qu'on ait un certain nombre de villes avec des routes qui relient certaines d'entre elles. On veut écrire une procédure pour savoir s'il est possible de relier deux villes données. On peut décrire ce problème en terme de théorie des graphes. Maple dispose d'un package **networks** qui facilite la description des graphes et de structures encore plus générales. Il n'est pas nécessaire de connaître la théorie des graphes ni le contenu du package **networks** pour comprendre les exemples qui suivent. Pour inclure ce package on utilise la commande **with** :

```
> with(networks):
```

On va créer un nouveau graphe G et ajouter des villes, ce que l'on appelle des *sommets* en théorie des graphes :

```
> new(G):
> villes := {Zurich, Rome, Paris, Berlin, Vienne};
```
$$villes := \{Zurich, Rome, Paris, Vienne, Berlin\}$$
```
> addvertex(villes, G);
```
$$Zurich, Rome, Paris, Vienne, Berlin$$

On ajoute des routes reliant Zurich à Paris, Berlin et Vienne. La commande **connect** nomme ces routes $e1$, $e2$, and $e3$:

```
> connect( {Zurich}, {Paris, Berlin, Vienne}, G );
```
$$e1, e2, e3$$

On ajoute une route reliant Rome et Zurich et des routes reliant Berlin à Paris et Vienne :

```
> connect( {Rome}, {Zurich}, G);
```
$$e4$$
```
> connect( {Berlin}, {Vienne, Paris}, G);
```
$$e5, e6$$

On représente maintenant le graphe G :

```
> draw(G);
```

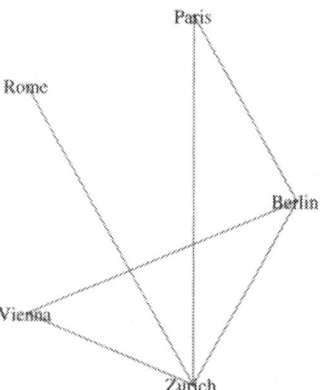

En observant la représentation graphique précédente, on constate qu'il existe toujours au moins une façon de relier deux villes données. Au lieu de recourir à une vérification visuelle, on peut utiliser la commande **connectivity** :

```
> evalb( connectivity(G) > 0 );
```
$$true$$

2.4 Choix d'une structure de données : graphes • 75

La question est à présent de savoir quelle structure utiliser pour décrire les villes et les routes. Comme les villes ont des noms distincts et que l'ordre des villes n'a pas d'importance, il paraît approprié de représenter les villes sous forme d'un ensemble de noms. C'est ce que fait spontanément Maple si l'on demande quels sont les sommets du graphe :

> **vertices(G);**

$$\{Zurich, Rome, Paris, Vienne, Berlin\}$$

Le package **networks** affecte des noms distincts aux routes ce qui lui permet de les représenter aussi sous forme d'un ensemble :

> **edges(G);**

$$\{e1, e2, e3, e4, e5, e6\}$$

Cela dit, il est aussi possible de considérer qu'une route est définie comme l'ensemble des deux villes qu'elle relie :

> **ends(e2, G);**

$$\{Zurich, Vienne\}$$

De la sorte on peut représenter les routes comme un ensemble d'ensembles :

> **routes := map(ends, edges(G), G);**

$$roads := \{\{Zurich, Rome\}, \{Zurich, Paris\}, \{Zurich, Vienna\},$$
$$\{Zurich, Berlin\}, \{Paris, Berlin\}, \{Vienna, Berlin\}\}$$

Malheureusement, si l'on veut savoir quelles villes sont directement connectées à Rome, il faut balayer tout l'ensemble des routes. Ainsi, la représentation des données sous la forme d'un ensemble de villes et d'un ensemble de routes est inefficace sur le plan algorithmique si l'on veut savoir s'il est possible de relier deux villes données.

Il est aussi possible de représenter les données sous forme d'une *matrice d'adjacence*. C'est une matrice carrée qui présente une ligne pour chaque ville. Le coefficient indexé par le couple (i, j) vaut 1 si les i-ième et j-ième villes sont reliées par une route. Il vaut 0 dans le cas contraire. La matrice suivante est la matrice d'adjacence du graphe G :

> **adjacency(G);**

$$\begin{bmatrix} 0 & 1 & 0 & 1 & 1 \\ 1 & 0 & 0 & 0 & 1 \\ 0 & 0 & 0 & 0 & 1 \\ 1 & 0 & 0 & 0 & 1 \\ 1 & 1 & 1 & 1 & 0 \end{bmatrix}$$

La matrice d'adjacence est une représentation inefficace des données dans le cas où il existe peu de routes par rapport au nombre de villes. Dans ce cas la matrice contient beaucoup de zéros. En outre, même si chaque ligne de la matrice correspond à une ville, il est impossible de savoir à quelle ligne correspond une ville particulière.

Voici encore une autre façon de décrire le problème : Paris dispose de deux routes la reliant à Zurich et à Berlin. Zurich et Berlin sont donc des voisines de Paris. Cette façon de voir les choses est déjà implémentée dans le package **networks** :

```
> neighbors(Paris, G);
```

$$\{Zurich, Berlin\}$$

On peut représenter les données sous forme d'une table de voisins. Il doit y avoir un enregistrement par ville :

```
> T := table( map( v -> (v)=neighbors(v,G), villes ) );
```

$$T := \text{table}([$$
$$Zurich = \{Rome, Paris, Vienna, Berlin\}$$
$$Rome = \{Zurich\}$$
$$Paris = \{Zurich, Berlin\}$$
$$Vienna = \{Zurich, Berlin\}$$
$$Berlin = \{Zurich, Paris, Vienna\}$$
$$])$$

La représentation du problème sous forme d'un table de voisins est particulièrement bien adaptée pour connaître les villes accessibles depuis une ville particulière. De la même façon, on trouve facilement les voisins des voisins d'une ville donnée. On détermine ainsi rapidement s'il est possible de voyager entre deux villes données.

La procédure **connexe**, qui suit, détermine s'il est possible de voyager entre n'importes quelles villes. Cette procédure utilise la commande **indices** pour extraire la liste des villes de la table.

```
> indices(T);
```

$$[Zurich], [Rome], [Paris], [Vienna], [Berlin]$$

Comme la commande **indices** retourne une séquence de listes, on utilise les commandes **op** et **map** pour générer un ensemble :

```
> map( op, {"} );
```

$$\{Zurich, Rome, Paris, Vienne, Berlin\}$$

La procédure **connexe** visite une ville v, v étant initialement la première ville de l'ensemble précédent. Elle ajoute v à la liste des villes déjà visitées et ses voisines à la liste des villes désormais accessibles. Tant que **connexe** peut accéder à de nouvelles villes, elle procède de la sorte. Lorsqu'il n'y a plus de villes accessibles, **connexe** détermine si elle a vu toutes les villes.

```
> connexe := proc( T::table )
>    local peutvisiter, vues, v, V;
>    V := map( op, { indices(T) } );
>    vues := {};
>    peutvisiter := { V[1] };
>    while peutvisiter <> {} do
>       v := peutvisiter[1];
>       vues := vues union {v};
>       peutvisiter := ( peutvisiter union T[v] )
>                       minus vues;
>    od;
>    evalb( vues = V );
> end:
> connexe(T);
```

true

On va ajouter les villes de Montréal, Toronto et Waterloo, ainsi que l'autoroute qui les relie.

```
> T[Waterloo] := {Toronto};
```

$$T_{Waterloo} := \{Toronto\}$$

```
> T[Toronto] := {Waterloo, Montreal};
```

$$T_{Toronto} := \{Waterloo, Montreal\}$$

```
> T[Montreal] := {Toronto};
```

$$T_{Montreal} := \{Toronto\}$$

Il existe à présent des villes, par exemple Paris et Toronto, entre lesquelles il n'existe pas de route. On le vérifie à l'aide de la procédure **connexe** :

```
> connexe(T);
```

false

Exercices

1. Le système de villes et de routes étudié précédemment se scinde naturellement en deux composantes connexes : les villes européennes et les villes canadiennes. Ecrire une procédure qui, étant donné une table de voisins, scinde le système en composantes connexes. Il peut être utile de penser à la forme souhaitée du résultat retourné par la procédure.
2. La procédure **connexe** ci-dessus ne peut pas traiter le cas d'une table vide.

   ```
   > connexe( table() );

   Error, (in connexe) invalid subscript selector
   ```

   Remédier à cet inconvénient.

L'étude de l'exemple précédent a montré que le choix d'une structure de données adaptée au problème permet d'écrire des procédures concises et efficaces. Face à une situation donnée, il convient toujours de prendre le temps de se demander quelles sont les structures de données adéquates avant de se lancer dans la programmation.

2.5 Tables de remember

Certaines procédures sont conçues de telle façon qu'elles sont appelées plusieurs fois avec les mêmes arguments. Chaque fois, Maple doit calculer à nouveau la même réponse, sauf si l'on tire profit d'une particularité de Maple : les *tables de remember*.

Chaque procédure de Maple peut avoir sa propre table de remember. Le but d'une table de remember est d'accroître l'efficacité d'une procédure en gardant les résultats déjà calculés dans une table pour pouvoir les réutiliser sans les calculer à nouveau.

Une table de remember contient les valeurs des paramètres effectifs déjà passés à la procédure comme indices et les résultats qui leur sont associés comme valeurs. Chaque fois qu'une procédure disposant d'une table de remember est appelée, Maple parcourt la table à la recherche d'un indice identique à la séquence des paramètres effectifs passés à la procédure. Si un tel indice est trouvé, Maple retourne la valeur qui lui correspond dans la table. Dans le cas contraire, Maple exécute le corps de la procédure.

Les tables de Maple sont des tables de hachage, de sorte que la recherche de valeurs déjà calculées est très rapide. Le but des tables de remember est de profiter de la rapidité de cette recherche pour ne pas avoir à calculer à nouveau certains résultats. Lorsqu'une table de remember contient beaucoup de données, elle est surtout utile lorsque la procédure utilise les mêmes résultats de façon répétitive et que le calcul de ces résultats est coûteux.

L'option `remember`

On a recours à l'option **remember** pour indiquer à Maple qu'il faut garder les résultats dans une table de remember. C'est ce qui est fait dans la procédure **Fibonacci** vue dans la partie intitulée *La commande* **RETURN** (page 24) :

```
> Fibonacci := proc(n::nonnegint)
>   option remember;
>   if n<2 then RETURN(n) fi;
>   Fibonacci(n-1) + Fibonacci(n-2);
> end:
```

Nous avons vu dans la partie intitulée *Procédures récursives* (page 22) que la procédure **Fibonacci** est très lente si l'on utilise pas l'option **remember**, puisqu'elle doit calculer plusieurs fois les premiers termes de la suite.

Lorsqu'on demande le calcul de **Fibonnacci(3)**, la procédure **Fibonacci** ajoute quatre entrées dans la table de remember : une pour chaque terme rencontré. On peut aussi constater que la table de remember constitue le quatrième opérande d'une procédure.

```
> Fibonacci(3);
```

$$2$$

```
> op(4, eval(Fibonacci));
```

$$\text{table}([$$
$$3 = 2$$
$$0 = 0$$
$$1 = 1$$
$$2 = 1$$
$$])$$

Ajout explicite d'entrées

On peut également définir directement des entrées dans une table de remember, en ayant recours à la syntaxe suivante :

```
f(x) := result;
```

La procédure **fib** est une nouvelle procédure qui calcule les nombres de Fibonacci. Elle utilise deux entrées dans la table de remember alors que **Fibonacci** utilisait une instruction **if**.

```
> fib := proc(n::nonnegint)
>    option remember;
>    fib(n-1) + fib(n-2);
> end:
> fib(0) := 0:
> fib(1) := 1:
```

Remarquons qu'il convient d'ajouter les entrées dans la table de remember après avoir déclaré la procédure. La déclaration de l'**option remember** ne crée pas la table mais signifie à Maple d'y ajouter automatiquement des entrées.

On peut même écrire une procédure qui choisit de ne mettre que certaines valeurs dans sa table de remember. La version suivante de **fib** place seulement les termes impairs de la suite dans la table de remember.

```
> fib := proc(n::nonnegint)
>    if type(n,odd) then
>       fib(n) := fib(n-1) + fib(n-2);
>    else
>       fib(n-1) + fib(n-2);
>    fi;
> end:
> fib(0) := 0:
> fib(1) := 1:
> fib(9);
```

$$34$$

```
> op(4, eval(fib));
```

$$\text{table}([$$
$$3 = 2$$
$$7 = 13$$
$$0 = 0$$
$$1 = 1$$
$$5 = 5$$
$$9 = 34$$
$$])$$

Il suffit parfois de placer quelques valeurs dans la table de remember d'une procédure pour améliorer de façon spectaculaire son efficacité.

Suppression d'entrées dans une table de remember

De la même façon qu'on peut ajouter des entrées à une table de remember, on peut supprimer une entrée en lui affectant son propre nom :

```
> T := op(4, eval(fib) );
```

$$T := \text{table}([$$
$$3 = 2$$
$$7 = 13$$
$$0 = 0$$
$$1 = 1$$
$$5 = 5$$
$$9 = 34$$
$$])$$

Après avoir tapé la commande suivante :

```
> T[7] := evaln( T[7] );
```

$$T_7 := T_7$$

la table de remember de la procédure **fib** n'a plus que cinq entrées :

```
> op(4, eval(fib) );
```

$$\text{table}([$$
$$3 = 2$$
$$0 = 0$$
$$1 = 1$$
$$5 = 5$$
$$9 = 34$$
$$])$$

Si l'on a recours à l'option **system**, Maple va éventuellement supprimer des entrées dans la table de remember chaque fois qu'il procédera à une récupération périodique de place mémoire (*garbage collection*). Il ne faut donc pas utiliser l'option **system** pour des procédures qui, comme **fib**, reposent sur des valeurs de la table de remember pour s'arrêter.

On peut supprimer complètement la table de remember d'une procédure en substituant NULL à son quatrième opérande :

```
> subsop( 4=NULL, eval(Fibonacci) ):
> op(4, eval(Fibonacci));
```

Il convient de n'utiliser les tables de remember qu'avec des procédures dont le résultat ne dépend que de ses paramètres. La procédure qui suit dépend de la variable d'environnement **Digits**.

```
> f := proc(x::constant)
>   option remember;
>   evalf(x);
> end:
> f(Pi);
```

$$3.141592654$$

Même si l'on change la valeur de **Digits**, **f(Pi)** demeure inchangé parce que Maple prend la valeur précédemment calculée dans la table de remember.

```
> Digits := Digits + 34;
```

$$Digits := 44$$

```
> f(Pi);
```

$$3.141592654$$

2.6 Conclusion

Une bonne compréhension des concepts exposés dans ce chapitre est nécessaire pour une bonne maîtrise du langage Maple. Les connaissances que nous venons de développer devraient permettre à l'utilisateur de trouver plus facilement l'origine de certains problèmes qu'il ne manquera pas de rencontrer en développant des programmes avec Maple.

Le chapitre 3 présente des techniques de programmation avancées. Il étudie notamment les procédures qui retournent des procédures, les procédures qui demandent une entrée à l'utilisateur, et les packages que l'utilisateur peut développer lui-même.

Les chapitres suivants peuvent être lus dans n'importe quel ordre. Le lecteur intéressé par une présentation plus formelle du langage Maple peut se reporter directement aux chapitres 4 et 5.

CHAPITRE

Programmation avancée

Nous approfondissons dans ce chapitre les thèmes abordés dans les chapitres précédents. Certaines des notions développées sont difficiles à suivre sans une bonne connaissance des principaux concepts déjà développés.

Les deux premières parties de ce chapitre traitent la question des procédures imbriquées et des procédures qui renvoient une procédure. En se fondant sur une bonne maîtrise des règles d'évaluation, nous verrons que de telles procédures ne sont pas difficiles à écrire, même si quelques points nécessitent une attention particulière.

Nous verrons, chose surprenante, que certaines variables locales peuvent exister bien après que la procédure qui les a créées soit terminée. Cette caractéristique peut s'avérer particulièrement utile lorsque l'on conçoit une procédure qui retourne une procédure et que cette procédure a besoin d'un emplacement précis pour conserver certaines informations. La commande **assume**, par exemple, a recours à ce type de variables. La deuxième partie explique comment recourir à un tel procédé.

Le reste du chapitre est consacré à trois points particuliers : la réalisation de programmes interactifs, la manière d'étendre les fonctionnalités de Maple et la réalisation de ses propres packages. L'écriture de programmes interactifs rend certains programmes plus intuitifs en donnant la possibilité à l'utilisateur de fournir certains paramètres au cours de l'exécution. Il est de la sorte possible d'écrire un programme d'information interactif, ou encore un questionnaire interactif. Le lecteur est déjà familiarisé avec la possibilité d'adapter Maple à ses propres besoins, notamment à travers l'écriture de procédures. Maple présente d'autres possibilités pour modifier ou étendre ses fonctionnalités autrement qu'en écrivant un ensemble de nouvelles commandes. La dernière partie explique comment construire un package de procédures qui se comporte comme n'importe lequel des packages propres à Maple tel que **plot** ou **linalg**.

3.1 Procédures retournant des procédures

Parmi toutes les procédures qu'on peut être amené à écrire, celles qui retournent une procédure sont assurément les plus délicates. L'écriture de telles procédures permet de savoir si l'on a assimilé les règles d'évaluation et de visibilité présentées au chapitre 2.

Il existe des commandes Maple qui retournent des procédures. Par exemple, **rand** retourne une procédure qui elle-même produit des entiers aléatoirement tirés dans un intervalle spécifié. De même, si l'on utilise la commande **dsolve** avec l'option **type = numeric**, on obtient une procédure qui fournit des approximations numériques des solutions de l'équation différentielle considérée.

Il est possible d'utiliser ce procédé dans ses propres programmes. Les points suivants doivent retenir plus particulièrement l'attention : la manière de transmettre les informations de la procédure extérieure à la procédure intérieure, et l'utilisation de variables locales pour conserver une information spécifique à la procédure retournée. Le premier point fait l'objet de cette partie ; le second est développé dans la partie intitulée *Quand les variables locales s'échappent* (page 89).

Ecriture d'une procédure implémentant une méthode de Newton

La méthode de Newton est un moyen de trouver les solutions de l'équation $f(x) = 0$, f étant une fonction donnée. Il faut d'abord choisir un point de l'axe des abscisses pas trop éloigné d'une solution. Ensuite on trace la tangente à la courbe représentative de f et on obtient un nouveau point comme intersection de cette tangente avec l'axe des abscisses. Pour certaines fonctions f, ce nouveau point est plus proche de la solution que le point initial. On itère alors le procédé en prenant le point qu'on vient d'obtenir comme nouveau point initial.

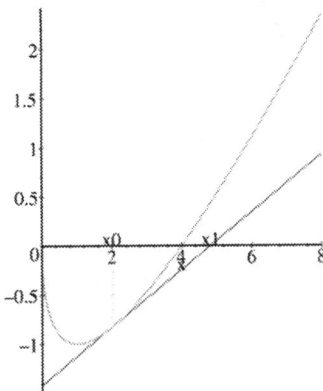

On obtient ainsi une suite de points qui converge vers la solution de l'équation. Le lien entre deux termes consécutifs de la suite est donné par la formule :

$$x_{k+1} = x_k - \frac{f(x_k)}{f'(x_k)}$$

La procédure suivante prend une fonction en entrée et crée une nouvelle procédure qui, à partir d'un point donné, produit le terme suivant de la suite de Newton associée à la fonction. La commande **unapply** transforme une expression en procédure.

```
> MakeIteration := proc( expr::algebraic, x::name )
>     local iteration;
>     iteration := x - expr/diff(expr, x);
>     unapply(iteration, x);
> end:
```

On essaie la procédure sur l'expression $x - 2\sqrt{x}$:

```
> expr := x - 2*sqrt(x);
```

$$expr := x - 2\sqrt{x}$$

```
> Newton := MakeIteration( expr, x);
```

$$Newton := x \to x - \frac{x - 2\sqrt{x}}{1 - \frac{1}{\sqrt{x}}}$$

La procédure **Newton** trouve la solution $x = 4$ en quelques itérations, comme on peut le constater :

```
> x0 := 2.0;
```

$$x0 := 2.0$$

```
> to 4 do x0 := Newton(x0); od;
```

$$x0 := 4.828427124$$
$$x0 := 4.032533198$$
$$x0 := 4.000065353$$
$$x0 := 4.000000000$$

La procédure **MakeIteration** suppose que son premier argument est une expression algébrique. Il est aussi possible d'écrire une version de **MakeIteration** qui accepte des fonctions. Dans la mesure où la nouvelle version de **MakeIteration** considère que f est une procédure il faut utiliser la commande **eval** pour forcer son évaluation complète :

```
> MakeIteration := proc( f::procedure )
>    (x->x) - eval(f) / D(eval(f));
> end:
> g := x -> x - cos(x);
```

$$g := x \rightarrow x - \cos(x)$$

```
> SirIsaac := MakeIteration( g );
```

$$SirIsaac := (x \rightarrow x) - \frac{x \rightarrow x - \cos(x)}{x \rightarrow 1 + \sin(x)}$$

Remarquons que **SirIsaac** ne contient aucune référence au nom **g**. Il est ainsi possible de modifier **g** sans que cela influe sur **SirIsaac**. On trouve une bonne valeur approchée de la solution de l'équation $x - \cos(x) = 0$ en quelques itérations :

```
> x0 := 1.0;
```

$$x0 := 1.0$$

```
> to 4 do x0 := SirIsaac(x0) od;
```

$$x0 := .7503638679$$
$$x0 := .7391128909$$
$$x0 := .7390851334$$
$$x0 := .7390851332$$

Un opérateur de décalage

Considérons le problème suivant : écrire une procédure qui prend une fonction f et qui retourne une fonction g telle que $g(x) = f(x+1)$. On peut essayer :

```
> shift := (f::procedure) -> ( x->f(x+1) ):
```

Toutefois cette version ne fonctionne pas :

```
> shift(sin);
```

$$x \to \mathrm{f}(x+1)$$

Dans la procédure intérieure, **x->f(x+1)**, aucune valeur n'est affectée à **f**, de sorte que Maple décide que **f** est une variable globale, et non le paramètre **f** de **shift**. Le paramètre **f** de la procédure extérieure n'est pas connu à l'intérieur de la procédure intérieure.

Il est facile de pallier cette difficulté en ayant recours à la commande **unapply** comme cela est indiqué dans la partie intitulée *Utilisation de la commande* **unapply** (page 57) :

```
> shift := proc(f::procedure)
>    local x;
>    unapply( f(x+1), x );
> end:
> shift(sin);
```

$$x \to \sin(x+1)$$

Cette version de la procédure **shift** fonctionne pour des fonctions d'une variable mais ne fonctionne pas pour des fonctions de plusieurs variables :

```
> h := (x,y) -> x*y;
```

$$h := (x,y) \to x\,y$$

```
> shift(h);
Error, (in h) h uses a 2nd argument, y,
which is missing
```

Si l'on veut que **shift** s'applique aussi pour des fonctions de plusieurs variables, il faut renoncer à utiliser la commande **unapply** puisqu'on ne sait pas à l'avance le nombre des variables de *f*. En revanche, on peut écrire la procédure **shift** en ayant recours à la substitution. Au cours de l'exécution d'une procédure, **args** est la séquence des paramètres effectivement transmis à la procédure lors de l'appel. Par ailleurs, **args[2..-1]** contient la séquence de ces paramètres à l'exception du premier (voir notamment la partie intitulée *Sélection* (page 160). Par conséquent la procédure **x->F(x+1,args[2..-1])** passe directement à **F** tous ses arguments à l'exception du premier.

```
> shift := proc( f::procedure )
>    global F;
>    subs( 'F'=f, x -> F(x+1, args[2..-1]) );
```

```
> end:
> shift(sin);
```
$$x \to \sin(x+1, \text{args}_{2..-1})$$

```
> hh := shift(h);
```
$$hh := x \to h(x+1, \text{args}_{2..-1})$$

```
> hh(x,y);
```
$$(x+1)\, y$$

La fonction **hh** dépend de **h**, et si l'on change **h** on change implicitement **hh** :

```
> h := (x,y,z) -> y*z^2/x;
```
$$h := (x, y, z) \to \frac{y z^2}{x}$$

```
> hh(x,y,z);
```
$$\frac{y z^2}{x+1}$$

Si l'on préfère que la procédure retournée par **shift** ne dépende pas des modifications apportées à la procédure passée en entrée, il suffit de substituer **eval(f)** à la place de **f** dans **FF**.

```
> shift := proc( f::procedure )
>    global F;
>    subs( 'F'=eval(f), x -> F(x+1, args[2..-1]) );
> end:
> H := shift(h);
```
$$H := x \to \left((x, y, z) \to \frac{y z^2}{x} \right) (x+1, \text{args}_{2..-1})$$

```
> h := 45;
```
$$h := 45$$

```
> H(x,y,z);
```
$$\frac{y z^2}{x+1}$$

Le chapitre 2 a introduit les techniques de substitution à l'aide de **subs** et **unapply**. Ces techniques sont particulièrement utiles lorsqu'on écrit des procédures qui retournent des procédures.

Exercice

1. Toutes les procédures écrites précédemment décalent la première variable de la fonction passée en entrée. Ecrire une nouvelle version de **shift** qui décale la *n*-ième variable de la fonction d'entrée ; on passera *n* comme second paramètre à **shift**.

3.2 Lorsque les variables locales s'échappent

La partie intitulée *Variables locales ou variables globales* (page 54) explique qu'une variable locale est locale à l'invocation de cette procédure. Chaque appel à une procédure crée et utilise de nouvelles variables locales. Si l'on appelle une procédure deux fois, les variables locales qu'elle utilise lors du deuxième appel sont distinctes de celles créées lors du premier appel.

Il peut donc paraître surprenant que certaines variables locales ne disparaissent pas nécessairement lorsque la procédure se termine. Il est, en effet, possible d'écrire des procédures qui, de manière implicite ou explicite, retournent à la session une variable locale qui va y survivre indéfiniment. Ces variables locales sont particulièrement troublantes dans la mesure où elles peuvent porter le même nom que certaines variables globales, ou que certaines variables locales émanant d'autres procédures. Elles peuvent aussi être issues d'appels distincts de la même procédure. En fait, on va voir qu'il est possible de créer autant de variables distinctes qu'on le souhaite, portant toutes le même nom.

La procédure suivante crée une variable locale **a** et retourne cette variable :

```
> make_a := proc()
>     local a;
>     a;
> end;
```

$$make\_a := \mathbf{proc}() \ \mathbf{local} \ a; \ a \ \mathbf{end}$$

Sous Maple un ensemble ne contient qu'une occurrence de chaque élément. Il est donc facile de vérifier que chaque variable **a** retournée par la procédure **make_a** est unique et distincte de la précédente.

```
> test := { a, a, a };
```

$$test := \{a\}$$

```
> test := test union { make_a() };
```

$$test := \{a, a\}$$

```
> test := test union { 'make_a'()$5 };
```
$$test := \{a, a, a, a, a, a, a\}$$

Manifestement Maple identifie les variables autrement que par leur nom.

Au cours d'une session interactive, lorsqu'on tape le nom d'une variable, Maple interprète ce nom comme étant celui d'une variable globale, quel que soit le nombre de variables portant le même nom. On peut, en effet, facilement trouver la variable **a** qui est globale parmi les variables de l'ensemble **test** précédent.

```
> seq( evalb(i=a), i=test );
```
$$true, false, false, false, false, false, false$$

On peut utiliser des variables locales pour faire en sorte que Maple affiche des choses qu'il n'afficherait pas autrement. L'ensemble **test** en est un exemple. Un autre exemple est l'affichage d'expressions que Maple simplifierait automatiquement. Ainsi Maple simplifie automatiquement $a + a$ en $2a$, ce qui rend difficile l'affichage de l'égalité $a + a = 2a$. On peut créer l'illusion que Maple accepte de montrer cette égalité en ayant recours à la procédure **make_a** définie précédemment.

```
> a + make_a() = 2*a;
```
$$a + a = 2a$$

Pour Maple les deux variables **a** sont distinctes, même si elles portent le même nom.

Il n'est pas facile d'affecter une valeur aux variables (locales) qui se sont "échappées" et qui coexistent dans la session interactive avec la variable globale de même nom. Chaque fois qu'on tape un nom au cours d'une session interactive, Maple considère qu'on se réfère à la variable globale portant ce nom-là. L'astuce consiste à écrire une expression Maple pour extraire la variable choisie. Par exemple, dans l'expression précédente, on peut extraire la variable **a** locale en ôtant la variable **a** globale du membre gauche de l'égalité.

```
> eqn := ";
```
$$eqn := a + a = 2a$$

```
> another_a := remove( x->evalb(x=a), lhs(eqn) );
```
$$another\_a := a$$

On peut alors assigner à la variable globale **a** cette variable extraite et de la sorte vérifier l'équation.

```
> assign(another_a = a);
```

```
> eqn;
```
$$2\,a = 2\,a$$
```
> evalb(");
```
true

Néanmoins, si l'expression à traiter est complexe, on a besoin d'une méthode plus commode pour extraire la variable désirée.

Le lecteur s'est probablement déjà trouvé dans cette situation sans en avoir conscience : elle se produit lorsqu'on a utilisé la commande **assume** et qu'on veut renoncer à une hypothèse. La commande **assume** attache un certain nombre de caractéristiques à la variable indiquée. Suite à ce traitement, la variable conditionnée apparaît comme une variable *locale* suivie d'une tilde (˜). Maple ne comprend pas si l'on tape le nom suivi d'une tilde car il n'y a pas de lien avec la variable *globale* dont ce nom est issu.

```
> assume(b>0);
> x := b + 1;
```
$$x := \tilde{b} + 1$$
```
> subs( `b~`=c, x);
```
$$\tilde{b} + 1$$

Lorsqu'on réinitialise la variable en question, le lien entre le nom et la variable locale avec tilde est détruit, mais les expressions créées avec le nom local contiennent toujours le tilde[1].

```
> b := evaln(b);
```
$$b := b$$
```
> x;
```
$$\tilde{b} + 1$$

Si l'on veut utiliser l'expression il faut soit effectuer une substitution avant d'enlever l'hypothèse, soit procéder à une manipulation délicate du type de celle effectuée précédemment avec **eqn**.

Produit cartésien d'ensembles

La nécessité de retourner des variables locales apparaît lorsque l'objet retourné est une procédure. Lorsqu'on écrit une procédure qui retourne

---

[1] N.d.T. : en effet, elles faisaient et font toujours référence au nom local.

une procédure, il est souvent commode de pouvoir disposer d'une variable qui contient de l'information qui concerne seulement la procédure retournée. Comme la procédure retournée est spécifique aux arguments de la commande qui l'a créée, la variable contenant l'information propre à la procédure créée doit être spécifique elle aussi.

Le programme qui suit repose sur cette idée. Chaque fois qu'on passe une séquence d'ensembles à la procédure, elle fabrique une nouvelle procédure. La nouvelle procédure retourne le terme suivant du produit cartésien chaque fois qu'on l'invoque. Maple crée une variable locale attachée à chaque procédure pour savoir quel est le terme suivant à retourner. La procédure doit savoir quelles variables locales contiennent l'information qui lui est relative. Dans ce but, Maple substitue les variables locales dans la nouvelle procédure juste avant de rendre la main selon la méthode indiquée dans la partie intitulée *Utilisation de la substitution* (page 57).

Le *produit cartésien* de n ensembles est l'ensemble de toutes les listes[2] à n éléments dont le i-ième terme est un élément du i-ième ensemble. Ainsi, le produit cartésien de $\{\alpha, \beta, \gamma\}$ et $\{x, y\}$ est :

$$\{\alpha, \beta, \gamma\} \times \{x, y\} = \{[\alpha, x], [\beta, x], [\gamma, x], [\alpha, y], [\beta, y], [\gamma, y]\}.$$

Le nombre d'éléments d'un produit cartésien d'ensembles est proportionnel au nombre des éléments des ensembles intervenant dans le produit. Si ces ensembles ont un cardinal élevé, il peut être judicieux de produire les éléments du produit cartésien un à un plutôt que de les garder tous en mémoire. On peut essayer d'écrire une procédure dans ce but. En appelant une telle procédure de manière répétée on obtiendrait tous les éléments du produit cartésien sans avoir à les garder tous simultanément en mémoire.

La procédure suivante retourne l'élément courant du produit cartésien de la liste **s** d'ensembles. Elle utilise un tableau de compteurs, **c**, pour garder une trace de la position de l'élément courant. En l'occurrence, **c[1]=3** et **c[2]=1** correspond au troisième élément du premier ensemble et au premier élément du deuxième ensemble.

```
> s := [ {alpha, beta, gamma}, {x, y} ];
```
$$s := [\{\gamma, \alpha, \beta\}, \{x, y\}]$$

```
> c := array( 1..2, [3, 1] );
```
$$c := [3, 1]$$

```
> [ seq( s[j][c[j]], j=1..2 ) ];
```
$$[\beta, x]$$

---

[2]N.d.T. : les listes de Maple se comportent mathématiquement comme des n-uplets.

Avant d'appeler la procédure **element** (dont la description suit) il faut initialiser tous les compteurs à 1, à l'exception du premier qui doit prendre la valeur 0 :

```
> c := array( [0, 1] );
```

$$c := [0, 1]$$

Dans la procédure **element** ci-dessous, **nops(s)** fournit le nombre d'ensembles intervenant dans le produit cartésien et **nops(s[i])** fournit le nombre d'éléments du i-ième élément de l'ensemble. Lorsque la procédure a donné tous les éléments du produit scalaire, elle réinitialise les tableaux des compteurs et retourne **FAIL**. On peut de la sorte obtenir à nouveau tous les éléments du produit cartésien en appelant à nouveau **element** :

```
> element := proc(s::list(set), c::array(1, nonnegint))
>     local i, j;
>     for i to nops(s) do
>         c[i] := c[i] + 1;
>         if c[i] <= nops( s[i] ) then
>             RETURN( [ seq(s[j][c[j]], j=1..nops(s)) ] );
>         fi;
>         c[i] := 1;
>     od;
>     c[1] := 0;
>     FAIL;
> end:
> element(s, c); element(s, c); element(s, c);
```

$$[\gamma, x]$$
$$[\alpha, x]$$
$$[\beta, x]$$

```
> element(s, c); element(s, c); element(s, c);
```

$$[\gamma, y]$$
$$[\alpha, y]$$
$$[\beta, y]$$

```
> element(s, c);
```

$$FAIL$$

Au lieu d'écrire une nouvelle procédure pour chaque produit cartésien qu'on souhaite établir, il est possible d'écrire une procédure, **CartesianProduct**, qui retourne une telle procédure. La procédure **CartesianProduct** ci-dessous crée une liste, notée **s**, de ses arguments qui sont tous censés être des ensembles. Ensuite la procédure initialise le tableau des compteurs **c** et définit la sous-procédure **element**. Enfin, **CartesianProduct** a recours à la méthode de substitution pour créer la procédure qui sera retournée. Comme la procédure **element** modifie le compteur **c**, il faut bien substituer le nom de **c** et non sa valeur dans la procédure retournée par **CartesianProduct**.

```
> CartesianProduct := proc()
>    local s, c, element;
>    global S, C, ELEMENT;
>    s := [args];
>    if not type(s, list(set)) then
>       ERROR( `expected a sequence of sets, but
>              received`, args );
>    fi;
>    c := array( [0, 1$(nops(s)-1)] );
>
>    element := proc(s::list(set),
>                    c::array(1, nonnegint))
>       local i, j;
>       for i to nops(s) do
>          c[i] := c[i] + 1;
>          if c[i] <= nops( s[i] ) then
>             RETURN( [ seq(s[j][c[j]],
>                           j=1..nops(s)) ] );
>          fi;
>          c[i] := 1;
>       od;
>       c[1] := 0;
>       FAIL;
>    end;
>
>    subs( 'S'=s, 'C'=evaln(c), 'ELEMENT'=element,
>          proc()
>             ELEMENT(S, C);
>          end );
> end:
```

On retrouve les six éléments du produit cartésien $\{\alpha, \beta, \gamma\} \times \{x, y\}$:

```
> f := CartesianProduct( {alpha, beta, gamma}, {x,y} );
```

$$f := \mathbf{proc}() \, \text{element}([\{\gamma, \alpha, \beta\}, \{x, y\}], c) \, \mathbf{end}$$

```
> to 7 do f() od;
```

$$[\gamma, x]$$
$$[\alpha, x]$$

3.2 Lorsque les variables locales s'échappent • 95

$$[\beta, x]$$
$$[\gamma, y]$$
$$[\alpha, y]$$
$$[\beta, y]$$
$$FAIL$$

On peut se servir de **CartesianProduct** pour étudier différents produits cartésiens simultanément :

```
> g := CartesianProduct( {x, y}, {N, Z, R},
>                        {56, 23, 68, 92} );
```

$$g := \mathbf{proc}()\, \text{element}([\{x,y\}, \{N,R,Z\}, \{23, 56, 68, 92\}], c)\, \mathbf{end}$$

Voici les premiers éléments de $\{x, y\} \times \{N, Z, R\} \times \{56, 23, 68, 92\}$:

```
> to 5 do g() od;
```

$$[x, N, 23]$$
$$[y, N, 23]$$
$$[x, R, 23]$$
$$[y, R, 23]$$
$$[x, Z, 23]$$

Bien que les variables **s** dans **f** et dans **g** soient toutes les deux locales à **CartesianProduct**, elles sont locales à deux *invocations distinctes* de **CartesianProduct** et sont par conséquent distinctes. De même, les variables **c** dans **f** et dans **g** sont différentes. On peut constater que les deux tableaux de compteurs sont différents[3] en invoquant **f** et **g** plusieurs fois :

```
> to 5 do f(), g() od;
```

$$[\gamma, x], [y, Z, 23]$$
$$[\alpha, x], [x, N, 56]$$
$$[\beta, x], [y, N, 56]$$
$$[\gamma, y], [x, R, 56]$$
$$[\alpha, y], [y, R, 56]$$

La procédure **element** dans **g** est, elle aussi, locale à **CartesianProduct**. Par conséquent, on peut changer la valeur de la variable globale **element** sans que cela influe sur **g** :

---

[3] N.d.T. : en particulier, les deux tableaux n'interfèrent pas, preuve que **c** et **s** dans **f** et **g** sont bien distincts.

```
> element := 45;
```
$$element := 45$$
```
> g();
```
$$[x, Z, 56]$$

La procédure générée par **CartesianProduct** ne fait qu'appeler la procédure **element**. Il est donc tentant de substituer directement les paramètres dans **element** :

```
> CartesianProduct2 := proc()
>    local s, c, element;
>    global S, C, ELEMENT;
>    s := [args];
>    if not type(s, list(set)) then
>       ERROR( `expected a sequence of sets, but
>               received`, args );
>    fi;
>    c := array( [0, 1$(nops(s)-1)] );
>    subs( 'S'=s, 'C'='c',
>       proc()
>          local i, j;
>          for i to nops(S) do
>             C[i] := C[i] + 1;
>             if C[i] <= nops(S[i]) then
>                RETURN( [ seq( S[j][C[j]],
>                         j=1..nops(S) ) ] );
>             fi;
>             C[i] := 1;
>          od;
>          C[1] := 0;
>          FAIL;
>       end );
> end:
Warning, `C` is implicitly declared local
```

Mais cette version de **CartesianProduct** ne fonctionne pas :

```
> f := CartesianProduct2( {alpha, beta, gamma},
>                         {x, y} );
```

$f := \text{proc}()$
$\quad \text{local } i, j, c;$
$\quad\quad \text{for } i \text{ to nops}([\{\gamma, \alpha, \beta\}, \{x, y\}]) \text{ do}$

$$c_i := c_i + 1;$$

if $c_i \leq \text{nops}([\{\gamma, \alpha, \beta\}, \{x, y\}]_i)$ then RETURN(

$$[\text{seq}([\{\gamma, \alpha, \beta\}, \{x, y\}]_{j_{c_j}}, j = 1..\text{nops}([\{\gamma, \alpha, \beta\}, \{x, y\}]))])$$

fi;

$$c_i := 1$$

od;

$$c_1 := 0;$$

FAIL

end

Comme **f** affecte une valeur à **c**, Maple considère **c** comme variable locale à **f**. Par suite, la variable **c** de **f** est distincte de la variable **c** de **CartesianProduct2**.

Ces exemples montrent non seulement que certaines variables locales peuvent échapper au contexte qui les a créées, mais encore que ce mécanisme permet d'écrire des procédures qui créent des procédures spécifiques. Certaines commandes de Maple reposent sur un mécanisme similaire. C'est le cas des commandes **rand** et **dsolve**.

Exercices

1. La procédure générée par **CartesianProduct** ne fonctionne pas si l'un des ensembles fournis en entrée est vide.

    > f := CartesianProduct({}, {x,y});

    $$f := \text{proc}() \, \text{element}([\{\}, \{x, y\}], c) \, \text{end}$$

    > f();

    Error, (in element) invalid subscript selector

    Améliorer la vérification de type au sein de **CartesianProduct** afin d'obtenir un message d'erreur dans un tel cas de figure.

2. Une *partition* d'un entier naturel, n, est une liste d'entiers naturels dont la somme vaut n. Le même entier peut apparaître plusieurs fois dans la liste ; en revanche, l'ordre d'apparition des entiers d'une partition est indifférent. Voici par exemple les partitions de 5 :

    $$[1, 1, 1, 1, 1], [1, 1, 1, 2], [1, 1, 3], [1, 4], [5].$$

    Ecrire une procédure qui génère une procédure qui retourne une nouvelle partition de n chaque fois qu'on l'appelle.

3.3 Saisie interactive

On passe généralement les entrées comme paramètres aux procédures Maple. Néanmoins, on a parfois besoin d'écrire des procédures qui demandent à l'utilisateur d'entrer une donnée au clavier. Les entrées saisies au clavier peuvent être des valeurs numériques ou bien des réponses booléennes à des questions posées par le programme. Les deux commandes permettant de gérer les entrées interactives avec Maple sont **readline** et **readstat**.

Lecture de lignes de texte

La commande **readline** lit une ligne de texte trouvée dans un fichier ou saisie au clavier par l'utilisateur. On se sert de cette commande de la manière suivante :

$$\boxed{\texttt{readline(}\textit{NomFichier}\texttt{)}}$$

Si l'on donne le nom spécifique **terminal** à *NomFichier*, alors la ligne de texte lue sera celle saisie par l'utilisateur au clavier. **readline** retourne la ligne de texte sous forme d'une chaîne de caractères.

```
> s := readline( terminal );
Waterloo Maple, Inc.
```

$$s := \textit{Waterloo Maple, Inc.}$$

Voici un exemple simple de programme qui demande à l'utilisateur de répondre à une question :

```
> DetermineSign := proc(a::algebraic) local s;
>     printf(`Le signe de %a est-il positif ?
>             (Réponse oui ou non) : `,a);
>     s := readline(terminal);
>     evalb( s=´oui´ or s = ´o´ );
> end:

> DetermineSign(u-1);
Le signe de u-1 est-il positif ?
(Réponse oui ou non) : o
```

$$true$$

La partie intitulée *Lecture d'un fichier* (page 356) apporte quelques précisions sur l'utilisation de la commande **readline**.

Lecture d'expressions saisies au clavier

On peut aussi souhaiter écrire des procédures qui demandent à l'utilisateur d'entrer une expression mathématique plûtot qu'un texte (vu comme chaîne de caractères). La commande **readstat** permet de passer au programme une expression saisie au clavier.

$$\boxed{\texttt{readstat(}\ \textit{question}\ \texttt{)}}$$

question est une chaîne de caractères optionnelle.

```
> readstat(`Entrer degré : `);
```
Entrer degré : n-1;

$$n - 1$$

Remarquons que la commande **readstat** se déclenche lorsqu'elle rencontre un signe ";" ou un signe ":". Contrairement à la commande **readline**, qui ne lit qu'une ligne, la commande **readstat** fonctionne comme Maple en général : elle permet de fractionner l'écriture d'une expression compliquée sur plusieurs lignes. Un autre avantage de la commande **readstat** réside dans ce qu'elle effectue automatiquement un contrôle de type. De la sorte, si l'utilisateur commet une faute de frappe lors de la saisie, **readstat** va automatiquement demander une nouvelle saisie à l'utilisateur.

```
> readstat(`Entrer un nombre : `);
```
Entrer un nombre : 5^^8;
syntax error, `^` unexpected:
5^^8;
   ^
Entrer un nombre : 5^8;

$$390625$$

Voici une application de la commande qui implémente une interface utilisateur pour la commande **limit**. Etant donné une fonction $f(x)$, on suppose que x est la variable si une seule variable est présente ; dans le cas contraire on demande à l'utilisateur de préciser quelle est la variable. On demande aussi à l'utilisateur de préciser en quel point on doit effectuer une recherche de limite.

```
> GetLimitInput := proc(f::algebraic)
>    local x, a, I;
>    # recherche des variables
>    I := select(type, indets(f), name);
>
>    if nops(I) = 1 then
```

```
>         x := I[1];
> else
>         x := readstat(`Indiquez la variable : `);
>         while not type(x, name) do
>             printf(`Une variable est attendue :
>                 %a a été proposé\n`, x);
>             x := readstat(`Indiquez la variable
>                 s.v.p. : `);
>         od;
> fi;
> a := readstat(`Indiquez le point où faire le calcul
>                 de limite : `);
> x = a;
> end:
```

L'expression sin(*x*)/*x* ne dépend que d'une variable. **GetLimitInput** ne demande donc pas à l'utilisateur de préciser la variable :

```
> GetLimitInput( sin(x)/x );

Indiquez le point où faire le calcul de limite : 0;
```

$$x = 0$$

Dans l'exemple suivant, l'utilisateur essaie de proposer 1 comme variable. Comme 1 n'est pas un nom, **GetLimitInput** demande à nouveau d'indiquer la variable à considérer.

```
> GetLimitInput( exp(u*x) );

Indiquez la variable : 1;
Une variable est attendue : 1 a été proposé
Indiquez la variable s.v.p. : x;
Indiquez le point où faire le calcul de limite :
    infinity;
```

$$x = \infty$$

Il est possible de spécifier certaines options en utilisant **readstat** (voir la partie intitulée *Lecture d'expressions Maple* (page 361)).

Conversion de chaînes de caractères en expressions

On a parfois besoin d'une gestion de l'entrée plus fine que celle permise par la commande **readstat**. La commande **readline** permet de lire une entrée sous forme d'une chaîne de caractères et la commande **parse** permet de filtrer cette chaîne pour la convertir en expression. La chaîne doit comporter une expression complète.

```
> s := `a*x^2 + 1`;
```
$$s := a * x\hat{\,}2 + 1$$

```
> y := parse( s );
```
$$y := a x^2 + 1$$

Lorsqu'on filtre la chaîne **s** on obtient une expression. Dans cet exemple on obtient une somme :

```
> type(s, string), type(y, `+`);
```
$$true, true$$

La commande **parse** n'évalue pas l'expression qu'elle retourne. Il faut utiliser la commande **eval** pour forcer l'évaluation de manière explicite. On peut de la sorte décider quand et comment Maple doit évaluer l'expression. Dans l'exemple suivant, Maple n'évalue la variable **a** que lorsqu'on fait appel à la commande **eval**.

```
> a := 2;
```
$$a := 2$$

```
> z := parse( s );
```
$$z := a x^2 + 1$$

```
> eval(z, 1);
```
$$a x^2 + 1$$

```
> eval(z, 2);
```
$$2 x^2 + 1$$

Le lecteur peut se reporter à la partie intitulée *Filtrage d'expressions et de déclarations Maple* (page 376) pour plus de précisions sur la commande **parse**.

Les techniques mises en œuvre dans cette partie sont très simples et peuvent être utiles pour réaliser des applications Maple interactives, en particulier pour écrire des programmes éducatifs qui posent des questions aux étudiants.

3.4 Comment étendre Maple

Même s'il peut sembler utile d'écrire ses propres programmes pour réaliser de nouvelles tâches, il est parfois aussi efficace d'étendre les capacités de certaines commandes de Maple, ce qui peut se faire avec la plupart des commandes de Maple. Cette partie introduit le lecteur aux méthodes fondamentales permettant d'étendre une commande Maple : création de nouveaux types ou de nouveaux opérateurs, modification de l'affichage, ou encore extension de commandes aussi utiles que **simplify** et **expand**.

Définition de nouveaux types

Lorsqu'on utilise un type structuré complexe, il peut être plus simple d'affecter ce type à une variable de la forme `type/`*nom*`. De cette manière on n'a besoin d'écrire la structure qu'une seule fois, ce qui réduit les risques d'erreur. Dès qu'on a défini `type/`*nom*`, on peut utiliser *nom* comme un type.

```
> `type/Variables` := {name, list(name), set(name)}:
> type( x, Variables );
```

$$true$$

```
> type( { x[1], x[2] }, Variables );
```

$$true$$

Si le mécanisme décrit précédemment n'est pas assez puissant, il est possible d'affecter une procédure à une variable de la forme `type/`*nom*`. Pour tester si une expression est du type *nom*, Maple va alors appliquer la procédure `type/`*nom*` à l'expression considérée. Une telle procédure doit donc retourner **true** ou **false**. La procédure `type/permutation` qui suit détermine si *p* est une permutation des *n* premiers entiers naturels.

```
> `type/permutation` := proc(p)
>    local i;
>    type(p,list) and { op(p) } =
>       { seq(i, i=1..nops(p)) };
> end:
> type( [1,5,2,3], permutation );
```

$$false$$

```
> type( [1,4,2,3], permutation );
```

$$true$$

La procédure de vérification de type peut accepter plus d'un paramètre. Lorsqu'on teste si une expression *expr* est du type *nom* (*parametres*), Maple invoque :

`type/`*nom*`(*expr*, *parametres*)

si une telle procédure existe. La procédure `` `type/LINEAR` `` suivante détermine si f est un polynôme de degré 1 en l'indéterminée V :

```
> `type/LINEAR` := proc(f, V::name)
>     type( f, polynom(anything, V) ) and
>           degree(f, V) = 1;
> end:
> type( a*x+b, LINEAR(x) );
```
$$true$$
```
> type( x^2, LINEAR(x) );
```
$$false$$
```
> type( a, LINEAR(x) );
```
$$false$$

Exercices

1. Modifier la procédure `` `type/LINEAR` `` de manière à ce qu'on puisse l'utiliser pour déterminer si une expression est linéaire par rapport à plusieurs variables. Par exemple, $x + ay + 1$ est linéaire en x et en y ; en revanche, $xy + a + 1$ ne l'est pas.
2. Définir un type **POLYNOM(**X**)** qui teste si une expression algébrique est polynomiale en X, où X peut être un nom, une liste de noms ou un ensemble de noms.

Affichage formaté et alias

Maple n'affiche pas toujours les fonctions mathématiques sous la forme à laquelle on est habitué. On peut modifier l'affichage produit par Maple pour la fonction f en définissant une procédure de la forme `` `print/f` ``. Maple va alors utiliser `` `print/f` `` (*parametres*) pour afficher f(*parametres*).

Par exemple, Maple utilise la notation **HankelH1(v,x)** pour les fonctions de Hankel, alors qu'elles sont en général notées $H_v^{(1)}(x)$ par les mathématiciens. La procédure qui suit se sert de l'opérateur de sélection (**[ ]**) pour les indices, et de l'opérateur de composition (**@@**) pour les exposants. Il convient d'utiliser des guillemets simples (*single quotes*) pour que Maple n'évalue pas **(H[v]@@1)(x)**.

```
> `print/HankelH1` := proc(v,x) '(H[v]@@1)(x)' end:
> HankelH1(u, z);
```
$$H_u^{(1)}(z)$$

Etudions un autre exemple : supposons qu'on désire représenter un polynôme $a_n x^n + a_{n-1} a_0$ en ayant recours à la structure de données :

```
POLYNOM( x, a_0, a_1, ..., a_n )
```

La procédure suivante contraint Maple à afficher la structure de données **POLYNOM** sous la forme sous laquelle Maple affiche normalement les polynômes.

```
> `print/POLYNOM` := proc(x::name)
>     local i;
>     sort( add(args[i+2]*x^i, i=0..nargs-2), x )
> end:
> POLYNOM(x,1,y-1,2);
```

$$2x^2 + (y-1)x + 1$$

Les procédures de la forme `print/f` affectent seulement la façon dont Maple les affiche. Il faut taper le nom entier de ces fonctions pour les utiliser. Il est possible d'utiliser un *alias* pour définir des raccourcis à la fois des entrées et des sorties. Par exemple, si l'on travaille avec les fonctions J et Y de Bessel, on peut avoir envie de définir des alias pour **BesselJ** et **BesselY**. La commande **alias** retourne la séquence des noms qui sont des alias pour quelque chose. Maple utilise **I** comme un alias pour $\sqrt{-1}$.

```
> alias( J=BesselJ, Y=BesselY );
```

$$I, J, Y$$

On peut à présent taper *J* à la place de **BesselJ**.

```
> diff( J(0,x), x );
```

$$-J(1, x)$$

On peut utiliser conjointement des alias et des sorties formatées. C'est ainsi qu'on peut choisir *H* comme alias pour **HankelH1** afin de taper la première fonction de Hankel sous la forme $H(v, x)$.

```
> alias( H=HankelH1 );
```

$$I, J, Y, H$$

La procédure `print/HankelH1` continue à afficher **HankelH1(v,x)** (ou **H(v,x)**) sous la forme $H_v^{(1)}(x)$.

```
> H(v,x) - J(v,x);
```

$$H_v^{(1)}(x) - J(v, x)$$

```
> convert(", Bessel);
```
$$IY(v, x)$$

Il est aussi possible d'enlever un alias associé à un nom en définissant ce nom comme alias pour lui-même.

```
> alias( H=H, J=J, Y=Y );
```
$$I$$

Opérateurs neutres

Maple connaît un certain nombre d'opérateurs comme **+**, *****, **^**, **and**, **not**, et **union**. Tous ces opérateurs ont une signification particulière pour Maple : ils désignent des opérations algébriques comme l'addition ou la multiplication, des opérations logiques ou encore des opérations sur les ensembles. Maple dispose aussi d'une classe d'opérateurs particuliers, appelés *opérateurs neutres* auxquels n'est associée aucune signification particulière. Au contraire, Maple laisse l'utilisateur libre de définir la signification attachée à un opérateur neutre. Le nom d'un opérateur neutre commence avec le caractère **&**. Le lecteur peut se reporter à la partie intitulée *Les opérateurs neutres* (page 171) pour connaître les conventions à respecter pour choisir le nom d'un opérateur neutre.

```
> 7 &% 8 &% 9;
```
$$(7 \,\&\%\, 8) \,\&\%\, 9$$

```
> evalb( 7 &% 8 = 8 &% 7 );
```
false

```
> evalb( (7&%8)&%9 = 7&%(8&%9) );
```
false

De façon interne, Maple représente les opérateurs neutres comme des appels de procédure. **7&%8** n'est qu'une façon commode d'écrire **&%(7,8)** :

```
> &%(7, 8);
```
$$7 \,\&\%\, 8$$

Maple a recours à la notation infixée dans le cas où l'opérateur a exactement deux arguments.

```
> &%(4),   &%(5, 6),   &%(7, 8, 9);
```
$$\&\%(4), 5 \,\&\%\, 6, \&\%(7, 8, 9)$$

On peut définir les actions d'un opérateur neutre en affectant une procédure à son nom.

L'exemple qui suit implémente le produit sur les quaternions selon ce schéma. Nous commençons par expliquer ce qu'il faut savoir sur les quaternions pour comprendre l'exemple qui suit. Le corps des *quaternions* (ou corps de Hamilton) étend le corps des nombres complexes de la même manière que le corps des nombres complexes étend le corps des nombres réels. Tout quaternion admet une décomposition de la forme $a+bi+cj+dk$ où a, b, c, et d sont des nombres réels. Les symboles spécifiques i, j, et k satisfont aux règles de multiplication suivantes : $i^2 = -1$, $j^2 = -1$, $k^2 = -1$, $ij = k$, $ji = -k$, $ik = -j$, $ki = j$, $jk = i$ et $kj = -i$.

La procédure `&%` qui suit utilise I, J, et K comme trois symboles particuliers. Il faut donc d'abord effacer l'alias reliant I au nombre imaginaire pur $\sqrt{-1}$:

```
> alias( I=I );
```

Pour définir le nouveau type **Quaternion** on va affecter un type structuré au nom `type/Quaternion` :

```
> `type/Quaternion` := { `+`, `*`, name, realcons,
>     specfunc(anything, `&%`) };
```

type/Quaternion := {*, +, *name*, specfunc(*anything*, &%), *realcons*}

La procédure `&%` multiplie deux quaternions x et y. Si l'un des deux nombres x ou y est un nombre réel ou une variable, alors leur produit est le produit usuel désigné par *. Si x ou y est une somme, alors `&%` distribue le produit sur la somme. Si x ou y est un produit, alors `&%` extrait tout facteur réel. Il faut veiller à éviter une récursion infinie dans le cas où l'un des nombres est un produit ne contenant pas de facteur réel. Si aucune règle de multiplication ne s'applique, alors `&%` retourne le produit non évalué :

```
> `&%` := proc( x::Quaternion, y::Quaternion )
>     local Real, unReal, isReal;
>     isReal := z -> evalb( is(z, real) = true );
>
>     if isReal(x) or isReal(y) then
>         x * y;
>
>     elif type(x, `+`) then
>         # x est une somme, u+v, donc x&%y = u&%y + v&%y.
>         map(`&%`, x, y);
>
>     elif type(y, `+`) then
>         # y est une somme, u+v, donc x&%y = x&%u + x&%v.
```

```
>           map2(`&%`, x, y);
>
>       elif type(x, `*`) then
>           # recherche des facteurs reels
>           Real := select(isReal, x);
>           unReal := remove(isReal, x);
>           # a present x&%y = Real * (unReal&%y)
>           if Real=1 then
>               if type(y, `*`) then
>                   Real := select(isReal, y);
>                   unReal := remove(isReal, y);
>                   Real * ´`&%`´(x, unReal);
>               else
>                   ´`&%`´(x, y);
>               fi;
>           else
>               Real * `&%`(unReal, y);
>           fi;
>
>       elif type(y, `*`) then
>           # semblable au cas precedent en plus simple
>           # car x ne peut etre un produit dans ce cas
>           Real := select(isReal, y);
>           unReal := remove(isReal, y);
>           if Real=1 then
>               ´`&%`´(x, y);
>           else
>               Real * `&%`(x, unReal);
>           fi;
>
>       else
>           ´`&%`´(x,y);
>       fi;
> end:
```

On peut placer toutes les règles de multiplication concernant les symboles I, J, et K dans la table de remember de `&%` (voir la partie intitulée *Tables de remember* (page 78)) :

```
> `&%`(I,I) := -1: `&%`(J,J) := -1: `&%`(K,K) := -1:
> `&%`(I,J) := K: `&%`(J,I) := -K:
> `&%`(I,K) := -J: `&%`(K,I) := J:
> `&%`(J,K) := I: `&%`(K,J) := -I:
```

`&%` étant un opérateur neutre, il est possible d'écrire des produits de quaternions en ayant recours à &% comme à un symbole de multiplication :

```
> (1 + 2*I + 3*J + 4*K) &% (5 + 3*I - 7*J);
```
$$20 + 41\,I + 20\,J - 3\,K$$
```
> (5 + 3*I - 7*J) &% (1 + 2*I + 3*J + 4*K);
```
$$20 - 15\,I - 4\,J + 43\,K$$
```
> 56 &% I;
```
$$56\,I$$

Dans l'exemple suivant, *a* est un quaternion quelconque jusqu'à ce qu'on spécifie que c'est un nombre réel quelconque.

```
> a &% J;
```
$$a\,\&\%\,J$$
```
> assume(a, real);
> a &% J;
```
$$a\tilde{}\,J$$

Exercice

1. L'inverse d'un quaternion quelconque $a+bi+cj+dk$ est $(a-bi-cj-dk)/(a^2+b^2+c^2+d^2)$. On peut démontrer ce résultat de la manière suivante : soit $h = a + bi + cj + dk$ un quaternion quelconque où a, b, c et d sont des réels.

```
> assume(a, real); assume(b, real);
> assume(c, real); assume(d, real);
> h := a + b*I + c*J + d*K;
```
$$h := a\tilde{} + b\tilde{}\,I + c\tilde{}\,J + d\tilde{}\,K$$

Le quaternion *hinv* devrait être l'inverse de *h*.

```
> hinv := (a-b*I-c*J-d*K) / (a^2+b^2+c^2+d^2);
```
$$hinv := \frac{a\tilde{} - b\tilde{}\,I - c\tilde{}\,J - d\tilde{}\,K}{a\tilde{}^2 + b\tilde{}^2 + c\tilde{}^2 + d\tilde{}^2}$$

Pour le vérifier il suffit de montrer que les produits **h &% hinv** et **hinv &% h** se réduisent à 1.

```
> h &% hinv;
```
$$\frac{a\tilde{}\,(a\tilde{} - b\tilde{}\,I - c\tilde{}\,J - d\tilde{}\,K)}{\%1} + \frac{a\tilde{}\,b\tilde{}\,I + b\tilde{}^2 + b\tilde{}\,c\tilde{}\,K - b\tilde{}\,d\tilde{}\,J}{\%1}$$
$$+ \frac{a\tilde{}\,c\tilde{}\,J - b\tilde{}\,c\tilde{}\,K + c\tilde{}^2 + c\tilde{}\,d\tilde{}\,I}{\%1} + \frac{a\tilde{}\,d\tilde{}\,K + b\tilde{}\,d\tilde{}\,J - c\tilde{}\,d\tilde{}\,I + d\tilde{}^2}{\%1}$$
$$\%1 := a\tilde{}^2 + b\tilde{}^2 + c\tilde{}^2 + d\tilde{}^2$$

```
> simplify(");
```

$$1$$

```
> hinv &% h;
```

$$\frac{\tilde{a}\,(\tilde{a} - \tilde{b}\,I - \tilde{c}\,J - \tilde{d}\,K)}{\%1} + \frac{\tilde{a}\,\tilde{b}\,I + \tilde{b}^{\,2} + \tilde{b}\,\tilde{c}\,K - \tilde{b}\,\tilde{d}\,J}{\%1}$$
$$+ \frac{\tilde{a}\,\tilde{c}\,J - \tilde{b}\,\tilde{c}\,K + \tilde{c}^{\,2} + \tilde{c}\,\tilde{d}\,I}{\%1} + \frac{\tilde{a}\,\tilde{d}\,K + \tilde{b}\,\tilde{d}\,J - \tilde{c}\,\tilde{d}\,I + \tilde{d}^{\,2}}{\%1}$$
$$\%1 := \tilde{a}^{\,2} + \tilde{b}^{\,2} + \tilde{c}^{\,2} + \tilde{d}^{\,2}$$

```
> simplify(");
```

$$1$$

Ecrire une procédure, `&/`, qui calcule l'inverse d'un quaternion. Il pourra être utile d'implémenter les règles suivantes :

```
       &/( &/x ) = x,   &/(x&%y) = (&/y) &% (&/x),
              x &% (&/x) = 1 = (&/x) &% x.
```

Extension de certaines commandes

Si l'on introduit ses propres structures de données Maple ne peut pas, a priori, savoir comment les manipuler. En général on conçoit de nouvelles structures de données parce qu'on veut écrire des procédures qui les manipulent. Il est parfois plus efficace d'étendre les possibilités d'une commande prédéfinie. Il est possible d'étendre un certain nombre de commandes Maple comme **simplify**, **diff**, **series**, et **evalf**.

Supposons qu'on décide de représenter le polynôme $a_n u^n + a_{n-1} u^{n-1} + \cdots + a_1 u + a_0$ par la structure de données suivante :

```
        POLYNOM( u, a_0, a_1, ..., a_n )
```

Il est possible d'étendre la commande **diff** de manière à pouvoir différencier les polynômes représentés de cette manière. Si l'on écrit une procédure avec un nom de la forme `` `diff/F` `` alors **diff** va l'invoquer lors de chaque appel non évalué à F. En particulier, si l'on utilise **diff** pour dériver F(*arguments*) par rapport à *x*, alors **diff** invoque `` `diff/F` `` de la manière suivante :

```
        `diff/F`( arguments, x )
```

La procédure suivante dérive par rapport à x le polynôme placé dans u :

```
> `diff/POLYNOM` := proc(u)
>     local i, s, x;
>     x := args[-1];
>     s := seq( i*args[i+2], i=1..nargs-3 );
>     `POLYNOM`(u, s) * diff(u, x);
> end:
> diff( POLYNOM(x, 1, 1, 1, 1, 1, 1, 1, 1, 1, 1), x );
```

$$\text{POLYNOM}(x, 1, 2, 3, 4, 5, 6, 7, 8, 9)$$

```
> diff( POLYNOM(x*y, 34, 12, 876, 11, 76), x );
```

$$\text{POLYNOM}(x\,y, 12, 1752, 33, 304)\,y$$

L'implémentation des quaternions, telle qu'elle a été faite dans la partie intitulée *Opérateurs neutres* (page 105), n'indique pas que la multiplication est associative dans le corps des quaternions, c'est-à-dire que $(xy)z = x(yz)$.

```
> x &% I &% J;
```

$$(x \,\&\%\, I) \,\&\%\, J$$

```
> x &% ( I &% J );
```

$$x \,\&\%\, K$$

Il est possible d'étendre la commande **simplify** pour qu'elle utilise l'associativité pour le calcul de produits de quaternions. Si l'on écrit une procédure portant un nom de la forme `` `simplify/F` ``, alors la commande **simplify** va l'invoquer à chaque appel non évalué à F. Il faut donc écrire une procédure `` `simplify/&%` `` pour décrire le caractère associatif de la multiplication des quaternions.

La procédure qui suit utilise la commande **typematch** pour savoir si son argument est de la forme **(a&%b)&%c** et si tel est le cas elle sélectionne les valeurs de **a**, **b** et **c** :

```
> s := x &% y &% z;
```

$$s := (x \,\&\%\, y) \,\&\%\, z$$

```
> typematch( s, `` `&%` ``( `` `&%` ``( a::anything,
>                         b::anything ), c::anything ) );
```

$$true$$

```
> a, b, c;
```

$$x, y, z$$

Il est possible de détailler les simplifications effectuées par la procédure en ayant recours à la commande **userinfo**. La procédure `` `simplify/&%` `` présente un message d'information si l'on fixe **infolevel[simplify]** ou **infolevel[all]** à une valeur supérieure à 2.

```
> `simplify/&%` := proc( x )
>    local a, b, c;
>    if typematch( x,
>          ``&%``( ``&%``( a::anything, b::anything ),
>                c::anything ) ) then
>       userinfo(2, simplify, `applying the associative
>                law`);
>       a &% ( b &% c );
>    else
>       x;
>    fi;
> end:
```

L'application de l'associativité permet de simplifier certains produits de quaternions :

```
> x &% I &% J &% K;
```

$$((x \,\&\% \,I) \,\&\% \,J) \,\&\% \,K$$

```
> simplify(");
```

$$-x$$

Si l'on fixe **infolevel[simplify]** à une valeur suffisamment élevée, Maple affiche des informations sur ce que **simplify** essaie de faire pour simplifier l'expression.

```
> infolevel[simplify] := 5;
```

$$infolevel_{simplify} := 5$$

```
> w &% x &% y &% z;
```

$$((w \,\&\% \,x) \,\&\% \,y) \,\&\% \,z$$

```
> simplify(");

simplify:    applying    &%   function to expression
simplify:    applying    &%   function to expression
simplify/&%:   applying the associative law
simplify:    applying    &%   function to expression
simplify/&%:   applying the associative law
```

$$w \,\&\% \,((x \,\&\% \,y) \,\&\% \,z)$$

Les pages d'aide en ligne donnent des détails sur les façons d'étendre les commandes **expand**, **series** et **evalf**. On peut aussi se reporter à la partie intitulée *Extension de la commande* **evalf** (page ??).

3.5 Ecriture de ses propres packages

Il arrive souvent qu'on écrive un ensemble de procédures ayant un rapport les unes avec les autres. Si l'on souhaite les utiliser ensemble pour traiter un problème particulier, il peut être intéressant de les regrouper. Cette situation se produit fréquemment au sein même de Maple. C'est ainsi que les auteurs ont regroupé des commandes, comme celles concernant les traitements graphiques ou celles concernant l'algèbre linéaire, pour en faire des packages. Un utilisateur peut créer des packages pour regrouper ses propres procédures.

Maple considère un package comme une sorte de table. Chaque clé de la table est un nom de procédure, et la valeur correspondant à cette clé est le corps de la procédure. Il suffit de définir cette table de procédures comme on définirait n'importe quelle autre table avec Maple, et de la sauver dans un fichier se terminant par le suffixe **.m**. Maple peut ainsi facilement reconnaître le package et le traiter comme n'importe quel package prédéfini.

On peut charger un package à l'aide de la commande **with**. Un *package* est tout simplement une table de procédures.

```
> powers := table();
```

$$powers := \text{table}([\ ])$$

```
> powers[square] := proc(x::anything)
>     x^2;
> end:
> powers[cube] := proc(x::anything)
>     x^3;
> end:
```

Il est à présent possible d'élever au carré n'importe quelle expression en invoquant **powers[square]** :

```
> powers[square](x+y);
```

$$(x + y)^2$$

3.5 Ecriture de ses propres packages

Dans la procédure qui suit, les guillemets simples (single quotes) placés autour de **square** font en sorte que **powers[fourth]** fonctionne convenablement même si l'on a déjà affecté une valeur à **square** :

```
> powers[fourth] := proc(x::anything)
>    powers['square']( powers['square'](x) );
> end:
> square := 56^2;
```

$$square := 3136$$

```
> powers[fourth](x);
```

$$x^4$$

```
> square := 'square':
```

On utilise la commande **with** pour charger le package :

```
> with(powers);
```

$$[cube, fourth, square]$$

```
> cube(x);
```

$$x^3$$

Comme le package est une table, il est possible de la sauver comme n'importe quel objet Maple. La commande qui suit sauve **powers** en format binaire Maple dans le fichier **powers.m** du répertoire **/users/yourself/mypacks** :

```
> save( powers, `/users/yourself/mypacks/powers.m` );
> restart;
```

La commande **with** permet de charger ce nouveau package à condition qu'il ait été sauvé dans un fichier portant un nom de la forme *nomdepackage-name.m* et à condition d'indiquer à Maple dans quel répertoire il doit chercher le fichier en question. La variable **libname** contient une séquence de répertoires dans lesquels Maple effectue la recherche du fichier. Il convient donc d'ajouter le nom du répertoire contenant le package recherché au contenu de la variable **libname** :

```
> libname := `/users/yourself/mypacks`, libname;
```

libname := /users/yourself/mypacks, /doc1/Tools/mfilter/filter4b/lib

Il est à présent possible de charger le package **powers** et de l'utiliser :

```
> with(powers);
```

$$[cube, fourth, square]$$

> `cube(3);`

$$27$$

Bien que ce package puisse paraître modeste, il nous a permis d'illustrer la démarche à suivre pour créer un package. Il faut définir une table de procédures, sauver cette table dans un fichier dont le nom porte le suffixe **.m** et modifier **libname** de manière à ce que Maple puisse trouver le fichier dans le répertoire où il a été placé. La suite du chapitre développe certains points plus subtils concernant la création de packages, comme l'initialisation de fichiers et la réalisation de bibliothèques.

Initialisation de packages

Certains packages nécessitent l'accès à un code spécialisé. Tel est le cas si l'on fait appel à des types spécifiques, des affichages formatés ou encore des extensions de commandes personnalisées. Il est possible de spécifier ce code complémentaire dans une procédure d'initialisation. Lorsque la commande **with** charge un package, elle invoque automatiquement la procédure **init**, s'il en existe une.

Les calculs sur les nombres complexes sont déjà implémentés dans Maple. Supposons toutefois, à titre d'illustration, qu'on souhaite écrire un package **cmplx** pour décrire les calculs arithmétiques sur les nombres complexes représentés sous forme algébrique $a+bi$ par **COMPLEX(a, b)**. Cela suppose qu'on ait d'abord défini un nouveau type **COMPLEX** :

```
> `type/COMPLEX` := ´COMPLEX´(realcons, realcons);
```

$$\mathit{type}/\mathrm{COMPLEX} := \mathrm{COMPLEX}(\mathit{realcons}, \mathit{realcons})$$

```
> z := COMPLEX(3, 4);
```

$$z := \mathrm{COMPLEX}(3, 4)$$

```
> type(z, COMPLEX);
```

true

On peut aisément extraire la partie réelle et la partie imaginaire de z. Ce sont respectivement les premier et second opérandes de z :

```
> cmplx[realpart] := proc(z::COMPLEX)
>    op(1, z);
> end:
> cmplx[imagpart] := proc(z::COMPLEX)
>    op(2, z);
> end:
```

3.5 Ecriture de ses propres packages

```
> cmplx[realpart](z);
```

$$3$$

Si l'on dispose de la partie réelle et de la partie imaginaire d'un nombre complexe, on peut les regrouper dans une structure **COMPLEX** pour en faire un nombre complexe :

```
> cmplx[makecomplex] := proc(a::realcons, b::realcons)
>     'COMPLEX'(a, b);
> end:
> w := cmplx[makecomplex](6, 2);
```

$$w := \text{COMPLEX}(6, 2)$$

On obtient la somme de deux nombres complexes en calculant la somme de leurs parties réelles et la somme de leurs parties imaginaires :

```
> cmplx[addition] := proc(z::COMPLEX, w::COMPLEX)
>     local x1, x2, y1, y2;
>     x1 := cmplx['realpart'](z);
>     y1 := cmplx['imagpart'](z);
>     x2 := cmplx['realpart'](w);
>     y2 := cmplx['imagpart'](w);
>     cmplx['makecomplex'](x1+x2, y1+y2);
> end:
> cmplx[addition](z, w);
```

$$\text{COMPLEX}(9, 6)$$

Comme le package repose sur la variable globale `` `type/COMPLEX` ``, il faut en outre définir cette variable dans la procédure d'initialisation du package :

```
> cmplx[init] := proc()
>     global `type/COMPLEX`;
>     `type/COMPLEX` := 'COMPLEX'(realcons, realcons);
> end:
```

Le package peut maintenant être sauvé, par exemple dans le fichier **cmplx.m** afin de pouvoir le charger par la suite avec la commande **with** :

```
> save( cmplx, `/users/yourself/mypacks/cmplx.m` );
```

Il ne reste plus qu'à ajouter le nom du répertoire contenant le package au contenu de la variable **libname** de manière à ce que **with** puisse le trouver :

```
> restart;
```

```
> libname := `/users/yourself/mypacks`, libname;
```

libname := /users/yourself/mypacks, /doc1/Tools/mfilter/filter4b/lib

```
> with(cmplx);
```

[*addition, imagpart, init, makecomplex, realpart*]

La procédure d'initialisation a défini le type **COMPLEX**, comme on peut le constater :

```
> type( makecomplex(4,3), COMPLEX );
```

true

Réaliser sa propre bibliothèque

Plutôt que de sauver les objets Maple dans des fichiers répartis sur une arborescence de répertoire spécifique à l'ordinateur utilisé, on peut souhaiter regrouper ces fichiers dans un fichier global, créant ainsi *bibliothèque* Maple personnelle. Le recours à une bibliothèque Maple permet d'utiliser des noms de fichiers indépendants du système d'exploitation de l'ordinateur utilisé. Les bibliothèques rendent donc les programmes portables. Les bibliothèques permettent aussi d'économiser de la place sur le disque puisqu'elles regroupent une information qui était disséminée dans de nombreux petits fichiers. Un répertoire ne doit pas contenir plus d'une bibliothèque Maple. En revanche, une bibliothèque peut contenir de nombreux fichiers. D'ailleurs Maple est fourni avec une seule bibliothèque contenant toutes les fonctions définies en bibliothèque.

Avant de faire sa propre bibliothèque il est préférable de protéger en écriture la bibliothèque standard de Maple pour éviter de l'abimer par erreur. La variable **libname** est constituée de la séquence des répertoires contenant les bibliothèques de l'utilisateur. Voici la valeur de **libname** sur l'odinateur utilisé pour rédiger cet ouvrage ; cette valeur dépend, bien sûr, du système d'exploitation et de la machine utilisés.

```
> libname;
```

/doc1/Tools/mfilter/filter4b/lib

Il n'est pas possible de créer une nouvelle bibliothèque depuis Maple. Il convient pour cela d'utiliser le programme *March* qui est fourni avec Maple. Le fonctionnement de March dépend de la plate-forme et du système d'exploitation sur lesquels est installé Maple. Le lecteur est prié de se reporter à la documentation spécifique qui lui a été remise avec le logiciel. Sous UNIX, la commande suivante crée une nouvelle bibliothèque dans le

3.5 Ecriture de ses propres packages

répertoire **/users/yourself/mylib** qui pouvait initialement contenir jusqu'à dix fichiers **.m**.

march -c /users/yourself/mylib 10

La page d'aide en ligne **?march** explique comment se servir de *March* en détail. Une fois qu'on a créé une nouvelle bibliothèque, il faut dire à Maple où il va pouvoir la trouver. A cet effet on ajoute le nom du répertoire contenant cette bibliothèque au contenu de **libname**.

```
> libname := `/users/yourself/mylib`, libname;
```
libname := /users/yourself/mylib, /doc1/Tools/mfilter/filter4b/lib

On peut utiliser la commande **savelib** pour sauver n'importe quel objet Maple dans une bibliothèque en procédant de la manière suivante :

> **savelib(** *seqdenoms,* `fichier` **)**

seqdenoms est la séquence des noms des objets à sauver dans une bibliothèque sous *fichier*. On peut sauver plusieurs objets dans un fichier, que le fichier soit ou non dans une bibliothèque. Pour des fichiers en bibliothèque, Maple considère que le fichier *nom*.**m** définit l'objet *nom*. La variable **savelibname** dit à **savelib** dans quel répertoire est situé la bibliothèque.

```
> savelibname := `/users/yourself/mylib`;
```
savelibname := /users/yourself/mylib

Remarquons qu'il faut aussi lister les répertoires de **savelibname** dans **libname**. Les instructions qui suivent servent à définir le package **powers** et à le sauver sous une nouvelle bibliothèque :

```
> powers := table():
> powers[square] := proc(x::anything)
>    x^2;
> end:
> powers[cube] := proc(x::anything)
>    x^3;
> end:
> powers[fourth] := proc(x::anything)
>    powers[´square´]( powers[´square´](x) );
> end:
> savelib( ´powers´, `powers.m` );
```

La commande **with** permet aussi de charger des packages issus d'une bibliothèque de l'utilisateur pourvu que soit indiqué dans **libname** le répertoire qui contient cette bibliothèque.

```
> restart;
```

```
> libname := `/users/yourself/mylib`, libname;
```
libname := /users/yourself/mylib, /doc1/Tools/mfilter/filter4b/lib
```
> with(powers);
```
$$[cube, fourth, square]$$

Le package **powers** présente un inconvénient : il n'est pas possible d'accéder aux commandes définies dans le package, même en utilisant leur nom entier à moins d'avoir chargé la bibliothèque avec la commande **with**. On peut utiliser la commande **readlib** pour extraire un objet conservé dans une bibliothèque ou dans un fichier. L'instruction **readlib('nom')** extrait tous les objets sauvegardés dans le fichier *nom*.**m** de la bibliothèque. **readlib** retourne ensuite l'objet *nom*.

```
> readlib( 'powers' );
```

table([

    square = (**proc**(*x*::*anything*) x^2 **end**)

    cube = (**proc**(*x*::*anything*) x^3 **end**)

    fourth = (**proc**(*x*::*anything*) $powers_{square}(powers_{square}(x))$ **end**)

])

readlib('powers') retourne la table après avoir défini **powers**, ce qui permet d'accéder à la table en une étape :

```
> readlib( 'powers' )[square];
```
$$\text{proc}(x\text{::}anything)\, x^2\, \text{end}$$
```
> readlib( 'powers' )[square](x);
```
$$x^2$$

Ainsi, au lieu de garder la table **powers** en mémoire, on peut définir **powers** en un seul appel compact et non évalué à **readlib** :

```
> powers := 'readlib( 'powers' )';
```
$$powers := \text{readlib}('powers')$$

La première fois qu'on utilise **powers**, Maple évalue la commande **readlib** qui redéfinit **powers** comme une table de procédures :

```
> powers[fourth](u+v);
```
$$(u+v)^4$$

Chaque fois qu'on débute une session, Maple lit et exécute les instructions d'un fichier d'initialisation. Ce fichier s'appelle **maple.ini** et se trouve dans le répertoire à partir duquel on a lancé Maple. Pour obtenir l'installation systématique d'un package au démarrage, il faut placer des instructions analogues à celles de l'exemple suivant dans le fichier d'initialisation.

```
> libname := `/users/yourself/mylib`, libname:
> powers  := ´readlib( ´powers´ )´:
```

3.6 Conclusion

Les sujets abordés dans ce chapitre ainsi que ceux abordés précédemment dans les chapitres 1 et 2 constituent les fondements de la programmation en Maple. Les questions développées dans ce chapitre sont plus pointues mais aussi importantes que celles traitées dans les deux autres chapitres. En particulier, il est important de maîtriser convenablement les procédures qui retournent des procédures ou des variables locales. Il est important aussi de savoir gérer les entrées et les sorties avec Maple et d'être capable de sauver ses procédures dans des bibliothèques.

Les chapitres suivants se répartissent en deux catégories : les chapitres 4 et 5 présentent de manière formelle la structure du langage Maple. Les autres chapitres sont consacrés à des thèmes spécifiques comme le graphisme, le calcul numérique et le débogueur Maple.

CHAPITRE 4

Le langage Maple

Ce chapitre décrit le langage Maple en détail. La définition du langage se décompose en quatre parties : les caractères, les mots réservés, la syntaxe (c'est-à-dire les règles pour écrire les commandes) et la sémantique (c'est-à-dire le sens que Maple donne au langage). La syntaxe et la sémantique caractérisent le langage. La syntaxe consiste en un certain nombre de règles pour combiner les mots et en faire des phrases ; son utilisation est purement mécanique. La sémantique est l'information supplémentaire, le sens que la syntaxe ne contient pas et qui détermine ce que Maple va faire lorsqu'on lui adresse une commande.

Syntaxe La syntaxe définit ce qui constitue une entrée valide pour Maple, que ce soit une commande, une déclaration ou une procédure. La syntaxe permet de répondre à des questions comme :

- Les parenthèses sont-elles nécessaires dans l'expression `x^(y^z)` ?
- Comment entrer un mot dont la longueur dépasse celle d'une ligne ?
- Comment doit-on taper le nombre flottant 2.3×10^{-3} ?

Toutes ces questions concernent la *syntaxe* du langage Maple. Elles ne concernent que la façon de décrire les commandes ou programmes passés à Maple, pas l'utilisation que Maple va en faire.

Si une entrée n'est pas syntaxiquement correcte, Maple signale une erreur de syntaxe (syntax error) et pointe sur l'endroit où il a détecté l'erreur. Voici quelques exemples interactifs.

Deux signes "-" consécutifs ne constituent pas une entrée valide :

```
> --1;
syntax error, `-` unexpected:
--1;
  ^
```

Le caractère "^" pointe sur l'endroit où Maple a détecté l'erreur.

Maple accepte différents formats pour décrire les nombres en virgule flottante :

```
> 2.3e-3, 2.3E-03, +0.0023;
```
$$.0023, .0023, .0023$$

mais il faut toujours placer au moins un chiffre entre le point décimal et l'exponentielle :

```
> 2.e-3;
syntax error, missing operator or `;`:
2.e-3;
  ^
```

La façon correcte d'entrer ce dernier exemple est **2.0e-3**.

Sémantique La *sémantique* du langage spécifie ce que Maple va faire lorsqu'on lui passe une déclaration, une commande ou un programme. La sémantique répond à des questions comme :

- Est-ce que **x/2*z** est égal à **x/(2*z)** ou à **(x/2)*z** ? Qu'en est-il de **x/2/z** ?
- Si x prend la valeur 0, que va-t-il se passer lors du calcul de $\sin(x)/x$?
- Pourquoi le calcul de $\sin(0)/\sin(0)$ conduit-il au résultat 1 et non à une erreur ?
- Quelle est la valeur de **i** après l'exécution de la boucle suivante :

```
> for i from 1 to 5 do print(i^2) od;
```

Voici, par exemple, une erreur très courante : de nombreux utilisateurs croient que **x/2*z** est égal à **x/(2*z)**. On constate que ce n'est pas le cas :

```
> x/2*z, x/(2*z);
```
$$\frac{1}{2}xz, \frac{1}{2}\frac{x}{z}$$

Erreurs de syntaxe lors de la lecture de fichiers Maple signale les erreurs de syntaxe qui se produisent lors de la lecture de fichiers. Maple indique le numéro de la ligne où il a découvert l'erreur. Ecrivons le programme suivant dans un fichier appelé **integrand** :

```
f:= proc(x)
     t:= 1 - x^2
     t*sqrt(t)
    end:
```

Lisons ce fichier au cours d'une session Maple à l'aide de la commande **read** :

```
> read integrand;

syntax error, missing operator or `;`:
     t*sqrt(t)
     ^
```

Maple signale une erreur au début de la troisième ligne du programme. Un " **;** " devrait séparer les deux calculs **t:= 1 - x^2** et **t*sqrt(t)**.

4.1 Eléments du langage

Pour simplifier la présentation, nous allons considérer qu'il y a deux parties importantes dans la syntaxe du langage : les *éléments* du langage et la *grammaire* du langage, laquelle dit comment combiner les éléments du langage.

L'ensemble des caractères

L'ensemble des caractères utilisables sous Maple est constitué de lettres, de chiffres et de caractères spéciaux. Les lettres sont les 26 lettres minuscules :

a, b, c, d, e, f, g, h, i, j, k, l, m, n, o, p, q, r, s, t, u, v, w, x, y, z,

et les 26 lettres majuscules :

A, B, C, D, E, F, G, H, I, J, K, L, M, N, O, P, Q, R, S, T, U, V, W, X, Y, Z.

Les 10 chiffres sont :

0, 1, 2, 3, 4, 5, 6, 7, 8, 9.

On dispose aussi de 32 *caractères spéciaux* qui sont indiqués en table 4.1. Les autres parties de ce chapitre expliqueront l'utilisation de chacun d'eux.

TABLE 4.1 Caractères spéciaux

	blanc	(	parenthèse gauche
;	point-virgule	)	parenthèse droite
:	deux points	[	crochet gauche
+	plus	]	crochet droit
-	moins	{	accolade gauche
*	astérisque	}	accolade droite
/	slash	`	accent grave (*back quote*)
^	chapeau	'	apostrophe (*single quote*)
!	point d'exclamation	"	guillemet (*double quote*)
=	égal	|	barre verticale
<	inférieur à	&	et commercial
>	supérieur à	_	souligné (*underscore*)
@	arobas	%	pourcent
$	dollar	\	antislash (*backslash*)
.	point	#	dièse
,	virgule	?	point d'interrogation

Mots

Le langage Maple autorise la combinaison de caractères pour faire des mots[1]. Les mots du langage peuvent être des mots réservés (mots-clés), des opérateurs, des chaînes de caractères, des entiers naturels ou des signes de ponctuation. Remarquons que les chaînes de caractères incluent des symboles comme **x**, **abs**, et **simplify**.

Mots réservés La table 4.2 donne la liste des *mots réservés* ou *mots-clés* de Maple. Ces mots ont une signification particulière et on ne doit donc pas s'en servir comme noms de variables dans un programme.

De nombreux autres symboles ont une signification prédéfinie sous Maple. C'est, par exemple, le cas de **sin** et **cos** qui désignent des fonctions

TABLE 4.2 Mots réservés

Mots réservés	Utilisation
if, then, elif, else, fi	branchement conditionnel
for, from, in, by, to, while, do, od	boucles for et boucles while
proc, local, global, end, option, options, description	procédures
read, save	lecture et écriture de fichiers
quit, done, stop	sortie d'une session Maple
union, minus, intersect	opérateurs ensemblistes
and, or, not	opérateurs booléens
mod	opérateur modulo

---

[1]N.d.T.: Le terme utilisé en informatique dans le domaine de la théorie des langages est *lexème* et correspond au mot *token* en anglais.

TABLE 4.3 opérateurs binaires

Opérateur	Signification	Opérateur	Signification
+	addition	<	inférieur
-	soustraction	<=	inférieur ou égal
*	multiplication	>	supérieur
/	division	>=	supérieur ou égal
**	exponentiation	=	égal
^	exponentiation	<>	non égal
$	opérateur séquence	->	opérateur flèche
@	composition	mod	modulo
@@	composition répétée	union	union ensembliste
::	déclaration de type	minus	différence ensembliste
&*string*	opérateur neutre	intersect	intersection ensembliste
.	concaténation de chaînes point décimal	and	et logique
..	ellipse	or	ou logique
,	séparateur d'expressions	&*	multiplication non commutative
:=	affectation	::	liaison de motifs

mathématiques, de expand et **simplify** qui désignent des commandes ou encore de **integer** et **list** qui sont des types. Toutefois ces symboles peuvent quand même jouer le rôle de variable dans certains programmes ou dans certains contextes, alors que les mots réservés répertoriés dans la table 4.2 sont particuliers et ne peuvent être modifiés.

Opérateurs du langage de programmation   Il y a trois types d'opérateurs : les opérateurs *binaires*, les opérateurs *unaires* et les opérateurs qui ne prennent aucun argument. ", "", et """ sont les trois seuls opérateurs qui ne prennent aucun argument. Ce sont des noms spécifiques qui désignent les trois dernières expressions calculées par Maple. Pour plus de précisions, on pourra se reporter à la partie intitulée *Les opérateurs ditto* (page 169). Les autres opérateurs sont répertoriés dans les tables 4.3 et 4.4.

Chaînes   Les noms de fonctions comme **sin** et **cos**, des noms de commande comme **expand** et **simplify** ou des noms de types comme **integer** ou **list** sont des exemples de chaînes. Une chaîne est constituée de lettres, de chiffres ou de caractères "_" (underscore) et ne doit pas commencer par un chiffre. Maple réserve les chaîne commençant par "_" à un usage exclusivement interne. Des exemples de chaînes sont **x**, **x1**, **result**, **Input_value1** et **_Z**. On obtient en général une chaîne de caractères en plaçant une suite de caractères entre deux caractères " ` " (*back quote*) :

TABLE 4.4 Opérateurs unaires

Opérateur	Signification
+	plus unaire (préfixe)
-	moins unaire (préfixe)
!	factorielle (postfixe)
$	opérateur séquence (préfixe)
not	non logique (préfixe)
&*chaîne*	opérateur neutre (préfixe)
.	point décimal (préfixe or postfixe)
%*entier*	étiquette (préfixe)

```
> `un exemple`;
```

un exemple

Il faut faire attention à ne pas confondre le caractère " ` " (accent grave ou *back quote*) qui sert à délimiter une chaîne, avec le caractère " ' " (apostrophe ou *single quote*) qui sert à retarder une évaluation. La longueur d'une chaîne n'est limitée que par des questions matérielles. C'est ainsi que pour la plupart des implémentations de Maple, une chaîne peut comporter plus d'un demi-million de caractères.

Pour faire apparaître un caractère ` (accent grave ou *back quote*) dans une chaîne, il suffit de taper deux caractères ` consécutivement :

```
> `a``b`;
```

a`b

On procède de manière analogue pour faire apparaître un caractère \ dans une chaîne :

```
> `a\\b`;
```

a\b

Un mot réservé entre deux caractères " ` " devient une chaîne Maple valide, distincte du mot réservé qui lui correspond :

```
> `while`;
```

while

Les caractères " ` " qui servent à délimiter la chaîne ne font pas partie de la chaîne. *Ces caractères ne sont pas significatifs si la chaîne qu'ils délimitent est déjà valide en leur absence* :

```
> `D2`, D2, `D2` - D2;
```

*D*2, *D*2, 0

Entiers Toute suite de un ou plusieurs chiffres constitue un *entier naturel*. Maple ignore les zéros qui se trouveraient éventuellement en tête du nombre :

> `03141592653589793238462643;`

$$3141592653589793238462643$$

La longueur maximale des entiers dépend du système mais excède en général les besoins de l'utilisateur. Sur la plupart des ordinateurs 32-bits, la limite des nombres entiers est de *524280* chiffres.

Un *entier* est soit un entier naturel soit un entier signé (entier relatif). *+nnnn* et *-nnnn* désignent des entiers signés.

> `-12345678901234567890;`

$$-12345678901234567890$$

> `+12345678901234567890;`

$$12345678901234567890$$

Séparateurs

On sépare les mots du langage Maple par des *espaces* ou des signes de ponctuation. De la sorte Maple sait où commence et où finit un mot entré par l'utilisateur.

Blancs, lignes et commentaires Les espaces, tabulations, retour-chariot (et line-feed que Maple ne distingue pas de retour-chariot) constituent les *caractères blancs*. On utilisera le terme de *newline* pour désigner retour-chariot ou line-feed et le terme de *blanc* pour désigner un espace ou une tabulation. Les caractères d'espace blanc séparent les mots mais ne constituent pas eux-mêmes un mot.

Les caractères blancs ne doivent pas apparaître au sein d'un mot :

> `a: = b;`

```
syntax error, `=` unexpected:
a: = b;
   ^
```

En revanche, on peut les utiliser librement entre les mots :

> `a * x + x*y;`

$$ax + xy$$

TABLE 4.5 *Signes de ponctuation*

;	point-virgule	(	parenthèse gauche
:	deux points	)	parenthèse droite
'	apostrophe (*single quote*)	[	crochet gauche
`	accent grave (*back quote*)	]	crochet droit
|	barre verticale	{	accolade gauche
<	crochet de dualité gauche	}	accolade droite
>	crochet de dualité droit	,	virgule

Lorsqu'un mot est une chaîne de caractères délimitée par des caractères "`" (*back quote*) il est possible d'y insérer des espaces blancs qui sont alors des caractères comme les autres.

Sur une ligne, à moins de se trouver au milieu d'une chaîne, Maple considère que tous les caractères qui suivent le caractère "#" constituent un commentaire.

Comme les caractères d'espace ou de changement de ligne ont fonctionnellement la même signification, il est possible d'entrer une déclaration sur plusieurs lignes.

```
> a:= 1 + x +
>      x^2;
```

$$a := 1 + x + x^2$$

Lorsqu'on veut entrer une déclaration dont la longueur excède la longueur d'une ligne, on peut la répartir sur deux lignes en terminant la première ligne avec le caractère "\" (*backslash*). En effet, lorsque Maple rencontre un caractère "\" suivi d'un caractère newline, l'analyseur syntaxique ignore ces deux caractères. Par ailleurs, Maple ignore les caractères "\" (*backslash*) qui apparaissent en milieu de ligne. On peut se reporter à **?backslash** pour connaître les exceptions à cette règle. On peut de la sorte entrer des grands nombres, ou encore améliorer la lisibilité de certaines déclarations.

```
> `Cette chaîne est écrite sur\
>   deux lignes`;
```

Cette chaîne est écrite sur deux lignes

```
> G:= 0.5772156649\0153286060\
> 6512090082\4024310421\5933593992;
```

$G := .57721566490153286060651209008240243104215933593992$

Signes de ponctuation La table 4.5 dresse la liste des *signes de ponctuation* utilisables avec Maple.

128 • Chapitre 4. Le langage Maple

Nous détaillons ici leur utilisation.

; et : On utilise le point-virgule (;) et les deux points (:) pour séparer des déclarations. Les deux points, contrairement au point-virgule, ont pour effet d'éviter l'affichage du résultat obtenu par Maple :

> **f:=x->x^2; p:=plot(f(x), x=0..10):**

' L'insertion d'une expression, ou d'une partie d'expression entre deux signes " ' " (apostrophe ou *single quote*) permet de retarder l'évaluation de cette expression d'un niveau. Se reporter à la partie intitulée *Expressions non évaluées* (page 181).

> **''sin''(Pi);**

$$'\sin'(\pi)$$

> **";**

$$\sin(\pi)$$

> **";**

$$0$$

` On utilise le caractère " ` " (*back quote*) pour former des chaînes de caractères. Se reporter à la partie intitulée *Chaînes* (page 124).

> **s := `This is a string.`;**

( ) Les parenthèses servent à grouper des termes dans une expression ou à délimiter les paramètres dans un appel de fonction :

> **(a+b)*c; cos(Pi);**

[ ] On utilise les crochets pour créer des noms indexés et pour sélectionner des composants d'objets agrégés comme les tableaux, les tables ou les listes. Se reporter à la partie intitulée *Sélection* (page 160).

> **a[1]; L:=[2,3,5,7]; L[3];**

[ ] et { } Les crochets s'utilisent pour définir les listes, les accolades pour définir des ensembles. Se reporter à la partie intitulée *Ensembles et listes* (page 159).

> **L:=[2,3,5,2]; S:={2,3,5,2};**

<> Les crochets (de dualité) servent à former des groupements :

> **<2,3,5,7>;**

, La virgule sert à former des séquences, à séparer les arguments d'une fonction et à séparer les éléments d'une liste ou d'un ensemble. Se reporter à la partie intitulée *Séquences* (page 155).

```
> sin(Pi), 0, limit(cos(xi)/xi, xi=infinity);
```

4.2 Caractères d'échappement

Les *caractères d'échappement* sont **?**, **!**, **#**, et ****. Nous décrivons ici leur signification.

? S'il apparaît comme premier caractère non blanc d'une ligne, le point d'interrogation à pour effet d'appeler l'*aide en ligne* de Maple. Les mots qui suivent **?** sur la même ligne définissent les arguments passés à la procédure d'aide. Il convient d'utiliser soit ",", soit "**/**" pour séparer ces mots.

! S'il apparaît comme premier caractère non blanc d'une ligne, le point d'exclamation sert à passer le reste de la ligne comme une commande au système d'exploitation. Cette possibilité n'est disponible que sur certaines plate-formes.

Le dièse indique à Maple que tous les caractères qui le suivent sur la ligne sont à considérer comme des *commentaires*. En d'autres termes, Maple ignore tout ce qui suit **#**.

** On utilise le caractère "**" (*backslash*) pour écrire une déclaration sur plusieurs lignes, ou pour grouper des caractères dans un mot. Se reporter à la partie intitulée *Blancs, lignes et commentaires* (page 126).

4.3 Instructions

Le langage Maple comporte huit types d'instructions :

1. les instructions d'affectation
2. les instructions de sélection
3. les instructions de répétition
4. l'instruction **read**
5. l'instruction **save**
6. l'instruction vide
7. l'instruction **quit**
8. les expressions

La partie intitulée *Expressions* (page 144) décrit les expressions en détail. Dans la suite de cette partie, *Expr* désigne une expression quelconque et *SeqInst* désigne une séquence d'instructions.

L'instruction d'affectation

La syntaxe d'une instruction d'affectation est la suivante :

$$\boxed{\text{Nom} \;:=\; \text{Expr;}}$$

Ceci a pour effet d'affecter la valeur de la variable *Nom* au résultat de l'exécution de l'expression *Expr*.

Noms Un *nom* peut être une *chaîne* ou bien un *nom indexé*. Les noms jouent le rôle d'inconnues dans les formules. Ils servent aussi de variables pour la programmation. Un nom devient une variable de programmation lorsque Maple lui affecte une valeur. Tant qu'aucune valeur n'a été affectée à un nom, ce nom demeure une inconnue :

```
> 2*y - 1;
```
$$2y - 1$$

```
> x := 3; x^2 + 1;
```
$$x := 3$$
$$10$$

```
> a[1]^2;    a[1] := 3;    a[1]^2;
```
$$a_1{}^2$$
$$a_1 := 3$$
$$9$$

```
> f[Cu] := 1.512;
```
$$f_{Cu} := 1.512$$

Pour définir une fonction, on peut utiliser la *notation flèche* "->" :

```
> phi := t -> t^2;
```
$$\phi := t \to t^2$$

Remarquons que ce qui suit ne définit pas une fonction. Au contraire on crée de la sorte une entrée dans la table de remember de **phi** (se reporter à la partie intitulée *Tables de remember* (page 78)) :

```
> phi(t) := t^2;
```
$$\phi(t) := t^2$$

La partie intitulée *Notation fonctionnelle* (page 197) décrit les différentes façons de définir une fonction.

Noms indexés Une autre forme possible de noms est le *nom indexé* qui est de la forme :

> Nom [Séquence]

Un nom indexé étant une forme valide de noms, il est possible de mettre des indices aux indices :

> `A[1,2];`

$$A_{1,2}$$

> `A[i,3*j-1];`

$$A_{i,3j-1}$$

> `b[1][1], data[Cu,gold][1];`

$$b_{1_1}, data_{Cu,gold_1}$$

Le recours au nom indexé `A[1,2]` n'implique pas que `A` est un tableau comme c'est le cas dans certains langages de programmation. L'instruction :

> `a := A[1,2] + A[2,1] - A[1,1]*A[2,2];`

$$a := A_{1,2} + A_{2,1} - A_{1,1} A_{2,2}$$

est une formule faisant apparaître quatre noms indexés. Toutefois, si `A` est un tableau ou une table, alors `A[1,1]` désigne bien l'élément $(1,1)$ de ce tableau ou de cette table.

L'opérateur de concaténation De manière générale, on peut former un *nom* (qui est une chaîne ou une chaîne indexée) de trois manières :

> Nom . EntierNaturel
> Nom . Chaîne
> Nom . (Expression)

Comme un *nom* peut apparaître dans la partie gauche, Maple permet la concaténation récursive. Voici quelques exemples d'utilisation de l'opérateur de concaténation pour former des noms :

$$v.5 \quad p.n \quad a.(2*i) \quad V.(1..n) \quad r.i.j$$

L'opérateur de concaténation est un opérateur binaire qui requiert une chaîne pour l'opérande de gauche. Bien que Maple évalue d'habitude les expressions de gauche à droite, il évalue les noms de droite à gauche. Plus précisément, Maple évalue l'opérande de droite puis le concatène à l'opérande de gauche. Si l'évaluation de l'opérande de droite résulte en un entier ou une chaîne, alors le résultat de la concaténation est un nom. Si le résultat de l'évaluation de l'opérande de droite est d'un autre type, par exemple une formule, alors le résultat de l'opération est un objet concaténé non évalué :

```
> p.n;
```

$$pn$$

```
> n := 4: p.n;
```

$$p4$$

```
> p.(2*n+1);
```

$$p9$$

```
> p.(2*m+1);
```

$$p.(2\,m+1)$$

Si l'*Expression* de droite est une séquence ou un intervalle et que les bornes de l'intervalle soient des entiers, alors Maple crée une séquence de noms :

```
> x.(a, b, 4, 67);
```

$$xa, xb, x4, x67$$

```
> x.(1..5);
```

$$x1, x2, x3, x4, x5$$

Si plusieurs intervalles apparaissent, Maple compose la séquence de tous les noms composés possibles :

```
> x.(1..2).(1..3);
```

$$x11, x12, x13, x21, x22, x23$$

Maple évalue l'objet le plus à gauche comme un nom plutôt que de l'évaluer complètement. Des concaténations peuvent aussi être réalisées à l'aide de la commande **cat** selon la syntaxe suivante :

> cat(*Séquence*)

Remarquons que tous les arguments de la commande **cat** sont évalués normalement (comme pour n'importe quel appel de fonctions). C'est pourquoi :

```
> cat( a, b, c );
```

$$abc$$

est équivalent à :

```
> `` . a . b . c;
```

$$abc$$

Noms protégés   De nombreux noms ont une signification prédéfinie pour Maple. On ne peut donc leur affecter directement une valeur. C'est, par exemple, le cas pour les noms de fonctions numériques comme **sin** ou pour des fonctions comme **degree** (qui calcule le degré d'un polynôme), des commandes comme **diff** (qui permet de calculer des dérivées), ou encore pour des noms de types comme **integer** et **list**. Tous ces noms sont des noms protégés. Lorsque l'utilisateur essaie de leur affecter une valeur, cela déclenche une erreur :

```
> list := [1,2];

Error,
attempting to assign to `list` which is protected
```

Le système protège ces noms contre une affectation accidentelle. Il est toutefois possible de faire une affectation à l'un de ces noms en commençant par enlever sa protection de la manière suivante :

```
> unprotect(sin);
> sin := `truc`;
```

$$\mathrm{sin} := truc$$

Néanmoins, après une telle affectation, les parties de Maple qui reposent sur la définition de la fonction sinus ne vont plus fonctionner correctement.

```
> plot( sin, 0..2*Pi);

%Warning in iris-plot: empty plot
%CORRECTION apres etude de l'exemple
Plotting error, empty plot
```

On peut aussi écrire des programmes dans lesquels on souhaite éviter que l'utilisateur fasse des affectations à certains noms. Il suffit de protéger ces noms à l'aide de la commande **protect** :

```
> carre := x -> x^2;
```

$$carre := x \rightarrow x^2$$

```
> protect( carre );
> carre := 9;
```

```
Error,
attempting to assign to `carre` which is protected
```

Désaffectation

Lorsque des noms ne contiennent pas de valeur, ils jouent le rôle d'inconnues. Lorsque ces noms contiennent des valeurs, ils deviennent des variables. On a souvent besoin d'effacer le contenu de variables, c'est-à-dire de désaffecter une variable à laquelle on avait préalablement affecté une valeur, afin de pouvoir l'utiliser à nouveau comme une inconnue. Pour effacer le contenu d'une variable, il suffit d'*affecter à cette variable son propre nom*. Maple comprend qu'il faut effacer le contenu de cette variable. La commande

> **evaln(*Nom*)**

évalue *Nom* comme un nom (au lieu d'évaluer son contenu comme cela se produirait lors d'un appel de fonction normal). On peut donc aussi désaffecter un nom de la manière suivante :

```
> a := evaln(a);
```
$$a := a$$

```
> i := 4;
```
$$i := 4$$

```
> a[i] := evaln(a[i]);
```
$$a_4 := a_4$$

```
> a.i := evaln(a.i);
```
$$a4 := a4$$

Dans le cas particulier où *nom* est une chaîne, il est aussi possible de désaffecter la variable en retardant l'évaluation du membre de droite grâce au caractère " ' " (apostrophe ou *single quote*) :

```
> a := 'a';
```
$$a := a$$

Pour plus de détails, se reporter à la partie intitulée *Expressions non évaluées* (page 181).

Fonctions liées   On peut utiliser la commande **assigned** pour déterminer si un nom est affecté d'une valeur ou non :

```
> assigned(a);
```

false

La commande **assign** affecte une valeur à une variable :

```
> assign( a=b );
> assigned(a);
```

true

```
> a;
```

b

Maple évalue tous les arguments de **assign**. C'est pourquoi, compte tenu de l'ordre précédent **assign(a=b)**, Maple affecte ici la valeur 2 à **b** :

```
> assign( a=2 );
> b;
```

$$2$$

Une évaluation de **a** au premier niveau montre que son contenu est bien conservé :

```
> eval( a, 1 );
```

b

Un changement de la valeur de **a** ne modifie pas la valeur de **b** :

```
> a := 3;
```

$$a := 3$$

```
> b;
```

$$2$$

On utilise souvent la commande **assign** lors de la résolution de systèmes d'équations. On veut, par exemple, étudier :

```
> eqn1   :=   x + y = 2:
> eqn2   :=   x - y = 3:
> sol := solve( {eqn1, eqn2}, {x, y} );
```

$$sol := \left\{ y = \frac{-1}{2}, x = \frac{5}{2} \right\}$$

On peut demander à Maple d'affecter à **x** et **y** les valeurs de l'ensemble des solutions :

```
> assign(sol);
> x;
```

$$\frac{5}{2}$$

```
> assigned(x);
```

true

Rappelons qu'il n'est pas toujours judicieux d'affecter une valeur à certaines expressions comme **f(x)**. Se reporter à la partie intitulée *Tables de remember* (page 78).

Branchement conditionnel

L'instruction de branchement conditionnel peut prendre quatre formes différentes. Les deux premières formes sont :

```
if Expr then SeqInst fi;
if Expr then SeqInst1 else SeqInst2 fi;
```

Une instruction de branchement est exécutée de la manière suivante : Maple évalue le booléen *Expr* et si le résultat est la valeur booléenne **true**, alors Maple exécute les instructions de la clause **then**. Si le résultat est **false** ou **FAIL**[2], alors Maple exécute les instructions de la clause **else** (s'il y en a une) :

```
> x := -2:
> if x<0 then 0 else 1 fi;
```

$$0$$

Expr doit conduire à l'une des valeurs booléennes **true, false**, or **FAIL**. Se reporter à la partie intitulée *Expressions booléennes* (page 175).

```
> if x then 0 else 1 fi;

Error, invalid boolean expression
```

La clause **else** est facultative :

```
> if x>0 then x := x-1 fi;
> x;
```

$$-2$$

---

[2]N.d.T. : rappelons que Maple fonctionne avec une logique à trois états. **true** et **false** correspondent aux valeurs vrai et faux de la logique mathématique conventionnelle. **FAIL** est retourné lorsque Maple ne sait pas déterminer si l'expression considérée se réduit à **true** ou à **false**.

On peut imbriquer des instructions de branchement. Voici comment on pourrait déterminer le signe d'un nombre :

```
> if x > 1 then 1
> else if x=0 then 0 else -1 fi
> fi;
```

L'exemple suivant illustre l'utilisation de la valeur **FAIL** :

```
> r := FAIL:
> if r then
>    print(1)
> else
>    if not r then
>       print(0)
>    else
>       print(-1)
>    fi
> fi;
```

$$-1$$

L'utilisation de branchements imbriqués devient vite fastidieuse et illisible lorsque de nombreux cas doivent être envisagés. Face à de telles situations, Maple permet d'utiliser les alternatives suivantes :

> if *Expr1* then *SeqInst1* elif *Expr2* then *SeqInst2* fi;
> if *expr* then *SeqInst* elif *expr* then *SeqInst*
> else *SeqInst* fi;

On peut utiliser plusieurs fois **elif** *Expr* **then** *SeqInst* dans la même instruction. On implémente ainsi la fonction signe en ayant recours à une seule clause **elif** :

```
> x := -2;
```

$$x := -2$$

```
> if x<0 then -1
> elif x=0 then 0
> else 1
> fi;
```

$$-1$$

Sous cette forme on peut voir que l'instruction de branchement implémente une instruction "case" que présentent certains langages comme PASCAL, la clause optionnelle **else** servant à définir le traitement par défaut (clause "otherwise" de certaines versions du langage PASCAL). Par exemple, si l'on veut écrire un programme qui accepte un paramètre *n* pouvant prendre les quatre valeurs 0, 1, 2, 3, on peut écrire :

```
> n := 5;
```

$$n := 5$$

```
> if   n=0 then 0
> elif n=1 then 1/2
> elif n=2 then sqrt(2)/2
> elif n=3 then sqrt(3)/2
> else ERROR(`bad argument`, n)
> fi;
```

Error, bad argument, 5

Les boucles

L'instruction de boucle la plus générale est la boucle **for**. Toutefois, il existe d'autres moyens de réaliser des boucles de façon concise et efficace (se reporter à la partie intitulée *Autres structures de boucles* (page 186)). Les boucles **for** existent sous deux formes : les boucles **for-from** et les boucles **for-in**.

Les boucles `for-from`   Une boucle **for-from** typique a la forme suivante :

```
> for i from 2 to 5 do i^2 od;
```

$$4$$
$$9$$
$$16$$
$$25$$

Maple commence par affecter la valeur 2 à **i**. Comme 2 est inférieur à 5, Maple exécute les instructions qui se trouvent entre **do** et **od**. Maple incrémente ensuite **i** de 1, compare la valeur de **i** à 5 et exécute de nouveau les instructions comprises entre **do** et **od**. Maple poursuit de la même manière jusqu'à ce que la valeur de **i** soit strictement supérieure à 5.

```
> i;
```

$$6$$

La syntaxe d'une boucle **for-from** est la suivante :

```
for nom from expr by expr to expr while expr
do SeqInst od;
```

TABLE 4.6 Valeurs par défaut des clauses

Clause	Valeur par défaut
for	variable muette
from	1
by	1
to	infinity
while	true

On peut omettre chacune des clauses **for** *Nom*, **from** *Expr*, **by** *Expr*, **to** *Expr*, or **while** *Expr*. On peut omettre la séquence d'instructions *SeqInst*. A l'exception de la clause **for** qui doit apparaître en premier, l'ordre des clauses est indifférent. Si une clause est omise, il lui est affecté une valeur par défaut. Cette valeur par défaut est indiquée dans la table 4.6.

C'est ainsi qu'on aurait pu traiter l'exemple précédent de la manière suivante :

```
> for i from 2 by 1 to 5 while true do i^2 od:
```

Si la clause **by** comprend un nombre négatif, la boucle **for** compte à rebours :

```
> for i from 5 to 2 by -1 do i^2 od;
```

$$25$$
$$16$$
$$9$$
$$4$$

Pour trouver le premier nombre premier supérieur à 10^7 on pourrait écrire :

```
> for i from 10^7 while not isprime(i) do od;
```

A présent, **i** contient la valeur du nombre premier recherché :

```
> i;
```

$$10000019$$

Remarquons que le corps de la boucle est vide. Maple permet les instructions vides. On peut améliorer le programme précédent en ne considérant que les nombres impairs :

```
> for i from 10^7+1 by 2 while not isprime(i) do od;
> i;
```

$$10000019$$

Voici un exemple d'action identique répétée *n* fois. On jette un dé cinq fois :

```
> die := rand(1..6):
> to 5 do die(); od;
```

$$4$$
$$3$$
$$4$$
$$6$$
$$5$$

Si l'on omet toutes les clauses facultatives on crée une boucle infinie.

> do *SeqInst* od;

qui équivaut à :

> for *Nom* from 1 by 1 to infinity while true do *SeqInst* od;

Une telle boucle ne s'arrêtera jamais, à moins qu'elle ne soit interrompue par un **break**, par une instruction RETURN (se reporter aux parties intitulées **break** *et* **next** (page 142) et *Retours explicites* (page 212)), par Maple à cause d'une instruction **quit**, ou par la survenue d'une erreur.

Les boucles while Une boucle **while** est une boucle **for** dont toutes les clauses ont été omises à l'exception de la clause **while**. Sa syntaxe est donc :

> while *Expr* do *SeqInst* od;

L'expression *Expr* est appelée la *condition*. Elle doit être de type booléen, c'est-à-dire s'évaluer en **true, false**, ou **FAIL**. Voici un exemple de boucle **while** :

```
> x := 256;
```

$$x := 256$$

```
> while x>1 do x := x/4 od;
```

$$x := 64$$
$$x := 16$$
$$x := 4$$
$$x := 1$$

La boucle **while** fonctionne de la manière suivante. Maple évalue d'abord la condition. Si le résultat de son évaluation est **true**, alors Maple exécute le corps de la boucle. Ce schéma est répété jusqu'à ce que l'évaluation de la condition conduise à **false** ou **FAIL**. Remarquons que Maple évalue la condition *avant* d'exécuter le corps de la boucle. Une erreur se produit si le résultat de l'évaluation de la condition ne conduit pas à **true**, **false**, ou **FAIL** :

```
> x := 1/2:
> while x>1 do x := x/2 od;
> x;
```

$$\frac{1}{2}$$

```
> while x do x := x/2 od;
Error, invalid boolean expression
```

Les boucles for-in Supposons qu'on cherche les entiers inférieurs à 7 dans une liste d'entiers. On peut écrire :

```
> L := [7,2,5,8,7,9];
```

$$L := [7, 2, 5, 8, 7, 9]$$

```
> for i in L do
>     if i <= 7 then print(i) fi;
> od;
```

$$7$$
$$2$$
$$5$$
$$7$$

Dans cet exemple, on parcourt les composants d'un objet, en l'occurrence une liste. Cet objet pourrait être un ensemble, les termes d'une somme, ou les facteurs d'un produit. La syntaxe d'une boucle **for-in** est

> for *Nom* in *Expr* while *Expr* do *SeqInst* od;

Le compteur de boucle (le *Nom* spécifié dans la clause **for**) va prendre successivement les valeurs des différents opérandes de l'expression à laquelle il s'applique (se reporter à la partie intitulée *Représentation interne des expressions* (page 145) pour des compléments concernant les opérandes associés à chaque type de données). On peut tester la valeur du compteur dans la clause **while** optionnelle, et cette valeur est, bien sûr, disponible lors de l'exécution du corps de la boucle. Remarquons que la valeur du compteur de boucle demeure affectée après l'exécution de la boucle si l'objet contient au moins un opérande.

break et next Le langage Maple fournit deux autres instructions pour gérer les boucles : **break** et **next**. Lorsque Maple évalue le mot réservé **break**, Maple sort de la boucle de plus bas niveau au cours de laquelle a été rencontré **break**. L'exécution continue avec le déroulement de l'instruction qui suit immédiatement la boucle qui a été interrompue.

```
> L := [2, 5, 7, 8, 9];
```
$$L := [2, 5, 7, 8, 9]$$

```
> for i in L do
>     print(i);
>     if i=7 then break fi;
> od;
```

$$2$$
$$5$$
$$7$$

Lorsque Maple évalue le mot réservé **next**, Maple procède directement à l'itération suivante. Par exemple, si l'on veut sauter les éléments d'une liste qui sont égaux à 7, on peut faire :

```
> L := [7,2,5,8,7,9];
```
$$L := [7, 2, 5, 8, 7, 9]$$

```
> for i in L do
>     if i=7 then next fi;
>     print(i);
> od;
```

$$2$$
$$5$$
$$8$$
$$9$$

Une erreur se produit si Maple rencontre **break** ou **next** en dehors d'une boucle :

```
> next;

Error, break or next not in loop
```

Les instructions **read** et **save**

La gestion des fichiers constitue une part importante de Maple. L'utilisateur peut travailler avec des fichiers de façon explicite à l'aide d'instructions comme **read** ou **save**, ou de façon implicite en exécutant des commandes qui chargent automatiquement des informations à partir d'un fichier. Le calcul d'une intégrale peut nécessiter le chargement de nombreuses commandes de la bibliothèque Maple. Les instructions **read** et **save** lisent et écrivent respectivement des données dans un fichier (voir aussi le chapitre 9).

Sauver une session Maple   La commande **save** peut prendre deux formes. La première forme est :

> **save** NomFichier;

Elle conduit Maple à écrire le contenu de la session courante dans le ficher dont on a indiqué le nom. On peut ensuite lire le contenu de cette session dans le fichier en utilisant la commande **read**. L'expression NomFichier doit s'évaluer en un nom de fichier. Si le nom se termine par le suffixe ".m", alors Maple enregistre le fichier sous un format interne. Dans le cas contraire, les fichiers sont sauvegardés en format texte. Le format de fichier interne n'est pas lisible pour un utilisateur. Les fichiers ".m" sont codés en binaire par Maple, de manière à être plus compacts et plus vite lus que des fichiers textes. Si le nom de fichier ne présente pas le suffixe ".m" il est écrit en ASCII. Maple sauve les valeurs obtenues au cours de la session comme une séquence d'instructions. Supposons qu'on ait calculé les valeurs suivantes :

```
> r0 := x^3:
> r1 := diff(r0,x):
> r2 := diff(r1,x):
```

Voici comment sauver ces résultats au format ASCII dans le fichier **rvalues**.

```
> save rvalues;
```

On peut aussi sauver les résultats au format interne en faisant :

```
> save `rvalues.m`;
```

Remarquons qu'il convient cette fois de délimiter le nom du fichier entre deux caractères "`" (accent grave ou *back quote*) à cause de la présence du caractère "." dans le nom du fichier.

Sauvegarde de valeurs particulières Il est possible de sauvegarder des variables particulières à l'aide de la commande **save**. La syntaxe de la commande a la forme générale suivante :

> **save** *SeqDeNoms*, *NomFichier*;

Dans ce cas *SeqDeNoms* doit être une séquence de noms de variables affectées. Maple sauve chaque variable et sa valeur dans le fichier *Nom-Fichier*. Maple évalue tous les arguments sauf le dernier en un nom. Le dernier argument est évalué comme une instruction normale.

Pour sauver les variables **r1** et **r2** dans le fichier ASCII **mon_fichier** on peut faire :

```
> save r1, r2, `mon_fichier`;
```

La commande read La commande **read** s'utilise de la manière suivante :

> **read** *NomFichier*;

Elle permet de lire un fichier dans la session Maple courante. Le nom *NomFichier* doit s'évaluer en une chaîne spécifiant le nom du fichier choisi. Le fichier doit être soit un fichier texte, soit un fichier au format interne Maple.

Lecture de fichiers textes Si le fichier lu est un fichier texte, il doit contenir une suite d'instructions Maple valides, séparées par des caractères ":" ou ";". La lecture du fichier a le même effet que la frappe au clavier d'une suite de commandes identiques à celles se trouvant dans le fichier. Maple affiche le résultat de l'exécution de chaque commande lue dans le fichier.

4.4 Expressions

Les expressions sont les entités fondamentales du langage Maple. Elles comprennent les constantes, les noms de variables et d'inconnues, les formules, les expressions booléennes, les séries et bien d'autres structures de données. Les procédures sont aussi considérées comme des expressions. Le chapitre 5 leur est consacré. La page d'aide en ligne **?precedence** donne l'ordre de priorité de tous les opérateurs du langage de programmation.

4.4 Expressions

TABLE 4.7 Fonctions manipulant les expressions

`type(f, t)`	détermine si f est de type t
`nops(f)`	renvoie le nombre d'opérandes de f
`op(i, f)`	sélectionne i-ième opérande de f
`subsop(i=g, f)`	remplace le i-ième opérande de f par g

Représentation interne des expressions

Nous allons commencer par examiner la structure d'une formule particulière :

```
> f := sin(x) + 2*cos(x)^2*sin(x) + 3;
```

$$f := \sin(x) + 2\cos(x)^2 \sin(x) + 3$$

Pour représenter cette formule, Maple construit l'arbre suivant[3]

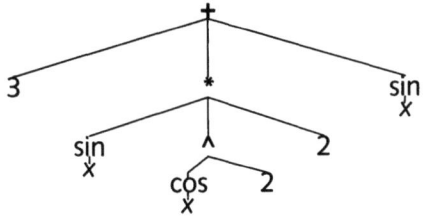

Le premier nœud (la racine) de l'arbre est étiqueté "+" et représente une somme. La racine de l'arbre indique le *type* de l'expression. L'expression considérée dans l'exemple a trois branches correspondant aux trois termes de la somme. Le nœud commençant chaque sous-arbre indique le type de chaque terme de la somme. Ce schéma se poursuit de façon récursive jusqu'aux feuille de l'arbre, qui sont des noms et des entiers dans l'exemple considéré.

Lorsqu'on programme avec des expressions, on a besoin de connaître le type des expressions manipulées ainsi que le nombre de leurs opérandes. On a aussi besoin de sélectionner ces opérandes ou de construire de nouvelles expressions à partir de ces opérandes. La table 4.7 donne une liste de fonctions permettant la manipulation des expressions.

```
> type(f, `+`);
```

true

```
> type(f, `*`);
```

false

---

[3] N.d.T. : un tel arbre se lit de haut en bas et se décrit avec un vocabulaire généalogique : les nœuds situés sous la racine sont ses fils et les fils d'un même nœud sont des frères.

```
> nops(f);
```
$$3$$

```
> op(1, f);
```
$$\sin(x)$$

```
> subsop(2=0, f);
```
$$\sin(x) + 3$$

En déterminant le type d'une expression et le nombre de ses opérandes, puis en sélectionnant chacun de ces opérandes on peut parcourir de façon systématique toute une expression.

```
> t := op(2, f);
```
$$t := 2\,\cos(x)^2\,\sin(x)$$

```
> type(t, `*`);
```
$$\textit{true}$$

```
> nops(t);
```
$$3$$

```
> type(op(1,t), integer);
```
$$\textit{true}$$

```
> type(op(2,t), `^`);
```
$$\textit{true}$$

```
> type(op(3,t), function);
```
$$\textit{true}$$

La commande **op** peut être utilisée de différentes façons. La première est :

$$\boxed{\mathbf{op}(i..j,\ f)}$$

qui renvoie la séquence

$$\boxed{\mathbf{op}(i,\ f),\ \mathbf{op}(i+1,\ f),\ \ldots,\ \mathbf{op}(j-1,\ f),\ \mathbf{op}(j,\ f)}$$

des opérandes de f. On obtient la séquence de tous les opérandes d'une expression avec :

4.4 Expressions

$$\boxed{\texttt{op}(f)}$$

qui est équivalent à **op(1..nops(f),f)**. L'opérande particulier **op(0,f)** renvoie en général le type d'une expression. Il y a une exception à cette règle lorsque l'expression *f* considérée est une fonction, auquel cas **op(0,f)** renvoie le nom de la fonction.

```
> op(0, f);
```
$$+$$

```
> op(1..3, f);
```
$$\sin(x), 2\cos(x)^2\sin(x), 3$$

```
> op(0, op(1,f));
```
$$\sin$$

```
> op(0, op(2,f));
```
$$*$$

```
> op(0, op(3,f));
```
$$integer$$

Evaluation et simplification   Considérons l'exemple suivant :

```
> x := Pi/6:
> sin(x) + 2*cos(x)^2*sin(x) + 3;
```
$$\frac{17}{4}$$

Lorsque Maple exécute la deuxième ligne de commande, il filtre l'expression pour construire l'arbre qui va représenter :

$$\sin(x) + 2\cos(x)^2\sin(x) + 3$$

Ensuite Maple *évalue* l'arbre puis *simplifie* le résultat. L'évaluation entraîne la substitution de valeurs à certaines variables ainsi que l'appel à certaines fonctions. Ici *x* prend la valeur $\pi/6$, de sorte que l'expression prend la forme :

$$\sin(\pi/6) + 2\cos(\pi/6)^2\sin(\pi/6) + 3$$

L'appel aux fonctions sin et cos conduit au nouvel arbre :

$$1/2 + 2 \times (1/2\sqrt{3})^2 \times 1/2 + 3$$

TABLE 4.8 Sous-types du type integer

negint	entier négatif
posint	entier positif (entier naturel)
nonnegint	entier non négatif
even	entier pair
odd	entier impair
prime	nombre premier

Maple simplifie cet arbre pour finalement obtenir la fraction 17/4. Dans l'exemple suivant se produit une évaluation, mais aucune simplification n'est possible :

```
> x := 1;
```

$$x := 1$$

```
> sin(x) + 2*cos(x)^2*sin(x) + 3;
```

$$\sin(1) + 2\,\cos(1)^2\,\sin(1) + 3$$

Nous allons maintenant présenter en détail chaque sorte d'expression, en commençant par les constantes. Dans chaque cas nous dirons comment entrer l'expression, donnerons des exemples d'utilisation et indiquerons l'action des commandes **type**, **nops**, **op**, et **subsop** sur l'expression considérée.

Les constantes numériques de Maple sont les entiers, les fractions, et les nombres flottants (ou nombres décimaux). Les constantes numériques complexes comprennent les entiers complexes (entiers de Gauss), les complexes rationnels et les complexes flottants.

Entiers, chaînes, noms indexés et concaténations

Le type d'un entier est **integer**. La commande **type** admet aussi les sous-types répertoriés dans la table 4.8. Les commandes **op** et **nops** considèrent qu'un entier n'a qu'un seul opérande, à savoir l'entier lui-même :

```
> x := 23;
```

$$x := 23$$

```
> op(0, x);
```

integer

```
> op(x);
```

23

```
> type(x, prime);
```
$$true$$

Le type d'une chaîne est **string**. Une chaîne n'a qu'un seul opérande : sa valeur si elle est affectée, son nom dans le cas contraire.

```
> s := `Est-ce que ceci est une chaîne ?`;
```
$$s := \textit{Est ce que ceci est une chaîne ?}$$

```
> type(s, string);
```
$$true$$

```
> nops(s);
```
$$1$$

```
> op(s);
```
$$\textit{Est ce que ceci est une chaîne ?}$$

Le type d'un nom indexé est **indexed**. Les opérandes d'un nom indexé sont ses indices (dans l'ordre) et son opérande zéro est un nom. La commande **type** admet aussi le type composé **name** que Maple définit comme étant une chaîne (**string**) ou un nom indexé (**indexed**).

```
> x := A[1][2,3];
```
$$x := A_{1_{2,3}}$$

```
> type(x, indexed);
```
$$true$$

```
> nops(x);
```
$$2$$

```
> op(x);
```
$$2, 3$$

```
> op(0,x);
```
$$A_1$$

```
> y:=";
```
$$y := A_1$$

```
> type(y, indexed);
```
$$true$$

> nops(y), op(0,y), op(y);

$$1, A, 1$$

Enfin, le type d'une concaténation non évaluée est " . " :

> c := p.(2*m + 1);

$$c := p.(2\,m+1)$$

> type(c, `.`);

$$true$$

> op(0, c);

> nops(c);

$$2$$

> op(c);

$$p, 2\,m+1$$

Fractions et nombres rationnels

Une *fraction* est définie par :

> | integer / natural |

Maple effectue des calculs arithmétiques *exacts* avec les fractions et les entiers. Maple simplifie systématiquement une fraction de manière à obtenir dénominateur positif et premier avec le numérateur.

> -30/12;

$$\frac{-5}{2}$$

Si le dénominateur de la fraction devient 1 après simplification, Maple convertit aussitôt cette fraction en un entier. La commande **type** admet aussi le type composé **rational**, qui est défini comme étant un entier (**integer**) ou une fraction (**fraction**), c'est-à-dire un nombre rationnel :

> x := 4/6;

$$x := \frac{2}{3}$$

```
> type(x,rational);
```
true

Une fraction a deux opérandes qui sont le numérateur et le dénominateur de cette fraction. Outre la commande **op**, on peut utiliser les commandes **numer** et **denom** pour extraire respectivement le numérateur et le dénominateur d'une fraction.

```
> op(1,x), op(2,x);
```
$$2, 3$$

```
> numer(x), denom(x);
```
$$2, 3$$

Nombres flottants (nombres décimaux)

Un *nombre flottant non signé* a l'une des formes suivantes :

```
natural.natural
natural.
.natural
natural exponent
natural.natural exponent
.natural exponent
```

où l'exponentielle se distingue par la lettre "e" ou "E" suivie d'un entier signé. Un *nombre flottant* peut être un flottant non signé (**unsigned_float**) ou un flottant signé (**float**).

```
> 1.2,   -2.,   +.2;
```
$$1.2, -2., .2$$

```
> 2e2,   1.2E+2,   -.2e-2;
```
$$200., 120., -.002$$

Remarquons que :

```
> 1.e2;

syntax error, missing operator or `;`:
1.e2;
   ^
```

ne constitue pas une entrée valide. Les espaces sont significatifs :

```
> .2e -1 <> .2e-1;
```

$$-.8 \neq .02$$

Le type d'un nombre flottant est **float**. La commande **type** admet aussi le type composé **numeric** que Maple définit comme étant un entier (**integer**), une fraction (**fraction**) ou un nombre flottant (**float**). Un nombre flottant a deux opérandes : sa mantisse m et son exposant e. Le nombre flottant représenté est donc $m \times 10^e$.

```
> x := 231.3;
```

$$x := 231.3$$

```
> op(1,x);
```

$$2313$$

```
> op(2,x);
```

$$-1$$

On peut aussi entrer un nombre flottant en utilisant la commande :

$$\boxed{\texttt{Float}(m,\ e)}$$

qui construit le nombre $m \times 10^e$.

Maple représente la mantisse d'un nombre flottant comme un entier. Sa longueur peut dépasser 500000 chiffres significatifs. En revanche, Maple restreint la longueur de l'exposant à la longueur d'un entier machine. Cette taille dépend de la plate-forme utilisée, mais est en général d'au moins neuf chiffres. On peut aussi entrer un nombre flottant de la forme $m \times 10^e$ en multipliant par une puissance de 10. Mais dans ce cas Maple va calculer l'expression 10e avant de multiplier par la mantisse. Cette méthode est donc inefficace pour les grands exposants.

Arithmétique des nombres flottants Pour les opérations arithmétiques et pour les fonctions usuelles, dès qu'un opérande (ou qu'un argument) se révèle être du type flottant, Maple effectue les calculs en virgule flottante. La variable globale **Digits**, qui vaut 10 par défaut, définit le nombre de chiffres significatifs calculés par Maple dans les opérations (c'est le nombre de chiffres des mantisses).

```
> x := 2.3:  y := 3.7:
> 1 - x/y;
```

$$.3783783784$$

Il est en général possible de recourir à la commande **evalf** pour forcer l'évaluation des nombres qui sont a priori d'un type autre que flottant.

```
> x := ln(2);
```
$$x := \ln(2)$$
```
> evalf(x);
```
$$.6931471806$$

Un deuxième argument optionnel peut être passé à **evalf** pour spécifier la précision de l'évaluation demandée à Maple.

```
> evalf(x,15);
```
$$.693147180559945$$

Constantes numériques complexes

Par défaut, **I** désigne le nombre complexe i pour Maple. En fait, toutes les écritures suivantes sont équivalentes :

```
> sqrt(-1), I, (-1)^(1/2);
```
$$I, I, I$$

Un nombre complexe $a+bi$ est entré comme la somme **a + b*I**. Maple n'utilise donc pas de représentation spécifique pour les nombres complexes. On dispose des commandes **Re** et **Im** pour sélectionner respectivement la partie réelle et la partie imaginaire d'un nombre complexe.

```
> x := 2+3*I;
```
$$x := 2 + 3I$$
```
> Re(x), Im(x);
```
$$2, 3$$

Le type le plus général de nombre complexe est **complex(numeric)**. Cela signifie que les parties réelle et imaginaire du complexe considéré sont de type **numeric**, c'est-à-dire des entiers, des fractions ou des nombres flottants. D'autres types concernant les nombres complexes sont détaillés en table 4.9.

Maple procède automatiquement à certains calculs arithmétiques sur les complexes :

```
> x := (1 + I);   y := 2.0 - I;
```
$$x := 1 + I$$

TABLE 4.9 Types de nombres complexes

`complex(integer)`	a et b sont tous les deux entiers, éventuellement nuls
`complex(rational)`	a et b sont rationnels
`complex(float)`	a et b sont des nombres flottants
`complex(numeric)`	n'importe lequel des types précédents

$$y := 2.0 - 1.I$$

> `x+y;`

$$3.0$$

Maple sait aussi évaluer un certain nombre de fonctions usuelles sur les nombres complexes. Les calculs sont menés automatiquement si a et b sont des constantes numériques et si l'un d'eux est un nombre décimal :

> `exp(2+3*I), exp(2+3.0*I);`

$$e^{(2+3I)}, -7.315110095 + 1.042743656\,I$$

Si les arguments ne sont pas des complexes du type `complex(float)` il est parfois possible de forcer la mise sous forme algébrique du nombre complexe en ayant recours à la commande **evalc**. Ici le résultat n'est pas directement sous forme algébrique puisque a n'est pas de type **numeric** :

> `1/(a - I);`

$$\frac{1}{a - I}$$

> `evalc(");`

$$\frac{a}{a^2+1} + \frac{I}{a^2+1}$$

Si l'on souhaite adopter une autre notation, par exemple j, pour désigner l'unité imaginaire, on peut utiliser la commande **alias** :

> `alias( I=I, j=sqrt(-1) );`

$$j$$

> `solve( {z^2=-1}, {z} );`

$$\{z = j\}, \{z = -j\}$$

La commande qui suit défait l'alias sur **j** et rétablit la notation **I** pour désigner l'unité imaginaire.

> `alias( I=sqrt(-1), j=j );`

$$I$$

```
> solve( {z^2=-1}, {z} );
```
$$\{z = I\}, \{z = -I\}$$

Etiquettes

Une étiquette (*label*) Maple a la forme suivante :

$$\boxed{\text{\%entier naturel}}$$

Il s'agit donc de l'opérateur unaire "`%`" suivi d'un entier naturel. Une étiquette est valable uniquement lorsqu'elle a été définie par l'éditeur Maple. Les étiquettes permettent de rendre plus lisibles les réponses données par Maple en les condensant. Une fois introduite par Maple, une étiquette peut être utilisée comme n'importe quelle autre variable affectée :

```
> solve( {x^3-y^3=2, x^2+y^2=1}, {x, y} );
```

$$\left\{x = -\frac{1}{3}\%1\,(6\,\%1 - \%1^2 - 4\,\%1^3 + 2\,\%1^4 - 3), y = \%1\right\}$$

$$\%1 := \text{RootOf}(3\,\_Z^2 + 3 - 3\,\_Z^4 + 2\,\_Z^6 + 4\,\_Z^3)$$

Une fois qu'on a obtenu le résultat précédent, l'étiquette `%1` est un nom affecté dont la valeur est l'expression **RootOf** indiquée.

```
> %1;
```
$$\text{RootOf}(3\,\_Z^2 + 3 - 3\,\_Z^4 + 2\,\_Z^6 + 4\,\_Z^3)$$

Deux options sont disponibles pour gérer l'étiquetage. L'une d'elles consiste à spécifier le nombre minimal (approximatif) de caractères justifiant le recours à une étiquette de la manière suivante :

$$\boxed{\texttt{interface(labelwidth=}n\texttt{)}}$$

La valeur par défaut est 20 caractères. L'autre consiste à supprimer le recours aux étiquettes à l'aide de la commande :

```
> interface(labelling=false);
```

Séquences

Une *séquence* est une expression de la forme :

$$\boxed{\textit{Expression\_1, Expression\_2, ..., Expression\_n}}$$

L'opérateur "," relie les expressions pour en faire une séquence. La priorité de cet opérateur est la plus faible, immédiatement après celle de l'opérateur d'affectation. Il en résulte une propriété essentielle des séquences : si l'une quelconque des expressions *Expression_j* est elle-même une séquence, Maple va mettre les séquences à plat et retourner une séquence sans imbrication de séquences[4].

```
> a := A, B, C;
```

$$a := A, B, C$$

```
> a,b,a;
```

$$A, B, C, b, A, B, C$$

Une séquence de longueur nulle est syntaxiquement valide. De telles séquences apparaissent quand on forme une liste vide, un ensemble vide, un appel de fonction sans paramètres, ou un nom indexé sans indices. Maple affecte d'emblée le nom **NULL** à la séquence de longueur nulle, et l'utilisateur peut recourir à ce nom chaque fois qu'il en a besoin.

Il n'est pas possible de tester le type d'une séquence à l'aide de la commande **type**. On ne peut pas non plus utiliser les commandes **nops** ou **op** sur des séquences. De telles utilisations sont impossible, car les éléments de la séquence passée comme argument sont vus comme des arguments effectifs pour les commandes en question[5].

```
> s := x,y,z;
```

$$s := x, y, z$$

En effet, la commande :

```
> nops(s);

Error,
wrong number (or type) of parameters in function nops
```

est identique à la commande :

```
> nops(x,y,z);
```

---

[4]N.d.T. : contrairement au cas des listes ou des ensembles. Une liste de listes et un ensemble d'ensembles demeurent tels quels.

[5]N.d.T. : et plus généralement pour la plupart des commandes ou procédures. L'application de certaines commandes à des séquences ne déclenche pas nécessairement une erreur comme dans l'exemple donné ici, mais le résultat obtenu n'est que rarement celui escompté, les éléments de la séquence argument ayant été interprétés séparément par Maple au lieu d'être considérés comme un tout.

```
Error,
wrong number (or type) of parameters in function nops
```

Les arguments passés effectivement à la commande **nops** sont x, y et z. Il y a donc trop d'arguments. Si l'on veut compter le nombre d'opérandes d'une séquence, il faut d'abord mettre cette séquence dans une liste puis compter les éléments de cette liste :

```
> nops([s]);
```

$$3$$

L'opérateur de sélection ([]) détaillé dans la partie intitulée *Opérateur de sélection* (page 160) peut servir pour sélectionner les opérandes d'une séquence.

De nombreuses commandes de Maple renvoient des séquences. On peut alors mettre cette séquence dans une liste ou dans un ensemble pour travailler dessus. Par exemple, lorsque ses arguments ne sont pas des ensembles, la commande **solve** retourne une séquence de valeurs si elle trouve plusieurs solutions.

```
> s := solve(x^4-2*x^3-x^2+4*x-2, x);
```

$$s := \sqrt{2}, -\sqrt{2}, 1, 1$$

Si l'on place la séquence obtenue dans un ensemble, on retire les doublons.

```
> s := {s};
```

$$s := \{\sqrt{2}, 1, -\sqrt{2}\}$$

La commande seq La commande **seq** permet de créer des séquences. La partie intitulée *Les commandes* **seq**, **add**, *et* **mul** (page 190) la décrit en détail. On peut utiliser **seq** de plusieurs manières :

> | seq(f, i = a .. b)
> | seq(f, i = X)

Ici *f*, *a*, *b* et *X* sont des expressions et *i* est un nom. Dans la première forme, les expressions *a* et *b* doivent s'évaluer en constantes numériques. Le résultat est la séquence obtenue en évaluant *f* après avoir successivement affecté les valeurs *a*, *a*+1, ..., *a*+k (avec *k* tel que *b* soit compris entre *a*+k et *a*+k+1) à *i*. Si la valeur de *a* est supérieure à celle de *b*, alors le résultat est la séquence **NULL**.

```
> seq(i^2,i=1..4);
```

$$1, 4, 9, 16$$

> `seq(x[i],i=1..4);`

$$x_1, x_2, x_3, x_4$$

Dans la deuxième forme, `seq(f, i=X)`, le résultat est la séquence obtenue en évaluant f après avoir successivement donné à i les valeurs des opérandes de l'expression X. La partie intitulée *Représentation interne des expressions* (page 145) définit les opérandes d'une expression générale.

> `a := x^3+3*x^2+3*x+1;`

$$a := x^3 + 3x^2 + 3x + 1$$

> `seq(i,i=a);`

$$x^3, 3x^2, 3x, 1$$

> `seq(degree(i,x), i=a);`

$$3, 2, 1, 0$$

L'opérateur dollar L'opérateur de séquence, $, permet, lui aussi, de créer des séquences de la manière suivante :

> `diff(ln(x), x$n);`

$$\mathrm{diff}(\ln(x), x \$ n)$$

> `seq( diff(ln(x), x$n), n=1..5);`

$$\frac{1}{x}, -\frac{1}{x^2}, \frac{2}{x^3}, -\frac{6}{x^4}, \frac{24}{x^5}$$

Plusieurs syntaxes sont possibles pour cet opérateur :

```
f $ i = a .. b
f $ n
$ a .. b
```

où f, a, b et n sont des expressions et où i doit s'évaluer comme un nom. Cet opérateur est moins efficace que la commande `seq` qui lui est en général préférée pour écrire des programmes.

Dans la première forme, Maple crée une séquence en substituant à i les valeurs a, a+1, ..., b dans f.

La deuxième forme, f$n, est un raccourci pour :

```
f $ VarMuette = 1 .. n
```

où *VarMuette* est une variable muette. Si la valeur de n est un entier, le résultat de la deuxième forme est la séquence constituée de n fois la valeur de f :

> **x$3;**

$$x, x, x$$

La troisième forme, **$a..b**, est une notation condensée pour :

$$\boxed{\textit{VarMuette} \; \$ \; \textit{VarMuette} \; = \; a \; .. \; b}$$

Si les valeurs de *a* et *b* sont des constantes numériques, cela constitue une façon rapide de créer la séquence numérique *a*, *a*+1, *a*+2, ..., *a*+k (avec *k* tel que *b* soit compris entre *a*+k et *a*+k+1).

> **$0..4;**

$$0, 1, 2, 3, 4$$

La commande **$**, contrairement à la commande **seq**, permet d'utiliser des valeurs non entières de *a* et *b*. On pourra aussi consulter la partie intitulée **seq**, **add**, *et* **mul** *comparés à* **$**, **sum**, *et* **product** (page 191).

Ensembles et listes

Un *ensemble* est une expression de la forme :

$$\boxed{\{ \; \textit{Séquence} \; \}}$$

et une *liste* est une expression de la forme :

$$\boxed{[\; \textit{Séquence} \;]}$$

Séquence peut être vide, ce qui conduit à l'ensemble vide **{}**, et à la liste vide **[]**. Les éléments d'un ensemble sont *uniques* et ne sont *pas ordonnés*. Maple enlève les doublons et ordonne les éléments à sa façon. Les éléments d'une liste sont *ordonnés* (l'ordre retenu étant celui imposé par l'utilisateur lorsqu'il définit la liste) et peuvent apparaître plusieurs fois dans la liste :

> **{y[1],x,x[1],y[1]};**

$$\{x, x_1, y_1\}$$

> **[y[1],x,x[1],y[1]];**

$$[y_1, x, x_1, y_1]$$

Un ensemble est une expression de type **set**. Une liste est une expression de type **list**. Les opérandes d'un ensemble ou d'une liste sont les éléments de cet ensemble ou de cette liste. On sélectionne les éléments d'un ensemble ou d'une liste à l'aide de la commande **op** ou avec l'opérateur de sélection.

```
> t := [1, x, y, x-y];
```
$$t := [1, x, y, x-y]$$
```
> op(2,t);
```
$$x$$
```
> t[2];
```
$$x$$

L'ordre des éléments d'un ensemble est l'ordre selon lequel Maple a conservé les éléments en mémoire. L'utilisateur ne doit pas tenir compte de l'ordre des éléments d'un ensemble, car il est imprévisible et lié à la session courante. Par exemple, l'ensemble défini ci-dessus pourrait très bien apparaître sous la forme {y[1], x, x[1]} au cours d'une autre session. Il est, en revanche, possible de trier les éléments d'une liste à l'aide de la commande **sort**.

Sélection L'opérateur de sélection, [], permet de retenir un élément particulier d'un objet agrégé. Les objets agrégés sont les tables, les tableaux, les séquences, les listes et les ensembles. La syntaxe de l'opération de sélection est la suivante :

> *Nom*[*Séquence*]

Si *Nom* s'évalue en une table ou un tableau, Maple retourne l'entrée de la table ou du tableau correspondant :
```
> A := array([w,x,y,z]);
```
$$A := [w, x, y, z]$$
```
> A[2];
```
$$x$$

Si *Nom* s'évalue en une liste, un ensemble ou une séquence et que *Séquence* s'évalue en un entier, un intervalle ou en **NULL**, Maple effectue une sélection. Si *Séquence* s'évalue en un entier i, Maple retourne le i-ième opérande de l'ensemble, de la liste ou de la séquence considéré. Si *Séquence* s'évalue en un intervalle, Maple retourne un ensemble, une liste ou une séquence contenant les objets de l'objet agrégé spécifiés par l'intervalle. Enfin, si l'évaluation de *Séquence* conduit à **NULL**, Maple retourne une séquence contenant tous les opérandes de l'objet considéré.
```
> s := x,y,z:
```

```
> L := [s,s];
```
$$L := [x,y,z,x,y,z]$$
```
> S := {s,s};
```
$$S := \{x,y,z\}$$
```
> S[2];
```
$$y$$
```
> L[2..3];
```
$$[y,z]$$
```
> S[];
```
$$x,y,z$$

L'utilisation d'entiers négatifs permet le décompte des opérandes de droite à gauche[6] :

```
> L := [t,u,v,w,x,y,z];
```
$$L := [t,u,v,w,x,y,z]$$
```
> L[-3];
```
$$x$$
```
> L[-3..-2];
```
$$[x,y]$$

select et **remove** sont d'autres commandes pour sélectionner des éléments d'une liste ou d'un ensemble. Se reporter à la partie intitulée *Les commandes* **map**, **select**, *et* **remove** (page 186).

Fonctions
Un appel de fonction prend la forme suivante :

$$\boxed{f(\ \text{Séquence}\ )}$$

En général *f* est un nom, en l'occurrence le nom de la fonction :

```
> sin(x);
```
$$\sin(x)$$

---

[6]N.d.T. : **L[-3]** n'est en fait qu'un raccourci pour **L[nops(L)-3]**.

```
> min(2,3,1);
```

$$1$$

```
> g();
```

$$g()$$

```
> a[1](x);
```

$$a_1(x)$$

Lors d'un appel de fonction, Maple commence par évaluer *f* afin de produire une procédure. Ensuite Maple évalue les opérandes de *Séquence* (qui constituent les arguments passés à la procédure) de gauche à droite. Même si l'évaluation de l'un des arguments conduit à une séquence, Maple met l'ensemble des arguments sous forme d'une seule séquence. Enfin, si *f* s'évalue en une procédure, Maple invoque cette procédure sur la séquence issue de l'évaluation des arguments. Le chapitre 5 détaille ces opérations.

```
> x := 1:
> f(x);
```

$$f(1)$$

```
> s := 2,3;
```

$$s := 2, 3$$

```
> f(s,x);
```

$$f(2, 3, 1)$$

```
> f := g;
```

$$f := g$$

```
> f(s,x);
```

$$g(2, 3, 1)$$

```
> g := (a,b,c) -> a+b+c;
```

$$g := (a, b, c) \to a + b + c$$

```
> f(s,x);
```

$$6$$

Une fonction est un objet de type **function**. Les opérandes de cet objet sont les arguments. L'opérande zéro de cet objet est le nom de la fonction :

```
>  m := min(x,y,x,z);
```
$$m := \min(1, y, z)$$
```
>  op(0,m);
```
$$min$$
```
>  op(m);
```
$$1, y, z$$
```
>  type(m,function);
```
$$true$$
```
>  f := n!;
```
$$f := n!$$
```
>  type(f, function);
```
$$true$$
```
>  op(0, f);
```
$$factorial$$
```
>  op(f);
```
$$n$$

Le nom f d'une fonction peut prendre une valeur parmi les suivantes :

- **name** (nom)
- **procedure definition** (définition de procédure)
- **integer** (entier)
- **float** (flottant)
- **parenthesized algebraic expression** (expression algébrique parenthésée)
- **function** (fonction).

Puisque f peut être une **procedure definition** on peut écrire :

```
>  proc(t) t*(1-t) end(t^2);
```
$$t^2 (1 - t^2)$$

au lieu de :

```
>  h := proc(t) t*(1-t) end;
```
$$h := \mathrm{proc}(t)\, t\, (1 - t)\, \mathbf{end}$$

> h(t^2);
$$t^2(1-t^2)$$

Si *f* est un entier ou un flottant, Maple traite *f* comme une fonction constante :

> 2(x);
$$2$$

Les règles suivantes définissent le sens d'une expression algébrique parenthésée :

> (f + g)(x), (f - g)(x), (-f)(x), (f@g)(x);
$$f(x) + g(x), f(x) - g(x), -f(x), f(g(x))$$

@ désigne l'opérateur de composition fonctionnelle, c'est-à-dire que **f@g** désigne $f \circ g$. Avec ces règles on obtient donc :

> (f@g + f^{\,2}*g + 1)(x);
$$f(g(x)) + f(x)^2 g(x) + 1$$

Remarquons que **@@** désigne l'itération de l'opérateur de composition **@**. C'est-à-dire que **f@@n** représente $f^{(n)}$ qui est la composée de *f* par elle-même *n* fois :

> (f@@3)(x);
$$f^{(3)}(x)$$

> expand(");
$$f(f(f(x)))$$

Enfin, *f* peut être une fonction comme dans l'exemple suivant :

> cos(0);
$$1$$

> f(g)(0);
$$f(g)(0)$$

> D(cos)(0);
$$0$$

Pour plus de détails sur la définition des fonctions on se reportera au chapitre 5.

TABLE 4.10   Les opérateurs arithmétiques

+	addition
-	soustraction
*	multiplication
&*	multiplication non commutative
/	division
^	exponentiation
**	exponentiation

Les opérateurs arithmétiques

La table 4.10 décrit les opérateurs arithmétiques de Maple. Tous ces opérateurs sont, a priori, des opérateurs binaires. Toutefois il est possible d'utiliser les opérateurs + et - comme opérateurs préfixes pour signifier le plus unaire et le moins unaire. Les deux opérateurs d'exponentiation ** et ^ sont synonymes et interchangeables.

Voici les types et les opérandes des différentes opérations arithmétiques :

- le type d'une somme ou d'une différence est + ;
- le type d'un produit ou d'un quotient est * ;
- le type d'une exponentielle est ^ ;
- les opérandes de la somme $x - y$ sont les termes x et $-y$;
- les opérandes du produit xy^2/z sont les facteurs x, y^2 et z^{-1} ;
- les opérandes de l'exponentielle x^a sont la base x et l'exposant a.

```
> whattype(x-y);
```
$$+$$

```
> whattype(x^y);
```
$$\wedge$$

Arithmétique   Dès que x et y sont des nombres, Maple effectue le calcul des expressions $x + y$, $x - y$, $x \times y$, x/y et x^n (où n est un entier). Si les opérandes sont des flottants, Maple effectue les calculs en virgule flottante :

```
> 2 + 3,   6/4,   1.2/7,   (2 + I)/(2 - 2*I);
```
$$5, \frac{3}{2}, .1714285715, \frac{1}{4} + \frac{3}{4}i$$

```
> 3^(1.2),   I^(1.0 - I);
```
$$3.737192819, 4.810477381\,i$$

La seule simplification entreprise par Maple consiste à réduire les exposants fractionnels d'entiers ou de fractions. Pour des entiers n et m et pour une fraction b, Maple effectue la transformation $(n/m)^b \to (n^b)/(m^b)$. Pour des entiers n, q, r, d et pour une fraction $b = q+r/d$ avec $0 < r < d$, Maple effectue la transformation $n^b = n^{q+r/d} \to n^q \times n^{r/d}$.

```
> 2^(3/2), (-2)^(7/3);
```

$$2\sqrt{2}, 4(-2)^{1/3}$$

Simplifications automatiques Maple effectue automatiquement les simplifications suivantes :

```
> x - x, x + x, x + 0, x*x, x/x, x*1, x^0, x^1;
```

$$0, 2x, x, x^2, 1, x, 1, x$$

où x désigne une expression arbitraire. Mais ces simplifications ne sont pas valides pour n'importe quel x. Maple sait gérer certaines exceptions comme :

```
> infinity - infinity;

Error, invalid cancellation of infinity

> infinity/infinity;

Error, invalid cancellation of infinity

> 0/0;

Error, division by zero

> 0^0;

Error, 0^0 is undefined
```

Dans ce qui suit, n et m désignent des entiers, a, b et c désignent des constantes numériques et x, y et z désignent des expressions symboliques générales. Maple sait que l'addition et la multiplication sont associatives et commutatives, c'est pourquoi on obtient les simplifications suivantes : $ax+bx \to (a+b)x$, $x^a \times x^b \to x^{a+b}$ et $a(x+y) \to ax+ay$ Les deux premières règles de simplification signifient que Maple regroupe les termes polynomiaux automatiquement. La troisième règle signifie que Maple distribue systématiquement les constantes numériques (entiers, fractions ou flottants) sur les sommes. En revanche, Maple n'effectue pas cette distribution pour des constantes non numériques.

```
> 2*x + 3*x, x*y*x^2, 2*(x + y), z*(x + y);
```

$$5x, x^3 y, 2x+2y, z(x+y)$$

Les simplifications les plus délicates ont lieu avec les exponentielles x^y lorsque l'exposant y n'est pas entier.

Simplification d'exponentielles composées En général, Maple n'effectue pas la simplification $(x^y)^z \to x^{(yz)}$ automatiquement, car cette procédure ne conduit pas toujours à un résultat correct. Par exemple, avec $y = 2$ et $z = 1/2$ la simplification conduirait à $\sqrt{x^2} = x$, ce qui n'est pas nécessairement vrai. Maple n'applique la règle de simplification précédente que si l'on peut montrer qu'elle est vraie pour tous les nombres complexes x à l'exception d'un nombre fini de valeurs de x comme 0 ou ∞. Maple applique la règle de simplification $(x^a)^b \to x^{ab}$ si b est un entier, $-1 < a \le 1$ ou si x est une constante réelle positive :

```
> (x^(3/5))^(1/2), (x^(5/3))^(1/2);
```
$$x^{3/10}, \sqrt{x^{5/3}}$$

```
> (2^(5/3))^(1/2), (x^(-1))^(1/2);
```
$$2^{5/6}, \sqrt{\frac{1}{x}}$$

Maple n'applique pas la règle de simplification $a^b c^b \to (ac)^b$ de manière systématique, même si son utilisation est justifiée :

```
> 2^(1/2)+3^(1/2)+2^(1/2)*3^(1/2);
```
$$\sqrt{2} + \sqrt{3} + \sqrt{2}\sqrt{3}$$

La combinaison $\sqrt{2}\sqrt{3}$ conduit à $\sqrt{6}$, ce qui introduit un nouveau radical. Le calcul avec des radicaux est, en général, difficile et coûteux, de sorte que Maple a pour stratégie de ne pas introduire spontanément de nouveaux radicaux dans les expressions. On peut utiliser la commande **combine** pour forcer Maple à produire de nouveaux radicaux.

Multiplication non commutative

L'opérateur de multiplication non commutative, "`&*`", agit comme un opérateur inerte (se reporter à la partie intitulée *Opérateurs neutres* (page 171)) mais l'interpréteur comprend que son comportement est de même nature que celle des opérateurs `*` et `/`. La commande **evalm** de la bibliothèque Maple interprète `&*` comme l'opérateur de multiplication matricielle. La commande **evalm** comprend aussi que la forme `&*()` désigne la matrice identité générique :

```
> with(linalg):

Warning, new definition for norm
```

Warning, new definition for trace

```
> A := matrix(2,2,[a,b,c,d]);
```
$$A := \begin{bmatrix} a & b \\ c & d \end{bmatrix}$$

```
> evalm( A &* &*() );
```
$$\begin{bmatrix} a & b \\ c & d \end{bmatrix}$$

```
> B := matrix(2,2,[e,f,g,h]);
```
$$B := \begin{bmatrix} e & f \\ g & h \end{bmatrix}$$

```
> evalm( A &* B - B &* A );
```
$$\begin{bmatrix} bg-cf & af+bh-eb-fd \\ ce+dg-ga-hc & cf-bg \end{bmatrix}$$

Les opérateurs de composition

Les opérateurs de composition sont **@** et **@@**. L'opérateur **@** représente la composition des fonctions, c'est-à-dire que **f@g** désigne la fonction usuellement notée $f \circ g$ en mathématiques :

```
> (f@g)(x);
```
$$f(g(x))$$

```
> (sin@cos)(Pi/2);
```
$$0$$

L'opérateur **@@** est l'opérateur représentant l'itération de la composition. C'est ainsi que pour Maple **f@@n** désigne $f^{(n)}$, qui est la composée de f par elle-même n fois :

```
> (f@@2)(x);
```
$$f^{(2)}(x)$$

```
> expand(");
```
$$f(f(x))$$

```
> (D@@n)(f);
```
$$D^{(n)}(f)$$

En mathématiques, le sens de certaines notations dépend parfois du contexte. C'est ainsi que $\sin^{-1}(x)$ désigne tantôt la réciproque de la fonction sinus, c'est-à-dire sa composée d'ordre -1, tantôt l'inverse de l'expression $\sin(x)$, c'est-à-dire sa puissance -1. Il faut savoir que Maple utilise la notation $f^n(x)$ pour désigner l'itérée de f pour la composition des applications et la notation $f(x)^n$ pour désigner la puissance n-ième :

```
> sin(x)^2, (sin@@2)(x), sin(x)^(-1), (sin@@(-1))(x);
```

$$\sin(x)^2, \sin^{(2)}(x), \frac{1}{\sin(x)}, \arcsin(x)$$

Les opérateurs ditto

La valeur produite par l'opérateur **"**, appelé *opérateur ditto*, est le dernier résultat différent de **NULL** calculé par Maple. L'opérateur **""** produit l'avant-dernier résultat (différent de **NULL**) calculé par Maple. Enfin, l'opérateur **"""** produit l'antépénultième résultat (différent de **NULL**) calculé par Maple. Ces opérateurs sont utiles lors de sessions interactives où ils permettent d'éviter certaines saisies fastidieuses.

On peut aussi utiliser les opérateurs ditto dans le corps d'une procédure. Lorsqu'on invoque une procédure, Maple initialise ces opérateurs à la valeur **NULL**. Maple met ensuite leurs valeurs à jour pour qu'ils réfèrent aux trois dernières expressions distinctes de **NULL** calculées dans ce corps de procédure.

L'opérateur factorielle

Maple utilise l'opérateur unaire "**!**" comme un opérateur postfixe désignant la factorielle de son opérande n. $n!$ est un raccourci pour la forme fonctionnelle **factorial(n)** :

```
> 0!, 5!, 2.5!;
```

$$1, 120, 2.5!$$

```
> (-2)!;
```

**Error,
the argument to factorial should be non-negative**

Remarquons que $n!!$ désigne $(n!)!$:

```
> 3!!;
```

720

L'opérateur **mod**

L'opérateur **mod** évalue une expression modulo *m*, pour un entier *m* non nul. Maple utilise l'une des deux représentations suivantes :

- la *représentation positive* pour laquelle *Entier* **mod** *m* est un entier compris entre 0 et *m-1* inclus. L'affectation suivante sélectionne explicitement la représentation positive :

    > `mod` := modp;

    C'est la représentation par défaut.

- la *représentation symétrique* pour laquelle *Entier* **mod** *m* est un entier compris entre **-floor((abs(**m**)-1)/2)** et **floor(abs(**m**)/2)**. L'affectation suivante sélectionne explicitement la représentation symétrique :

    > `mod` := mods;

Remarquons qu'il est nécessaire de placer le mot **mod** entre deux caractères "`" (accent grave ou *back quote*), car il s'agit d'un mot réservé. On peut aussi invoquer directement les commandes **modp** et **mods** :

> modp(9,5), mods(9,5);

$$4, -1$$

L'opérateur **mod** sait traiter l'opérateur inerte **&^** pour le calcul des puissances : **i&^j mod m** calcule i^j mod *m*. Au lieu de calculer d'abord i^j, qui pourrait conduire à un nombre trop grand, et de réduire ensuite ce nombre modulo *m*, Maple calcule la puissance en ne tenant compte que des restes modulo *m* :

> 2^(2^100) mod 5;

Error, integer too large in context

> 2 &^ (2^100) mod 5;

$$1$$

Le premier opérande de **mod** peut être une expression générale. Maple évalue cette expression sur l'anneau des entiers modulo *m*. Si l'on a affaire à des polynômes, cela signifie que les coefficients rationnels vont être réduits modulo *m*. L'opérateur **mod** connaît de nombreuses fonctions concernant l'arithmétique des polynômes ou des matrices sur des anneaux finis, comme **Factor** pour la factorisation des polynômes :

> 1/2 mod 5;

$$3$$

```
> 9*x^2 + x/2 + 13 mod 5;
```
$$4x^2 + 3x + 3$$
```
> Factor(4*x^2 + 3*x + 3) mod 5;
```
$$4(x+3)(x+4)$$

Il ne faut pas confondre les commandes **factor** et **Factor**. La première évalue directement, la deuxième est une commande inerte que Maple n'évalue pas tant qu'on n'a pas fait l'appel à **mod**.

La commande **mod** sait aussi comment calculer sur une extension galoisienne $GF(p^k)$. On peut se reporter à la page d'aide en ligne **?mod** pour connaître la liste des situations reconnues par **mod**.

Les opérateurs neutres

Maple donne la possibilité de définir des opérateurs *neutres*. On forme un opérateur neutre en plaçant le caractère **&** devant une combinaison de caractères. Il y a deux sortes d'opérateurs neutres :

- les opérateurs constitués du caractère **&** suivi d'une chaîne ne nécéssitant pas l'utilisation de caractères ` (*backquote*), comme **&toto** ;
- les opérateurs définis par le caractère **&** suivi d'un ou plusieurs caractères non alphanumériques, comme **&+** ou **&++**.

Les caractères suivants ne peuvent pas apparaître après le caractère **&** initial dans un nom d'opérateur neutre :

        & | ( ) [ ] { } ; : ´ ` #

de même que les caractères *blanc* et *newline*.

Maple distingue l'opérateur neutre particulier **&*** comme un mot désignant spécifiquement un opérateur de multiplication non commutative. L'interpréteur comprend que la priorité de cet opérateur est équivalente à celle des autres opérateurs de multiplication. Tous les autres opérateurs neutres ont une priorité plus grande que celle des opérateurs arithmétiques standards. On pourra se reporter à l'aide en ligne **?precedence** pour connaître les priorités des opérateurs du langage de programmation. On pourra aussi consulter la partie intitulée *Multiplication non commutative* (page 167) pour plus de détails sur l'utilisation de **&***.

On peut utiliser des opérateurs neutres comme opérateurs préfixes unaires ou comme opérateurs infixes binaires, ou encore comme appels de fonctions. Dans tous les cas ils génèrent un appel de fonction avec le nom de la fonction de l'opérateur neutre utilisé.

```
> a &~ b &~ c;
```
$$(a \mathbin{\&\tilde{}} b) \mathbin{\&\tilde{}} c$$

```
> op(");
```
$$a \mathbin{\&\tilde{}} b, c$$

```
> op(0,"");
```
$$\mathbin{\&\tilde{}}$$

Maple n'impose aucune sémantique aux opérateurs neutres. L'utilisateur peut définir la signification d'un opérateur en affectant son nom à une procédure Maple. On peut préciser les règles de manipulation pour les expressions contenant cet opérateur (à travers l'interface Maple gérant les procédures définies par l'utilisateur) pour des fonctions définies en bibliothèque standard comme **diff**, **combine**, **series**, ou **evalf**. Pour davantage de renseignements sur cette question, se reporter à la partie intitulée *Etendre Maple* (page 101).

Relations et opérateurs logiques

On peut former de nouveaux types d'expressions à partir d'expressions algébriques ordinaires en les combinant au moyen des *opérateurs relationnels* **<**, **>**, **<=**, **>=**, **=** ou **<>**. La sémantique de ces opérateurs dépend du contexte dans lequel ils apparaissent.

Dans un contexte *algébrique*, les opérateurs relationnels sont seulement des emplacements permettant de former des équations ou des inéquations. Maple sait additionner membre à membre deux équations ou deux inéquations. Maple sait aussi multiplier les deux membres d'une équation ou d'une inéquation par une même expression algébrique :

```
> e := x + 3*y = z;
```
$$e := x + 3y = z$$

```
> 2*e;
```
$$2x + 6y = 2z$$

Le type d'une équation est **=** ou **equation**. Une équation a deux opérandes qui sont respectivement son membre droit et son membre gauche. Ceux-ci s'obtiennent à l'aide des commandes **lhs** et **rhs**.

```
> op(0,e);
```
$$=$$

> lhs(e);

$$x + 3y$$

La commande **type** admet aussi les types **<>**, **<** et **<=**. Maple convertit automatiquement les inégalités faisant intervenir **>** ou **>=** en inégalités n'utilisant que des **<** et des **<=** :

> e := a > b;

$$e := b < a$$

> op(e);

$$b, a$$

Dans un *contexte booléen*, Maple évalue une relation à la valeur **true** ou à la valeur **false**. On entend aussi par contexte booléen les conditions des instructions **if** ou des boucles **while**. On peut également utiliser la commande **evalb** pour forcer l'évaluation d'une relation dans un contexte booléen.

Dans le cas des opérateurs **<**, **<=**, **>** et **>=**, l'évaluation de la différence des opérandes doit conduire à une constante numérique et Maple compare cette constante à zéro.

> if 2<3 then less else `not less` fi;

less

Dans le cas des relations **=** et **<>**, les opérandes peuvent être n'importe quelle expression (algébrique ou non). L'égalité ne teste que l'égalité syntaxique des représentations Maple des expressions considérées, ce qui n'est pas la même chose que de tester leur égalité mathématique :

> evalb(x + y = y + x);

true

> evalb(x^2 - y^2 = (x - y)*(x + y));

false

Dans le dernier exemple, on constate qu'il faut d'abord développer l'expression pour que Maple puisse voir que les deux expressions sont égales :

> evalb(x^2 - y^2 = expand((x - y)*(x + y)));

true

On peut aussi recourir à la commande **is** pour comparer deux expressions dans un contexte booléen. Cette commande effectue un test beaucoup plus approfondi que la commande **evalb**, comme on peut le constater sur les exemples qui suivent :

```
> is( x^2 - y^2  =  (x - y)*(x + y) );
```
$$true$$

```
> is( 3<Pi );
```
$$true$$

Les opérateurs logiques   Une expression peut être formée à partir des *opérateurs logiques* **and**, **or** et **not**. Les deux premiers opérateurs sont des opérateurs binaires tandis que le troisième est unaire préfixe. Une expression contenant un ou plusieurs opérateurs logiques est automatiquement évaluée dans un contexte booléen :

```
> 2>3 or not 5>1;
```
$$false$$

Les priorités des opérateurs logiques **and**, **or** et **not** sont analogues respectivement à celles de la multiplication, de l'addition et de l'exponentiation. C'est pourquoi les parenthèses ne sont pas nécessaires dans l'exemple suivant :

```
> (a and b) or ((not c) and d);
```
$$a \text{ and } b \text{ or } \text{ not } c \text{ and } d$$

Les noms de types des opérateurs logiques **and**, **or** et **not** sont respectivement **and**, **or** et **not**. Les deux premiers opérateurs ont deux opérandes, le troisième n'en a qu'un seul :

```
> b := x and y or z;
```
$$b := x \text{ and } y \text{ or } z$$

```
> whattype(b);
```
$$or$$

```
> op(b);
```
$$x \text{ and } y, z$$

Lorsque Maple a affaire à plusieurs opérateurs de même priorité, l'évaluation d'expressions booléennes contenant les opérateurs **and** et **or** se fait de gauche à droite et s'arrête dès que Maple a réussi à déterminer la valeur de l'expression entière. Considérons par exemple l'évaluation de l'expression **a and b and c**. Si le résultat de l'évaluation de **a** est **false**, on sait déjà que le résultat de l'expression totale est **false**, quels que soient les résultats produits par les évaluations de **b** et **c**. On peut donc arrêter l'évaluation de l'expression dès l'obtention du résultat de l'évaluation de **a**. Ces règles d'évaluation, connues sous le nom de *règles d'évaluation de Mc-Carthy*, ont une importance considérable lorsqu'on écrit des programmes. Considérons en effet l'exemple suivant :

```
if x <> 0 and f(x)/x > 1 then ... fi;
```

Si Maple évaluait systématiquement les deux opérandes de la clause **and**, alors, pour x valant 0, l'évaluation conduirait à une erreur consécutive à une division par zéro. L'intérêt du code précédent réside dans ce que Maple ne va tester la deuxième condition que lorsque $x \neq 0$.

Expressions booléennes En général un contexte booléen requiert une expression booléenne. Pour former des expressions booléennes on utilise les constantes booléennes **true**, **false** et **FAIL**, les *opérateurs logiques* et les *opérateurs relationnels*. La commande **type** admet le nom **boolean** pour recouvrir ce genre d'expressions.

L'évaluation d'expressions booléennes repose sur la logique à trois états définie de la manière suivante. Outre les constantes **true** et **false** déjà définies précédemment, Maple dispose d'une troisième constante booléenne : **FAIL**. **FAIL** est la valeur que retourne, en général, une procédure qui n'est pas capable de résoudre complètement le problème qui lui a été soumis. On peut considérer que tout se passe alors comme si la procédure répondait "je ne sais pas".

```
> is(sin(1),positive);
```
$$true$$

```
> is(a-1,positive);
```
$$FAIL$$

Si Maple rencontre **FAIL** dans le contexte d'une clause booléenne lors d'une instruction **if** ou d'une instruction **while**, il se comporte comme s'il avait rencontré **false**. Sans logique à trois états, il serait impossible d'utiliser des commandes comme **is** sans tester l'éventualité d'un retour **FAIL**. Il faudrait écrire :

```
if is(a - 1, positive) = true then ...
```

alors que la logique à trois états permet d'écrire plus simplement :

```
if is(a - 1, positive) then ...
```

Les tables de vérité des opérateurs logiques sont indiquées en table 4.11.

TABLE 4.11 Tables de vérité

and	false	true	FAIL
false	false	false	false
true	false	true	FAIL
FAIL	false	FAIL	FAIL

or	false	true	FAIL
false	false	true	FAIL
true	true	true	true
FAIL	FAIL	true	FAIL

not	false	true	FAIL
	true	false	FAIL

Remarquons que le recours à la logique à trois états conduit à une asymétrie dans l'utilisation des instructions **if** et **while**. Par exemple, les deux instructions qui suivent ne sont pas équivalentes :

```
if Condition then SeqInst_1 else SeqInst_2 fi;
if not Condition then SeqInst_2 else SeqInst_1 fi;
```

Il convient de choisir la formulation adaptée au comportement souhaité lorsque *Condition* prend la valeur **FAIL**.

Tableaux et tables

Le type de donnée **table** est en Maple un type de données spécifique permettant de représenter des données dans des tables. Une table peut être créée explicitement en utilisant la commande **table** ou implicitement lors d'une affectation à un nom indexé. C'est ainsi que les instructions suivantes ont le même effet :

```
> a := table([(Cu,1) = 64]);
```

$$a := \text{table}([$$
$$(Cu, 1) = 64$$
$$])$$

```
> a[Cu,1] := 64;
```

$$a_{Cu,1} := 64$$

Elles créent toutes les deux un objet de type **table** avec une entrée. L'intérêt d'une table est de permettre un accès rapide aux données.

```
> a[Cu,1];
```

$$64$$

Une table est de type **table**. Le premier opérande est constitué par la fonction d'indexation. Le deuxième opérande est la liste des entrées de la table. Les tables et les tableaux ont des règles d'évaluation spécifiques. Pour pouvoir accéder à l'objet table ou à l'objet tableau, il convient d'utiliser la commande **eval**[7] :

```
> op(0,eval(a));
```

$$table$$

La table **a** n'a pas de fonction d'indexation et n'a qu'une seule entrée :

```
> op(1,eval(a));
> op(2,eval(a));
```

$$[(Cu, 1) = 64]$$

Le type **array** permet l'implémentation de tableaux. C'est une spécialisation du type **table**. Un tableau est une **table** dont les dimensions sont spécifiées dans un intervalle d'entiers. On crée un tableau à l'aide de la commande **array** :

```
> A := array(symmetric, 1..2, 1..2, [(1,1) = 3]);
```

$$A := \begin{bmatrix} 3 & A_{1,2} \\ A_{1,2} & A_{2,2} \end{bmatrix}$$

```
> A[1,2] := 4;
```

$$A_{1,2} := 4$$

```
> print(A);
```

$$\begin{bmatrix} 3 & 4 \\ 4 & A_{2,2} \end{bmatrix}$$

Les intervalles **1..2,1..2** définissent les dimensions du tableau ainsi que les bornes de variation pour les indices. On peut préciser la valeur des entrées lors de l'appel à la commande **array** ou les définir explicitement. Il est aussi possible de laisser certaines entrées non affectées comme l'élément (2, 2) dans l'exemple précédent.

---

[7]N.d.T. : ce sont, en effet, des objets agrégés et, à ce titre, leur invocation ne déclenche pas d'évaluation complète mais seulement une évaluation au dernier nom.

> `op(0,eval(A));`

array

Comme dans le cas des tables, le premier opérande est constitué par la fonction d'indexation, s'il y a lieu :

> `op(1,eval(A));`

symmetric

Le deuxième opérande est constitué par la séquence des intervalles définissant les dimensions du tableau :

> `op(2,eval(A));`

$$1..2, 1..2$$

Le troisième opérande est constitué par la liste des entrées :

> `op(3, eval(A));`

$$[(1,2) = 4, (1,1) = 3]$$

Dans l'exemple précédent, Maple n'affiche que deux entrées parce que l'entrée $(2,1)$ est connue implicitement à travers la fonction d'indexation.

Séries

Le type de données **series** représente une expression sous forme d'une série de puissances par rapport à une indéterminée donnée et au voisinage d'un point donné. On ne peut pas entrer directement une série comme une expression mais on peut la créer avec les commandes **taylor** ou **series** selon les syntaxes suivantes :

```
taylor( f, x=a, n )
taylor( f, x )
series( f, x=a, n )
series( f, x )
```

où x désigne la variable selon laquelle on souhaite effectuer le développement et où f est une expression en x. Si l'on ne définit pas le point au voisinage duquel doit être effectué le développement en série, Maple prend $x = 0$ par défaut. Si l'on n'indique pas l'ordre auquel doit être effectué le développement, c'est la valeur de la variable globale **Order** que Maple retient, laquelle vaut 6 par défaut.

> `s := series( exp(x), x=0, 4 );`

$$s := 1 + x + \frac{1}{2}x^2 + \frac{1}{6}x^3 + O(x^4)$$

Le type d'une série est **series** :

> `type(s, series);`

$$true$$

L'opérande d'ordre zéro d'une série est $x - a$ où x désigne l'indéterminée et a le point au voisinage duquel est effectué le développement :

> `op(0, s);`

$$x$$

Les opérandes de rang impair sont constitués par les coefficients non nuls de la série tandis que les opérandes de rang pair sont constitués par les exposants correspondants.

> `op(s);`

$$1, 0, 1, 1, \frac{1}{2}, 2, \frac{1}{6}, 3, O(1), 4$$

Les coefficients peuvent être n'importe quelle expression générale mais les exposants sont limités à la taille d'un entier de la longueur d'un mot machine (qui dépend de la plate-forme sur laquelle on travaille, la limite étant en général de neuf ou dix chiffres). La dernière paire d'opérandes est constituée par le symbole spécifique $O(1)$ et par l'entier n qui indique l'ordre de troncature.

La procédure **print** affiche les deux derniers opérandes en ayant recours à la notation $O(x^n)$ plutôt que d'écrire $O(1)x^n$, x désignant `op(0,s)`.

Si Maple sait que la série est exacte alors la série ne présentera pas de terme indiquant l'ordre du développement. C'est le cas notamment lorsqu'on développe un polynôme à un ordre supérieur à son degré. Un cas très particulier de cette situation se produit lorsque Maple à affaire à la série nulle, auquel cas Maple simplifie immédiatement la série en l'entier 0.

Les séries permettent aussi la représentation des séries de Laurent à partie principale finie. De manière plus générale, Maple autorise des coefficients dépendants de x, pourvu que leur croissance soit moins que polynomiale en x. $O(1)$ représente un tel coefficient. Voici un exemple de série généralisée :

> `series( x^x, x=0, 3 );`

$$1 + \ln(x)\,x + \frac{1}{2}\ln(x)^2\,x^2 + O(x^3)$$

Maple peut calculer des développements en série encore plus généraux comme les développements en série de Puiseux. Dans de telles situations, la commande **series** ne retourne pas un objet du type **series** mais une expression algébrique générale :

```
> s := series( sqrt(sin(x)), x );
```

$$s := \sqrt{x} - \frac{1}{12} x^{5/2} + \frac{1}{1440} x^{9/2} + \mathrm{O}(x^{11/2})$$

```
> type(s, series);
```

false

```
> type(s, `+`);
```

true

Maple sait faire du calcul sur les séries formelles. Voir l'aide en ligne **?powseries** à ce propos.

Intervalles

On a souvent besoin de spécifier un *intervalle* de nombres. C'est le cas, par exemple, lorsqu'on veut calculer une intégrale. On définit un intervalle de la manière suivante :

$$\boxed{\textit{Expression\_1} \;..\; \textit{Expression\_2}}$$

On spécifie l'opérateur "..." en tapant au moins [8] deux points consécutifs. Un intervalle est de type ".." ou de type **range**. Un intervalle a deux opérandes, sa borne gauche et sa borne droite, qui sont accessibles à l'aide des commandes **lhs** et **rhs**

```
> r:=3..7;
```

$$r := 3..7$$

```
> op(0,r);
```

$$..$$

```
> lhs(r);
```

$$3$$

Les intervalles interviennent lors de l'utilisation de certaines commandes comme **int**, **sum** et **product** :

---

[8]N.d.T. : si l'on tape plus de deux points consécutifs, l'effet est le même que si l'on en tape exactement deux.

```
>   int( f(x), x=a..b );
```

$$\int_a^b \mathrm{f}(x)\, dx$$

Il est aussi possible d'utiliser un intervalle dans une commande **op** afin d'extraire une séquence d'opérandes d'une expression. La notation :

$$\boxed{\texttt{op(a..b, c)}}$$

est équivalente à :

$$\boxed{\texttt{seq(op(i,c),i=a..b)}}$$

Par exemple :

```
>   a := [ u, v, w, x, y, z ];
```

$$a := [u, v, w, x, y, z]$$

```
>   op(2..5,a);
```

$$v, w, x, y$$

On peut aussi se servir d'intervalles avec l'opérateur de concaténation pour former des séquences de la manière suivante :

```
>   x.(1..5);
```

$$x1, x2, x3, x4, x5$$

Se reporter à la partie intitulée *L'opérateur de concaténation* (page 131).

Expressions non évaluées

Normalement, Maple évalue toutes les expressions. Il arrive parfois qu'on signifie à Maple de retarder l'évaluation d'une expression. Une expression entourée de part et d'autre par un caractère " ' " (apostrophe ou *single quote*) est une *expression non évaluée* :

$$\boxed{\textit{'expression'}}$$

Par exemple, les instructions :

```
>   a := 1;   x := a + b;
```

$$a := 1$$
$$x := 1 + b$$

affectent la valeur $1 + b$ au nom x, tandis que :

```
> a := 1;  x := 'a' + b;
```
$$a := 1$$
$$x := a + b$$

affectent la valeur $a + b$ au nom x (si b n'a pas de valeur).

L'évaluation d'une expression non évaluée a pour effet d'ôter une paire d'apostrophes encadrant l'expression. On peut même superposer plusieurs paires d'apostrophes selon le but recherché. Remarquons la différence entre l'*évaluation* et la *simplification* dans l'exemple qui suit :

```
> x := '2 + 3';
```
$$x := 5$$

L'*évaluateur* ne fait qu'enlever la paire d'apostrophes qui encadrent l'expression $2+3$ mais, dans un deuxième temps, le *simplificateur* transforme cette expression en la constante 5.

Si l'on évalue une expression entourée de deux paires d'apostrophes, on obtient une expression de type **uneval**. En effet, le résultat est l'expression entourée d'une seule paire d'apostrophes et possède un seul opérande, l'expression elle-même.

```
> op(''x - 2'');
```
$$x - 2$$

```
> whattype(''x - 2'');
```
$$uneval$$

On peut utiliser une expression non évaluée dans le cas particulier où l'on souhaite désaffecter une variable qui aurait été préalablement affectée. Il suffit d'affecter à cette variable son propre nom entouré d'apostrophes :

```
> x := 'x';
```
$$x := x$$

A présent x est dans le même état que si Maple ne lui avait jamais affecté de valeur.

Une autre situation particulière de non évaluation se produit lors d'un appel de fonction de la forme :

$$\boxed{\text{'f' (sequence)}}$$

Supposons que les arguments s'évaluent en la séquence a. Comme l'évaluation de 'f' n'est pas une procédure, Maple retourne l'appel de fonction non évalué $f(a)$.

> ``sin``(Pi);

$$'\sin'(\pi)$$

> ";

$$\sin(\pi)$$

> ";

$$0$$

On verra que cette possibilité est très utile lorsqu'on veut écrire des procédures implémentant des règles de simplification. Se reporter à la partie intitulée *Extension de certaines commandes* (page 109).

Constantes

Maple dispose d'un concept général de *constante symbolique* et initialise la variable globale **constants** aux valeurs suivantes :

> constants;

$$\textit{false}, \gamma, \infty, \textit{true}, \textit{Catalan}, \textit{FAIL}, \pi$$

ce qui signifie que Maple comprend que ces noms particuliers sont de type **constant**. L'utilisateur peut ajouter des noms de constantes supplémentaires (se reporter à la partie intitulée *Noms* (page 130)) en modifiant le contenu de cette variable globale.

> type(g,constant);

$$\textit{false}$$

> constants := constants, g;

$$\textit{constants} := \textit{false}, \gamma, \infty, \textit{true}, \textit{Catalan}, \textit{FAIL}, \pi, g$$

> type(g,constant);

$$\textit{true}$$

Une expression Maple est de type **constant** si elle est de type **numeric**, si c'est une des constantes reconnues par Maple, s'il s'agit d'une fonction non évaluée dont tous les arguments sont de type **constant**, ou encore s'il s'agit d'une somme, d'un produit ou d'une exponentielle dont tous les opérandes sont de type **constant**. Toutes les expressions suivantes sont de type **constant** : **2, sin(1), f(2,3), exp(gamma), 4+Pi, 3+I, 2*gamma/Pi^(1/2)**.

Types structurés

Il arrive qu'une simple vérification de type ne donne pas assez de renseignements. Par exemple, la commande :

> `type( x^2, `^` );`

true

dit que **x^2** est une exponentielle mais n'indique pas la nature des exposants. Face à de telles situations on a besoin de *types structurés* :

> `type( x^2, name^integer );`

true

Comme x est de type **name** et **2** de type **integer**, la commande retourne **true**. La racine carrée de x n'est pas du même type :

> `type( x^(1/2), name^integer );`

false

L'expression **x+1** n'est pas de type **name** si bien que **(x+1)^2** n'est pas de type **name^integer** :

> `type( (x+1)^2, name^integer );`

false

Le type **anything** reconnaît toutes les expressions :

> `type( (x+1)^2, anything^integer );`

true

Une expression est reconnue par un ensemble de types si son type est présent dans l'ensemble :

> `type( 1, {integer, name} );`

true

> `type( x, {integer, name} );`

true

Le type **set**(*type*) reconnaît un ensemble d'éléments de type *type* :

> `type( {1,2,3,4}, set(integer) );`

true

> `type( {x,2,3,y}, set( {integer, name} ) );`

true

De manière analogue, le type **list**(*type*) reconnaît les listes d'éléments de type *type* :

> **type([2..3, 5..7], list(range));**

true

Remarquons que e^2 n'est pas du type **anything^2** :

> **exp(2);**

$$e^2$$

> **type(", anything^2);**

false

En effet, e^2 est seulement la version affichée à l'écran par le *pretty-printer* de **exp(2)** :

> **type(exp(2), ´exp´(integer));**

true

Il convient parfois d'utiliser les apostrophes pour retarder l'évaluation de certaines expressions lorsqu'on les passe à la commande **type** :

> **type(int(f(x), x), int(anything, anything));**

Error, testing against an invalid type

Ici Maple a évalué **int(anything, anything)** et a produit :

> **int(anything, anything);**

$$\frac{1}{2} anything^2$$

qui n'est pas un type valide. Si l'on place des apostrophes autour de la commande **int**, la vérification de type fonctionne convenablement :

> **type(int(f(x), x), ´int´(anything, anything));**

true

Le type **specfunc**(*type*, *f*) reconnaît les fonctions *f* présentant plusieurs arguments de type *type* ou ne présentant aucun argument :

> **type(exp(x), specfunc(name, exp));**

true

> **type(f(), specfunc(name, f));**

true

Le type **function(***type***)** reconnaît toute fonction présentant des arguments de type *type* ou ne présentant aucun argument :

> `type( f(1,2,3), function(integer) );`

true

> `type( f(1,x,Pi), function( {integer, name} ) );`

true

Il est aussi possible de contrôler le nombre et le type des arguments d'une fonction. Le type **anyfunc(***t1***, ..., ***tn***)** reconnaît toute fonction présentant *n* arguments de types *t1*, ..., *tn* :

> `type( f(1,x), anyfunc(integer, name) );`

true

> `type( f(x,1), anyfunc(integer, name) );`

false

Voir les pages d'aide en ligne **?type,structured** pour plus d'information sur les types structurés et **?type,definition** pour savoir comment définir des types personnalisés.

4.5 Quelques boucles utiles

La partie intitulée *L'instruction de répétition* (page 138) décrit le fonctionnement des boucles **for** et des boucles **while**. Certaines situations où l'on utilise des boucles se présentent tellement souvent qu'il existe des commandes spécifiques Maple qui leur sont dédiées. On peut grouper les sept commandes consacrées aux boucles de la manière suivante :

1. **map, select, remove**
2. **zip**
3. **seq, add, mul**

Les commandes **map**, **select**, et **remove**

La commande **map** applique une fonction à tous les opérandes d'un objet. La forme la plus simple de la commande **map** est :

> `map( f, x )`

où f est une fonction et x une expression. La commande **map** remplace chaque opérande x_i de l'expression x par f(x_i)[9].

> **map(f, [a,b,c]);**
$$[f(a), f(b), f(c)]$$

Si l'on dispose d'une liste d'entiers, on peut créer avec **map** la liste de leurs valeurs absolues :

> **L := [-1, 2, -3, -4, 5];**
$$L := [-1, 2, -3, -4, 5]$$

> **map(abs,L);**
$$[1, 2, 3, 4, 5]$$

> **map(x->x^2,L);**
$$[1, 4, 9, 16, 25]$$

La syntaxe générale de la commande **map** est :

$$\boxed{\texttt{map(f, x, y1, ..., yn)}}$$

où f est une fonction, x une expression, et y1, ..., yn des expressions. L'action de **map** consiste à remplacer chaque opérande x_i de x par f(x_i, y1, ..., yn) :

> **map(f, [a,b,c], x, y);**
$$[f(a, x, y), f(b, x, y), f(c, x, y)]$$

> **L := [seq(x^i, i=0..5)];**
$$L := [1, x, x^2, x^3, x^4, x^5]$$

> **map((x,y)->x^2+y, L, 1);**
$$[2, x^2 + 1, x^4 + 1, x^6 + 1, x^8 + 1, x^{10} + 1]$$

Remarquons que le type du résultat n'est pas nécessairement le même que celui de l'entrée. Pour certains types algébriques, une simplification peut, en effet, se produire. C'est ce que nous pouvons constater sur les exemples suivants :

> **a := 2-3*x+I;**
$$a := 2 - 3x + I$$

---

[9]Exception : pour une table ou pour un tableau, Maple applique la fonction aux entrées de la table ou du tableau, mais pas aux opérandes ni aux indices.

```
> map( z->z+x, a);
```

$$2 + I$$

L'addition de **x** à chaque terme de **a** produit `2+x-3*x+x+I-x = 2+I`, qui est un nombre complexe :

```
> type(", complex);
```

true

Toutefois, **a** n'est pas un nombre complexe :

```
> type(a, complex);
```

false

Les commandes **select** et **remove** ont la même syntaxe que la commande **map**. Elles agissent de manière analogue. Les formes les plus simples sont :

```
select( f, x )
remove( f, x )
```

où *f* est une fonction à valeurs booléennes et *x* une expression qui doit être une somme, un produit, une liste, un ensemble ou un nom indexé.

La commande **select** sélectionne les opérandes de *x* qui satisfont à la fonction booléenne *f* et crée un nouvel objet du même type que *x*. Maple élimine les opérandes pour lesquels *f* ne retourne pas **true**.

La commande **remove** fait le contraire de la commande **select**. Elle enlève les opérandes de *x* qui satisfont *f*.

```
> X := [seq(i,i=1..10)];
```

$$X := [1, 2, 3, 4, 5, 6, 7, 8, 9, 10]$$

```
> select(isprime,X);
```

$$[2, 3, 5, 7]$$

```
> remove(isprime,X);
```

$$[1, 4, 6, 8, 9, 10]$$

La forme générale des commandes **select** et **remove** est :

```
select( f, x, y1, ..., yn )
remove( f, x, y1, ..., yn )
```

où *f* est une fonction, *x* une somme, un produit, une liste, un ensemble ou un nom indexé, et *y1*, ..., *yn* des expressions. Comme dans le cas de la forme générale de la commande **map**, les expressions y1, ..., yn sont passées à la fonction f :

```
> X := {2, sin(1), exp(2*x), x^(1/2)};
```
$$X := \{2, \sin(1), \sqrt{x}, e^{(2x)}\}$$

```
> select(type, X, function);
```
$$\{\sin(1), e^{(2x)}\}$$

```
> remove(type, X, constant);
```
$$\{\sqrt{x}, e^{(2x)}\}$$

```
> X := 2*x*y^2 - 3*y^4*z + 3*z*w + 2*y^3 - z^2*w*y;
```
$$X := 2xy^2 - 3y^4z + 3zw + 2y^3 - z^2wy$$

```
> select(has, X, z);
```
$$-3y^4z + 3zw - z^2wy$$

```
> remove( x -> degree(x)>3, X );
```
$$2xy^2 + 3zw + 2y^3$$

La commande **zip**

On peut recourir à la commande **zip** pour fusionner deux listes ou deux vecteurs. La commande **zip** s'utilise sous deux formes :

```
zip(f, u, v)
zip(f, u, v, d)
```

où f est une fonction binaire, u et v des listes ou des vecteurs et d une valeur. A partir des opérandes u_i et v_i, la commande **zip** crée une nouvelle liste ou un nouveau vecteur dont les opérandes sont f(u_i,v_i) :

```
> zip( (x,y)->x.y, [a,b,c,d,e,f], [1,2,3,4,5,6] );
```
$$[a1, b2, c3, d4, e5, f6]$$

Si les deux listes ou les deux vecteurs ne sont pas de la même dimension, la longueur du résultat dépend de d. Si d n'est pas spécifié, la longueur du résultat sera la plus petite des longueurs de u et v.

```
> zip( (x,y)->x+y, [a,b,c,d,e,f], [1,2,3] );
```
$$[a+1, b+2, c+3]$$

Si l'on spécifie d, la longueur du résultat sera la plus grande des longueurs de u et v, et Maple utilisera la valeur d pour la (les) valeur(s) manquante(s).

```
> zip( (x,y)->x+y, [a,b,c,d,e,f], [1,2,3], xi );
```

$$[a+1, b+2, c+3, d+\xi, e+\xi, f+\xi]$$

Remarquons que Maple ne passe pas l'argument supplémentaire, ξ, à la fonction f (alors que tel aurait été le cas avec la commande **map**).

Les commandes **seq**, **add** et `mul`

Les commandes **seq**, **add** et `mul` servent à former des séquences, des sommes et des produits. La syntaxe de ces commandes est la suivante :

```
seq(f, i = a..b)
add(f, i = a..b)
mul(f, i = a..b)
```

où f, a et b sont des expressions et où i est un nom. Les expressions a et b doivent s'évaluer en des constantes numériques.

Le résultat de **seq** est une séquence que Maple construit en évaluant f après avoir successivement affecté à l'indice i les valeurs a, a+1, ..., b (ou au moins jusqu'à la dernière valeur inférieure à b). Le résultat de **add** est la somme des éléments de la séquence précédente, et le résultat de `mul` est le produit des éléments de cette même séquence. Si la valeur de a est supérieure à celle de b, les résultats sont respectivement la séquence **NULL**, 0 et 1.

```
> seq(i^2,i=1..4);
```

$$1, 4, 9, 16$$

```
> mul(i^2,i=1..4);
```

$$576$$

```
> add(x[i], i=1..4);
```

$$x_1 + x_2 + x_3 + x_4$$

```
> mul(i^2, i = 4..1);
```

$$1$$

```
> seq(i, i = 4.123 .. 6.1);
```

$$4.123, 5.123$$

On peut aussi utiliser les commandes **seq**, **add**, et **mul** de la manière suivante :

```
seq(f, i = X)
add(f, i = X)
mul(f, i = X)
```

où *f* et *X* sont des expressions et où *i* est un nom. Dans ce cas, le résultat de la commande **seq** est la séquence produite par Maple en évaluant *f* après avoir successivement affecté à l'indice *i* les opérandes de *X*. Les résultats de **add** et **mul** sont respectivement les sommes et les produits des éléments de la séquence précédente.

```
> a := x^3 + 3*x^2 + 3*x + 1;
```
$$a := x^3 + 3x^2 + 3x + 1$$

```
> seq(degree(i,x), i=a);
```
$$3, 2, 1, 0$$

```
> add(degree(i,x), i=a);
```
$$6$$

```
> a := [23,-42,11,-3];
```
$$a := [23, -42, 11, -3]$$

```
> mul(abs(i),i=a);
```
$$31878$$

```
> add(i^2,i=a);
```
$$2423$$

seq, add et mul comparés à $, sum et product On constate que **$**, **sum** et **product** ressemblent beaucoup aux commandes **seq**, **add** et **mul**. En fait, il existe une différence essentielle entre ces deux familles de commandes : les bornes de l'intervalle de variation de *k* doivent s'évaluer en des constantes numériques (entiers, fractions ou décimaux) pour que les commandes **seq**, **add** et **mul** puissent s'exécuter, alors que ce n'est pas nécessaire dans le cas de **$**, **sum** et **product**. C'est ainsi que l'on peut demander :

```
> x[k] $ k=1..n;
```
$$x_k \, \$ \, (k = 1..n)$$

alors que l'exemple suivant conduit à une erreur :

```
> seq(x[k], k=1..n);

Error, unable to execute seq
```

puisque, en l'absence d'informations complémentaires, *n* est une variable et n'est pas considéré comme un entier par Maple. Les commandes **$**, **sum** et **product** permettent donc de traiter des séquences *symboliques* contrairement à **seq**, **add** et **mul** qui ne traitent que des séquences numériques [10].

En revanche, lorsqu'on effectue des calculs sur une séquence finie, c'est-à-dire pour laquelle la valeur des bornes *a* et *b* sont des entiers connus, alors il vaut mieux utiliser **seq**, **add** ou **mul** qui sont plus efficaces que leurs analogues symboliques.

4.6 Substitution

La commande **subs** permet d'effectuer des substitutions *syntaxiques*. Elle permet de remplacer par de nouvelles valeurs des sous-expressions dans une expression. Les sous-expressions doivent être des opérandes au sens de la commande **op**.

```
> expr := x^3 + 3*x + 1;
```
$$expr := x^3 + 3x + 1$$
```
> subs(x=y, expr);
```
$$y^3 + 3y + 1$$
```
> subs(x=2, expr);
```
$$15$$

La syntaxe de la commande **subs** est :

$$\boxed{\text{subs(S, Expr)}}$$

où *S* est une équation, une liste ou un ensemble d'équations. Maple parcourt l'expression *Expr* et compare chaque opérande de *Expr* avec le(s) membre(s) de gauche de chaque équation décrite dans *S*. Si l'un des opérandes de *Expr*

---

[10] N.d.T. : le lecteur est invité à se reporter aux pages d'aide en ligne **?add** (ou **?mul**). La comparaison des résultats obtenus avec les entrées **add(k,k=1.1..3.1);** et **sum(k,k=1.1..3.1);** montre une autre différence entre **add** (ou **mul**) et **sum** (ou **product**). Dans le cas de **sum** (ou **product**) la variable muette *k* parcourt les valeurs entières situées entre les bornes de l'intervalle 1.1..1.3 alors que dans le cas de **add** (ou **mul**) *k* prend succesivement les valeurs 1.1, 1.1 + 1 etc.

est égal au membre de gauche d'une équation de S, alors **subs** remplace cet opérande par le membre de droite de l'équation considérée. Si S est une liste ou un ensemble d'équations, alors Maple effectue les substitutions indiquées simultanément.

> `f := x*y^2;`

$$f := x y^2$$

> `subs( {y=z, x=y, z=w}, f );`

$$y z^2$$

La syntaxe générale de la commande **subs** est la suivante :

$$\boxed{\texttt{subs(S1, S2, ..., Sn, Expr)}}$$

où S1, S2, ..., Sn sont des équations, des ensembles ou des listes d'équations et où Expr est une expression. La commande précédente est équivalente à la succession de substitutions :

$$\boxed{\texttt{subs(Sn, ..., subs(S2, subs(S1, Expr)))}}$$

Ainsi **subs** procède aux substitutions de gauche à droite, en tenant compte du résultat déjà obtenu. On remarquera la différence entre l'exemple précédent et l'exemple suivant :

> `subs( y=z, x=y, z=w, f );`

$$y w^2$$

Maple n'évalue pas le résultat d'une substitution :

> `subs( x=0, sin(x) + x^2 );`

$$\sin(0)$$

Il arrive souvent qu'on désire une évaluation après une substitution. Dans ce cas il faut ajouter un appel à la commande **eval** pour forcer l'évaluation :

> `eval( " );`

$$0$$

La commande **subs** parcourt seulement les opérandes présents dans l'arbre décrivant l'expression :

```
> subs(a*b=d, a*b*c);
```

$$a b c$$

La substitution n'a pas fonctionné parce que les opérandes du produit **a*b*c** sont **a**, **b** et **c** de sorte que les produits **a*b**, **b*c** et **a*c** n'apparaissent pas en tant qu'opérandes. Par suite, **subs** ne les trouve pas dans **a*b*c**. Le plus simple pour effectuer de telles substitutions est de résoudre l'équation par rapport à l'une des inconnues, avant d'effectuer la substitution :

```
> subs(a=d/b, a*b*c);
```

$$d c$$

Il n'est pas toujours possible de procéder ainsi. En outre le résultat obtenu n'est pas toujours celui escompté. La commande **algsubs** fournit un moyen plus puissant pour effectuer des substitutions :

```
> algsubs(a*b=d, a*b*c);
```

$$d c$$

Rappelons que les opérandes de $x^{n/d}$ sont x et n/d. Dans l'exemple suivant, on pourrait croire que $\sqrt{x}$ fait partie des opérandes :

```
> subs( x^(1/2)=y, a/x^(1/2) );
```

$$\frac{a}{\sqrt{x}}$$

Il n'en est rien, car les opérandes de l'expression considérée sont a et $x^{-1/2}$. La division est, en effet, vue par Maple comme un produit avec une expression affectée d'un exposant négatif, en l'occurrence $a \times x^{-1/2}$. **subs** ne trouve donc pas $x^{1/2}$. On contourne cette difficulté en substituant $x^{-1/2}$ dans l'expression :

```
> subs( x^(-1/2)=1/y, a/x^(1/2) );
```

$$\frac{a}{y}$$

Le lecteur est invité à se reporter à l'aide en ligne **?algsubs** pour en savoir davantage sur la commande **algsubs**. Il faut savoir que si la commande **algsubs** est plus puissante que la commande **subs** elle est aussi plus complexe et donc plus gourmande en temps de calcul.

4.7 Conclusion

Ce chapitre a présenté les éléments fondamentaux du langage Maple. Les expressions passées à Maple sont filtrées pour être reconnues et répertoriées dans l'une des catégories d'instructions admissibles. De nombreux types d'expressions existent au sein de Maple. Le recours à leurs représentations arborescentes permet de connaître leurs natures et leurs opérandes.

# Procédures

La commande **proc** permet de définir des procédures. Ce chapitre aborde tout ce qui concerne la syntaxe et la sémantique de cette commande, en particulier les notions de variables locales et de variables globales ainsi que la question du passage des arguments à une procédure. Quelques exercices sont détaillés pour permettre une meilleure compréhension de ces questions.

5.1 Définition d'une procédure

Une procédure Maple se définit de la manière suivante :

```
proc( P )
local L;
global G;
options O;
description D;
C
end;
```

où C désigne une séquence d'instructions qui constituent le corps de la procédure. Les paramètres formels, P, ainsi que les clauses **local**, **global**, **options** et **description**, sont optionnels. L'exemple qui suit constitue une définition de procédure Maple. La procédure admet deux *paramètres formels*, x et y, et n'a aucune clause **local**, **global**, **options** ni **description** ; son corps est constitué d'une seule instruction.

```
> proc(x,y)
>     x^2 + y^2
```

```
> end;
```
$$\mathrm{proc}(x, y)\, x^2 + y^2\ \mathbf{end}$$

On peut donner un nom à une procédure, comme à n'importe quel autre objet Maple.

```
> F := proc(x,y) x^2 + y^2 end;
```
$$F := \mathrm{proc}(x, y)\, x^2 + y^2\ \mathbf{end}$$

On peut alors *exécuter* (ou *invoquer*) la procédure en faisant l'appel suivant :

$$\boxed{F\ (\ A\ )}$$

Lorsque Maple exécute les instructions du corps d'une procédure, il remplace les paramètres formels, P, avec les valeurs, A, qui ont été effectivement passées à la procédure lors de l'appel. Remarquons que Maple évalue les paramètres effectifs, A, avant de les substituer aux paramètres formels P.

Normalement, le résultat retourné par une procédure après exécution est la valeur résultant de la dernière instruction exécutée dans le corps de la procédure.

Notation fonctionnelle

On peut aussi définir une procédure à l'aide de l'opérateur flèche de la manière suivante :

$$\boxed{(\ P\ )\ \rightarrow\ B;}$$

La séquence P de paramètres formels peut être vide et le corps B de la procédure doit être constitué par une seule expression ou par une instruction **if**.

```
> F := (x,y) -> x^2 + y^2;
```
$$F := (x, y) \rightarrow x^2 + y^2$$

Si la procédure n'admet qu'un paramètre, il est possible d'omettre les parenthèses autour de ce paramètre formel.

```
> G := n -> if n<0 then 0 else 1 fi;
```
$$G := \mathrm{proc}(n)\ \mathbf{option}\ \mathit{operator}, \mathit{arrow};\ \mathbf{if}\ n < 0\ \mathbf{then}\ 0\ \mathbf{else}\ 1\ \mathbf{fi}\ \mathbf{end}$$

```
> G(9), G(-2);
```
$$1, 0$$

Cette notation n'est prévue que pour définir des fonctions simples s'écrivant en une ligne. On ne peut pas spécifier de variable locale ou globale ni d'option.

Procédures anonymes

Une définition de procédure est une expression valide Maple. On peut créer, manipuler et invoquer des procédures sans leur affecter de nom.

```
> (x) -> x^2;
```

$$x \to x^2$$

On invoque une procédure anonyme de la manière suivante :

```
> ( x -> x^2 )( t );
```

$$t^2$$

```
> proc(x,y) x^2 + y^2 end(u,v);
```

$$u^2 + v^2$$

Les procédures anonymes sont souvent utilisées avec la commande **map**.

```
> map( x -> x^2, [1,2,3,4] );
```

$$[1, 4, 9, 16]$$

On peut additionner des procédures ou les traiter avec des commandes appropriées, comme l'opérateur différentiel **D**.

```
> D(x -> x^2);
```

$$x \to 2x$$

```
> F := D(exp + 2*ln);
```

$$F := \exp + 2\,(a \to \frac{1}{a})$$

Simplification de procédures

Lorsqu'on définit une procédure, Maple ne l'évalue pas mais il peut éventuellement la simplifier.

```
> proc(x) local t;
>     t := x*x*x + 0*2;
>     if true then sqrt(t) else t^2 fi;
```

> **end;**

$$\text{proc}(x) \text{ local } t;\ t := x^3;\ \text{sqrt}(t) \text{ end}$$

Maple simplifie encore davantage les procédures qui sont définies avec l'option **operator**.

> **x -> 3/4;**

$$\frac{3}{4}$$

> **(x,y,z) -> h(x,y,z);**

$$h$$

La simplification de procédure est une forme d'optimisation de programmes.

5.2 Passage des paramètres

Nous allons étudier ce qui se passe lors de l'appel de procédure :

```
F( SeqArgs )
```

Maple évalue d'abord F. Ensuite Maple évalue la séquence des arguments, SeqArgs. Si certains arguments s'évaluent en des séquences, Maple met cette séquence d'arguments[1] à plat en une seule séquence appelée séquence des *paramètres effectifs*. Supposons que F s'évalue en la procédure :

```
proc( ParametresFormels )
Corps;
end;
```

Maple exécute alors les instructions du *Corps* de la procédure, après avoir substitué les paramètres effectifs aux paramètres formels.

Considérons l'exemple suivant :

> **s := a,b: t := c:**
> **F := proc(x,y,z) x + y + z end:**
> **F(s,t);**

$$a + b + c$$

Dans cet exemple, **s,t** est la *séquence des arguments* mais **a,b,c** est la *séquence des paramètres effectifs* et **x,y,z** constitue la *séquence des paramètres formels*.

---

[1] N.d.T. : la séquence d'arguments est donc ici une séquence de séquences

Le nombre des paramètres effectifs peut être différent du nombre de paramètres formels. S'il y a trop peu de paramètres effectifs, une erreur se produit si et seulement si un paramètre manquant est utilisé au cours de l'exécution du corps de la procédure. Maple ignore les paramètres superflus.

```
> f := proc(x,y,z) if x>y then x else z fi end:
> f(1,2,3,4);
```

$$3$$

```
> f(1,2);

Error, (in f) f uses a 3rd argument, z,
which is missing

> f(2,1);
```

$$2$$

Paramètres déclarés

On peut écrire des procédures qui ne fonctionnent qu'avec des entrées bien précises. A cet effet on va déclarer le type des paramètres formels afin d'obtenir des messages d'erreur en cas d'appel de la procédure avec des arguments non conformes. Pour déclarer le type d'un paramètre on utilise la syntaxe suivante :

> param :: type

où *param* est le nom du paramètre formel, et *type* est un type. Maple connaît de nombreux types (voir l'aide en ligne **?type**).

Avant d'exécuter le corps d'une procédure, Maple vérifie le type des paramètres effectifs en commençant par la gauche. Si aucune erreur n'est détectée, la procédure est exécutée.

```
> MAX := proc(x::numeric, y::numeric)
>     if x>y then x else y fi
> end:
> MAX(Pi,3);

Error, MAX expects its 1st argument, x, to be of type
numeric, but received Pi
```

On peut aussi recourir à un paramètre déclaré avec la notation fonctionnelle :

```
> G := (n::even) -> n! * (n/2)!;
```
$$G := n\text{::}even \to n!\,(\frac{1}{2}n)!$$

```
> G(6);
```
$$4320$$

```
> G(5);
```
```
Error, G expects its 1st argument, n, to be of type
even, but received 5
```

Si un paramètre n'est pas déclaré, il peut être de n'importe quel type. De la sorte, **proc(x)** est équivalent à **proc(x::anything)**. Il est préférable de privilégier la deuxième écriture car elle est plus déclarative.

La séquence des arguments

Il n'est même pas nécessaire de proposer un nom pour d'éventuels paramètres d'une procédure. Il est, en effet, toujours possible d'accéder à la séquence complète des paramètres effectifs à travers la variable **args**. La procédure de l'exemple suivant retourne la liste de ses arguments.

```
> f := proc() [args] end;
```
$$f := \text{proc}()\,[args]\,\text{end}$$

```
> f(a,b,c);
```
$$[a, b, c]$$

```
> f(c);
```
$$[c]$$

```
> f();
```
$$[\,]$$

La variable **args** contient la séquence des arguments effectifs passés à la procédure, **args[i]** contient le *i*-ième argument et **nargs** contient le nombre d'arguments effectifs passés à la procédure. C'est ainsi que les deux procédures qui suivent sont équivalentes, à condition de leur passer au mois deux arguments de type **numeric**.

```
> MAX := proc(x::numeric,y::numeric)
>    if x > y then x else y fi;
> end;
```
$$MAX := \text{proc}(x\text{::}numeric, y\text{::}numeric)\,\text{if}\,y < x\,\text{then}\,x\,\text{else}\,y\,\text{fi}\,\text{end}$$

```
> MAX := proc()
>     if args[1] > args[2] then args[1] else args[2] fi;
> end;
```

$$MAX := \text{proc}() \text{ if } args_2 < args_1 \text{ then } args_1 \text{ else } args_2 \text{ fi end}$$

On peut écrire une procédure **MAX** qui calcule le maximum d'un nombre quelconque d'arguments.

```
> MAX := proc()
>     local i,m;
>     if nargs = 0 then RETURN(FAIL) fi;
>     m := args[1];
>     for i from 2 to nargs do
>         if args[i] > m then m := args[i] fi;
>     od;
>     m;
> end:
> MAX(2/3, 1/2, 4/7);
```

$$\frac{2}{3}$$

5.3 Variables locales et variables globales

Au sein d'une procédure, les variables sont soit locales soit globales. Les variables définies hors de toute procédure sont globales[2]. Maple considère que deux variables locales, définies dans deux procédures distinctes, sont distinctes même si elles portent le même nom. De la sorte, une procédure peut changer le contenu d'une variable qui lui est locale, sans affecter d'autres éventuelles variables locales portant le même nom dans d'autres procédures ou une éventuelle variable globale du même nom. Même si cela est facultatif, il est préférable de déclarer la nature des variables utilisées dans une procédure. Cela se fait de la manière suivante :

```
local L1, L2, ..., Ln;
global G1, G2, ..., Gm;
```

Dans l'exemple qui suit, i et m sont des variables locales.

```
> MAX := proc()
>     local i,m;
>     if nargs = 0 then RETURN(0) fi;
>     m := args[1];
```

---

[2] N.d.T. : une telle variable est dite *définie au toplevel*.

5.3 Variables locales et variables globales • 203

```
>       for i from 2 to nargs do
>           if args[i] > m then m := args[i] fi;
>       od;
>       m;
> end:
```

Si l'on n'a pas déclaré la nature d'une variable, c'est Maple qui décide si elle est locale ou globale. Une variable est considérée comme locale dans les cas suivants :

- si cette variable apparaît dans le membre de gauche d'une affectation, comme, par exemple, **A** dans **A := y** ou **A[1] := y** ;
- si cette variable est un compteur dans une boucle **for**, **seq**, **add**, ou **mul**.

Si aucune des deux règles précédentes ne s'applique, la variable est considérée comme globale par Maple.

```
> MAX := proc()
>     if nargs = 0 then RETURN(0) fi;
>     m := args[1];
>     for i from 2 to nargs do
>         if args[i] > m then m := args[i] fi;
>     od;
>     m;
> end:
Warning, `m` is implicitly declared local
Warning, `i` is implicitly declared local
```

Maple considère que la variable m est locale parce qu'elle apparaît dans le membre de gauche de l'affectation **m:=args[1]** et considère la variable i comme locale parce que c'est le compteur d'une boucle **for**.

Il convient de ne pas se reposer sur ce comportement par défaut pour déclarer des variables locales. Il faut toujours déclarer ses variables explicitement. Les messages d'avertissement affichés par Maple permettent de se rendre compte que certaines variables n'ont pas été déclarées, ou bien que des fautes de frappe ont été commises lors de leur écriture.

La procédure **newname** ci-dessous crée la première variable non affectée de la séquence $C1, C2, \ldots$ Le nom créé par **newname** est une variable globale puisqu'aucune des règles par défaut ne s'applique à CN.

```
> N := 0;
```
$$N := 0$$

```
> newname := proc()
>     global N;
```

```
>     N := N+1;
>     while assigned(C.N) do
>         N := N+1;
>     od;
>     C.N;
> end:
```

La procédure **newname** ne prend pas d'argument.

```
> newname() * sin(x) + newname() * cos(x);
```

$$C1\ \sin(x) + C2\ \cos(x)$$

Il est en général déconseillé d'affecter une valeur à une variable globale au sein d'une procédure. En effet, la modification d'une variable globale va avoir des conséquences aussi en dehors de la procédure qui a effectué la modification.

Evaluation des variables locales

Les variables locales ont un comportement spécifique en ce qui concerne leur évaluation : au cours de l'exécution d'une procédure, les variables locales sont évaluées au *premier niveau seulement*.

Nous allons clarifier cet aspect à travers quelques exemples. Considérons :

```
> f := x + y;
```

$$f := x + y$$

```
> x := z^2/ y;
```

$$x := \frac{z^2}{y}$$

```
> z := y^3 + 3;
```

$$z := y^3 + 3$$

L'évaluation récursive complète de **f** conduit à :

```
> f;
```

$$\frac{(y^3 + 3)^2}{y} + y$$

Il est malgré tout possible de forcer une évaluation complète en ayant recours à la commande **eval**. Avec la séquence de commandes suivantes, on peut même contrôler le niveau d'évaluation d'une variable :

```
> eval(f,1);
```
$$x + y$$

```
> eval(f,2);
```
$$\frac{z^2}{y} + y$$

```
> eval(f,3);
```
$$\frac{(y^3 + 3)^2}{y} + y$$

Le recours à une évaluation des variables au premier niveau s'impose pour des raisons d'efficacité[3]. Ce dispositif n'a que très peu de répercussions sur la programmation, si on le connaît. Dans les cas où l'on a besoin d'une évaluation complète d'une variable, il suffit de recourir à **eval**.

```
> F := proc()
>   local x, y, z;
>   x := y^2;   y := z;   z := 3;
>   eval(x)
> end:
> F();
```
$$9$$

On peut utiliser les variables locales comme des inconnues. Par exemple, dans la procédure suivante, aucune valeur n'est affectée à la variable x. La procédure l'utilise comme indéterminée dans le polynôme $x^n - 1$.

```
> RootsOfUnity := proc(n)
>     local x;
>     [solve( x^n - 1=0, x )];
> end:
> RootsOfUnity(5);
```

$$[1, \frac{1}{4}\sqrt{5} - \frac{1}{4} + \frac{1}{4}I\sqrt{2}\sqrt{5 + \sqrt{5}}, -\frac{1}{4}\sqrt{5} - \frac{1}{4} + \frac{1}{4}I\sqrt{2}\sqrt{5 - \sqrt{5}},$$
$$-\frac{1}{4}\sqrt{5} - \frac{1}{4} - \frac{1}{4}I\sqrt{2}\sqrt{5 - \sqrt{5}}, \frac{1}{4}\sqrt{5} - \frac{1}{4} - \frac{1}{4}I\sqrt{2}\sqrt{5 + \sqrt{5}}]$$

---

[3] Un tel procédé n'existe pas dans les langages de programmation conventionnels. Avec Maple il est possible d'utiliser une formule qui fait référence à des variables qui elles-mêmes peuvent dépendre d'autres variables encore, etc.

5.4 Options et description d'une procédure

Options

Une procédure peut présenter une ou plusieurs options. On spécifie les options d'une procédure de la manière suivante :

```
options O1, O2, ..., Om;
```

Il est possible d'utiliser n'importe quelle chaîne pour définir une option, mais les options suivantes ont une signification particulière.

L'option `remember` et l'option `system` Lorsqu'on invoque une procédure dotée de l'option **remember**, Maple garde les résultats des appels à cette procédure dans une table dite *table de remember* qui est associée à la procédure. Lors de chaque appel à la procédure, Maple regarde dans la table si la valeur demandée n'a pas déjà été calculée avant de procéder à l'exécution de la procédure si tel n'est pas le cas.

```
> fib := proc(n::nonnegint)
>    option remember;
>    fib(n-1) + fib(n-2);
> end;
```

fib := proc(*n*::*nonnegint*) option *remember*; fib(*n* − 1) + fib(*n* − 2) nd

On peut placer directement des valeurs dans la table de remember d'une procédure.

```
> fib(0) := 0;
```

$$\text{fib}(0) := 0$$

```
> fib(1) := 1;
```

$$\text{fib}(1) := 1$$

Voici la table de remember associée à la procédure **fib**[4] :

$$\text{table}([$$
$$0 = 0$$
$$1 = 1$$
$$])$$

---

[4]N.d.T. : pour savoir comment obtenir la table de remember associée à une procédure, se reporter à la partie intitulée *Types et opérandes d'une procédure* (page 218).

Comme **fib** a été dotée de l'option **remember**, chaque appel peut placer de nouvelles valeurs dans la table de remember.

> **fib(9);**

$$34$$

Voici la nouvelle table de remember.

$$\text{table}([$$
$$0 = 0$$
$$4 = 3$$
$$8 = 21$$
$$1 = 1$$
$$5 = 5$$
$$9 = 34$$
$$2 = 1$$
$$6 = 8$$
$$3 = 2$$
$$7 = 13$$
$$])$$

L'utilisation de tables de remember peut améliorer de façon considérable l'efficacité de certaines procédures récursives.

L'option **system** permet à Maple de retirer des entrées d'une table de remember. Une telle amnésie sélective se produit lors des récupérations périodiques de place mémoire (*garbage collection*) effectuées par Maple. Il ne faut pas utiliser cette option avec des procédures qui, comme **fib**, dépendent des valeurs de leur table de remember pour se terminer. Le lecteur peut se reporter à la partie intitulée *tables de remember* (page 78) pour davantage de précisions sur ces tables.

L'option operator et l'option arrow L'option **operator** autorise Maple à effectuer des simplifications plus approfondies sur la procédure déclarée tandis que l'option **arrow** indique à Maple que le pretty-printer doit afficher la procédure en utilisant la notation fonctionnelle.

> **proc(x)**
>   **option operator, arrow;**

```
>    x^2;
> end;
```

$$x \to x^2$$

La partie intitulée *Notation fonctionnelle* (page 197) décrit l'usage de la notation fonctionnelle.

L'option `Copyright` Maple considère toute option commençant par le nom *Copyright* comme étant une option `Copyright`. Maple n'affiche pas le corps d'une procédure dotée de l'option `Copyright` à moins que la variable `verboseproc` ait une valeur supérieure ou égale à 2.

```
> f := proc(expr::anything, x::name)
>    option `Copyright 1684 by G. W. Leibniz`;
>    Diff(expr, x);
> end;
```

$f :=$ proc(*expr::anything, x::name*) ... end

L'option `builtin` Maple possède deux catégories principales de procédures : celles qui font partie du noyau de Maple[5], et celles qui sont définies par le langage Maple. L'option `builtin` signale les procédures qui font partie du noyau de Maple. On peut remarquer cela lorsqu'on évalue complètement une procédure du noyau.

```
> eval(type);
```

proc() option *builtin*; 161 end

Chaque procédure du noyau est identifiée de manière unique par un numéro. L'utilisateur ne peut évidemment pas modifier des procédures du noyau, ni placer des procédures dans le noyau.

Le champ de description

La dernière partie de l'en-tête d'une procédure est constituée par son champ de `description`. Il doit apparaître après toute clause `local`, `global` ou `options` et avant le corps de la procédure. Il est en général de la forme :

> **description** *chaine* **;**

Le champ de description n'a aucun effet sur l'exécution de la procédure. Son utilité n'apparaît qu'à des fins de documentation. Contrairement à un

---

[5]N.d.T. : de telles procédures sont appelées procédures *built-in*.

commentaire, qui est éliminé par Maple lors de l'exécution, le champ de description fournit un moyen de lier un commentaire d'une ligne à une procédure.

```
> f := proc(x)
>     description `computes the square of x`;
>     x^2; # compute x^2
> end:
> print(f);
```

proc(x) description `computes the square of x` x^2 end

En outre, Maple affiche la description même si le corps de la procédure n'est pas affiché en raison d'une option **Copyright**.

```
> f := proc(x)
>     option `Copyrighted ?`;
>     description `computes the square of x`;
>     x^2; # compute x^2
> end:
> print(f);
```

proc(x) description `computes the square of x` ... end

5.5 Valeur retournée par une procédure

Lorsqu'on invoque une procédure, la valeur retournée par Maple est normalement la valeur de la dernière instruction exécutée par Maple dans le corps de la procédure. Il existe trois autres types de retour de procédure : le retour *à travers un paramètre*, le retour *explicite* et le retour d'une *erreur*.

Affectation de valeurs à des paramètres

Il arrive qu'on ait besoin d'écrire une procédure qui retourne une valeur par le biais d'un paramètre. Supposons qu'on souhaite écrire une procédure booléenne, **MEMBER**, qui détermine si une liste contient une expression **x** donnée. En outre, si l'on appelle **MEMBER** avec un troisième argument, **p**, alors **MEMBER** doit affecter à **p** la position de **x** dans la liste **L**.

```
> MEMBER := proc(x::anything, L::list, p::evaln)
>           local i;
>     for i to nops(L) do
>        if x=L[i] then
>           if nargs>2 then p := i fi;
>           RETURN(true)
>        fi;
```

```
>     od;
>     false
> end:
```

Si l'on appelle **MEMBER** avec deux arguments, alors **nargs** vaut 2 et le corps de la procédure correspondant à ce cas ne fait pas référence au paramètre formel **p**. C'est pourquoi Maple ne réclame pas de paramètre supplémentaire dans ce cas.

```
> MEMBER( x, [a,b,c,d] );
```
$$false$$

Si l'on appelle **MEMBER** avec trois arguments, alors la déclaration de type **p::evaln** contraint Maple à évaluer le troisième paramètre effectif en un nom[6] au lieu de l'évaluer complètement.

```
> q := 78;
```
$$q := 78$$
```
> MEMBER( c, [a,b,c,d], q );
```
$$true$$
```
> q;
```
$$3$$

Maple évalue les paramètres d'une procédure une seule fois au moment de l'appel à la procédure. On ne peut donc pas se servir des paramètres d'une procédure comme s'il s'agissait de variables locales. Une fois qu'on a affecté une valeur à un paramètre, on ne devrait plus s'en servir. La seule raison légitime qui peut conduire à affecter une valeur à un paramètre se produit lorsqu'on veut que ce paramètre contienne une valeur particulière lors du retour de la procédure. La procédure suivante affecte la valeur -13 à son paramètre et retourne le nom de ce paramètre.

```
> f := proc(x::evaln)
>     x := -13;
>     x;
> end:
> f(q);
```
$$q$$

La valeur de q est à présent -13.

---

[6] Si le troisième paramètre n'avait pas été déclaré de type **evaln**, il aurait fallu mettre le nom **q** entre deux apostrophes (´**q**´) pour faire en sorte que ce soit le nom du paramètre effectif qui soit passé à la procédure, et non sa valeur.

```
> q;
```
$$-13$$

La procédure **count** ci-dessous constitue une illustration plus complexe de ce phénomène. **count** doit déterminer si un produit de facteurs, p, contient une certaine expression, x. Si p contient x, alors **count** doit retourner dans le troisième paramètre, n, le nombre de facteurs de p contenant x.

```
> count := proc(p::`*`, x::name, n::evaln)
>     local f;
>     n := 0;
>     for f in p do
>         if has(f,x) then n := n+1 fi;
>     od;
>     evalb( n>0 );
> end:
```

La procédure **count** ne fonctionne pas comme prévu.

```
> count(2*x^2*exp(x)*y, x, m);
```
$$-m < 0$$

A l'intérieur de la procédure, la valeur du paramètre formel **n** est toujours **m**, valeur du paramètre effectif que Maple a déterminée une fois pour toutes au moment de l'appel à la procédure. Ainsi, lorsque l'exécution atteint l'instruction **evalb**, la valeur de **n** est le nom **m** et non la valeur de **m**. Pire encore, l'instruction **n:=n+1** affecte à **m** le nom **m+1**, comme on peut le constater lorsqu'on évalue **m** au premier niveau.

```
> eval(m, 1);
```
$$m + 1$$

Mais dans le résultat précédent, **m** a aussi la valeur **m+1** si l'on pousse l'évaluation un niveau plus loin.

```
> eval(m, 2);
```
$$m + 2$$

Ainsi, si l'on demandait à Maple d'évaluer complètement **m**, on lancerait une boucle infinie[7].

Une solution générale à ce type de problème consiste à utiliser des variables locales et de réaliser l'affectation au paramètre comme ultime opération de la procédure.

---

[7] N.d.T. : on aboutirait concrètement à un débordement de la pile mémoire (*stack overflow*).

```
> count := proc(p::`*`, x::name, n::evaln)
>     local f, m;
>     m := 0;
>     for f in p do
>         if has(f,x) then m := m + 1 fi;
>     od;
>     n := m;
>     evalb( m>0 );
> end:
```

Cette nouvelle version de **count** fonctionne comme prévu.

```
> count(2*x^2*exp(x)*y, x, m);
```

$$true$$

```
> m;
```

$$2$$

Retours explicites

Un *retour explicite* a lieu lorsqu'on invoque la commande **RETURN** selon la syntaxe :

> **RETURN(** *sequence* **);**

La commande **RETURN** provoque un retour immédiat de la procédure, et la valeur de *sequence* devient le résultat de l'appel à la procédure.

La procédure suivante détermine la position i de la première occurrence d'une valeur x dans une liste de valeurs L. Si x n'est pas dans la liste, la procédure retourne 0.

```
> POSITION := proc(x::anything, L::list)
>     local i;
>     for i to nops(L) do
>         if x=L[i] then RETURN(i) fi;
>     od;
>     0;
> end:
```

Dans la plupart des applications de la commande **RETURN**, la commande va être utilisée pour retourner une seule expression. Il est aussi possible de retourner une séquence. C'est le cas de la procédure **GCD** ci-dessous, qui calcule le plus grand commun diviseur g de deux entiers a et b. La procédure **GCD** retourne la séquence $g, a/g, b/g$. **GCD** doit traiter le cas $a = b = 0$ séparément car on obtient alors $g = 0$.

5.5 Valeur retournée par une procédure

```
> GCD := proc(a::integer, b::integer)
>    local g;
>    if a=0 and b=0 then RETURN(0,0,0) fi;
>    g := igcd(a,b);
>    g, iquo(a,g), iquo(b,g);
> end:
> GCD(0,0);
```
$$0,0,0$$

```
> GCD(12,8);
```
$$4,3,2$$

On peut aussi bien retourner de la sorte une liste ou un ensemble de valeurs.

Retours d'erreur

Un *retour d'erreur* se produit lorsqu'on invoque la commande **ERROR** selon la syntaxe :

$$\boxed{\texttt{ERROR(sequence);}}$$

La commande **ERROR** provoque une sortie immédiate de la procédure courante vers la session Maple. Le message d'erreur suivant est alors affiché :

$$\boxed{\texttt{Error, (in nomproc), sequence}}$$

Ici, *sequence* est la séquence passée en argument à la commande **ERROR** et *nomproc* est le nom de la procédure dans laquelle s'est produite l'erreur. Si la procédure n'a pas de nom, Maple signale : **Error, (in unknown) ...**.

On utilise fréquemment la commande **ERROR** lorsqu'on a besoin de vérifier que les paramètres effectifs ont des types convenables, et que cette vérification ne peut se faire directement avec une déclaration des paramètres. La procédure **pairup** qui suit prend une liste L de la forme $[x_1, y_1, x_2, y_2, \ldots, x_n, y_n]$ en entrée et fabrique en sortie une liste de la forme $[[x_1, y_1], [x_2, y_2], \ldots, [x_n, y_n]]$. Il n'est pas possible de vérifier à l'aide d'une déclaration de paramètre que la liste L contient un nombre pair d'éléments. On effectue donc la vérification dans le corps de la procédure.

```
> pairup := proc(L::list)
>    local i, n;
>    n := nops(L);
>    if irem(n,2)=1 then
>       ERROR( `L doit avoir un nombre pair
>              d'éléments` );
```

```
>    fi;
>    [seq( [L[2*i-1],L[2*i]], i=1..n/2 )];
> end:
> pairup([1, 2, 3, 4, 5]);

Error, (in pairup)
L doit avoir un nombre pair d'éléments

> pairup([1, 2, 3, 4, 5, 6]);
```

$$[[1, 2], [3, 4], [5, 6]]$$

Récupération d'erreurs

La variable globale **lasterror** contient la valeur de la dernière erreur. La procédure **pairup** définie ci-dessus a déclenché une erreur.

```
> lasterror;
```

L doit avoir un nombre pair d'éléments

Il est possible de récupérer les erreurs à l'aide de la commande **traperror**. La commande **traperror** évalue ses arguments. Si aucune erreur ne se produit lors de cette évaluation, **traperror** retourne simplement ses arguments évalués.

```
> x := 0:
> result := traperror( 1/(x+1) );
```

$$result := 1$$

Si une erreur se produit au cours de l'évaluation de ses arguments, **traperror** retourne la chaîne qui correspond à l'erreur rencontrée.

```
> result := traperror(1/x);
```

$$result := \textit{division by zero}$$

La valeur de **lasterror** a changé.

```
> lasterror;
```

division by zero

Il est possible de savoir si une erreur s'est produite en comparant le résultat de **traperror** avec **lasterror**. Si une erreur a eu lieu, **lasterror** et la valeur retournée par **traperror** sont identiques.

```
> evalb( result = lasterror );
```

true

Les commandes **traperror** et **ERROR** permettent d'éviter des calculs coûteux, aussi efficacement et aussi proprement que possible. Supposons qu'on essaye de calculer une intégrale en utilisant différentes méthodes. Au milieu de l'exécution de la première méthode, on se rend compte qu'elle n'aboutira pas. On souhaite alors arrêter les calculs pour cette méthode et essayer une autre méthode. Le code permettant d'essayer les différentes méthodes peut ressembler à ceci :

```
> result := traperror( MethodA(f,x) );
> if result=lasterror then    # détection d'une erreur
>     if lasterror=FAIL then  # échec de Méthode A,
>                             # essai de Méthode B
>         result := MethodB(f,x);
>     else # autre erreur détectée
>         ERROR(lasterror); # propagation de l'erreur
>     fi
> else # succès de Méthode A
>     RETURN(result);
> fi;
```

MethodA peut arrêter ses calculs à n'importe quel moment en exécutant la commande **ERROR(FAIL)**.

Retours non évalués

Maple a souvent recours à une forme particulière de retour : le *retour non évalué*. Maple retourne l'appel de fonction non évalué pour signifier qu'il n'a pas réussi à répondre à la question posée. La procédure **MAX** ci-dessous détermine le maximum de deux nombres x et y.

```
> MAX := proc(x,y) if x>y then x else y fi end:
```

Cette version de **MAX** n'est pas acceptable pour un système de calcul formel puisqu'elle requiert des arguments numériques afin de savoir si $x > y$.

```
> MAX(3.2, 2);
```

$$3.2$$

```
> MAX(x, 2*y);
```

```
Error, (in MAX) cannot evaluate boolean
```

L'incapacité de **MAX** à gérer des données symboliques pose notamment problème lorsqu'on veut représenter graphiquement des expressions où figure **MAX**.

```
> plot( MAX(x, 1/x), x=1/2..2 );

Error, (in MAX) cannot evaluate boolean
```

L'erreur se produit parce que Maple essaie d'évaluer **MAX(x, 1/x)** avant d'invoquer la commande **plot**.

La solution consiste à faire en sorte que **MAX** fasse un retour non évalué lorsque ses paramètres x et y ne sont pas numériques. Dans ce cas, **MAX** doit retourner ´**MAX**´(x,y).

```
> MAX := proc(x, y)
>    if type(x, numeric) and type(y, numeric) then
>       if x>y then x else y fi;;
>    else
>       ´MAX´(x,y);
>    fi;
> end:
```

La nouvelle version de **MAX** gère à la fois les entrées numériques et les entrées symboliques.

```
> MAX(3.2, 2);
```

$$3.2$$

```
> MAX(x, 2*y);
```

$$\mathrm{MAX}(x, 2y)$$

```
> plot( MAX(x, 1/x), x=1/2..2 );
```

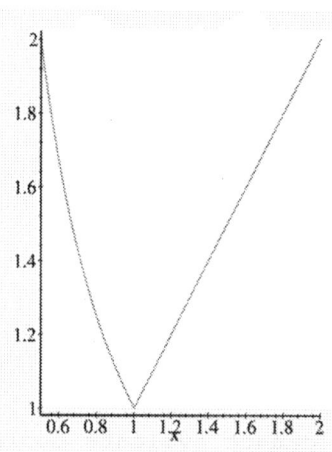

Il est possible d'améliorer la procédure **MAX** de manière à ce qu'elle trouve le maximum de n'importe quel nombre d'arguments. Dans une procédure, **args** contient la séquence des paramètres effectifs, **nargs**

contient le nombre d'arguments et **procname** contient le nom de la procédure.

```
> MAX := proc()
>    local m, i;
>    m := -infinity;
>    for i in (args) do
>       if not type(i, numeric) then
>          RETURN('procname'(args));
>       fi;
>       if i>m then m := i fi;
>    od;
>    m;
> end:
> MAX(3,1,4);
```

$$4$$

```
> MAX(3,x,1,4);
```

$$MAX(3, x, 1, 4)$$

La fonction **sin** et la commande d'intégration **int** fonctionnent de cette façon. Si Maple parvient à calculer le résultat, Maple retourne ce résultat. Dans le cas contraire, un retour non évalué a lieu.

Exercice

1. Améliorer la procédure **MAX** définie ci-dessus de manière à ce que **MAX(3,x,1,4)** retourne **MAX(x,4)**, c'est-à-dire que la procédure retourne la valeur numérique maximale avec la liste des valeurs non numériques.

5.6 La procédure en tant qu'objet Maple

Cette partie décrit la procédure en tant qu'objet Maple, son type, ses opérandes, les règles d'évaluation qui lui sont propres, ainsi que la façon de sauvegarder une procédure dans un fichier ou de la charger depuis un fichier.

Evaluation au dernier nom

Maple évalue les expressions ordinaires en effectuant une *évaluation récursive complète*. Toutes les références ultérieures à un nom auquel a été affectée une valeur retournent la valeur calculée à la place du nom.

```
> f := g;
```
$$f := g$$
```
> g := h;
```
$$g := h$$
```
> h := x^2;
```
$$h := x^2$$

A présent, l'évaluation de **f** conduit à x^2.

```
> f;
```
$$x^2$$

Les noms de procédures et les tables sont deux exceptions à cette règle d'évaluation. Pour de tels noms, Maple effectue une *évaluation au dernier nom*. De la sorte Maple évite d'afficher tous les détails de l'objet concerné.

```
> F := G;
```
$$F := G$$
```
> G := H;
```
$$G := H$$
```
> H := proc(x) x^2 end;
```
$$H := \mathbf{proc}(x)\, x^2\, \mathbf{end}$$

Maintenant **F** s'évalue en **H** parce que **H** est le dernier nom avant la procédure effective.

```
> F;
```
$$H$$

On peut provoquer l'évaluation complète d'une procédure en utilisant la commande **eval**.

```
> eval(F);
```
$$\mathbf{proc}(x)\, x^2\, \mathbf{end}$$

Voir aussi la partie intitulée *Règles d'évaluation* (page 46).

Type et opérandes d'une procédure

Maple considère toutes les procédures (y compris celles créées par le biais de la notation fonctionnelle) comme étant de type **procedure**. Il en va de même pour tous les noms auxquels on a affecté une procédure.

```
> type(F,name);
```
$$true$$

```
> type(F,procedure);
```
$$true$$

```
> type(eval(F),procedure);
```
$$true$$

C'est ainsi qu'on peut faire le test suivant pour vérifier que F est bien une procédure.

```
> if type(F, name) and type(F, procedure) then ... fi
```

Une procédure a six opérandes :

1. la séquence des paramètres
2. la séquence des variables locales
3. la séquence des options
4. la table de remember
5. la chaîne de description
6. la séquence des variables globales

Considérons la procédure suivante à titre d'exemple.

```
> f := proc(x::name, n::posint)
>    local i;
>    global y;
>    option Copyright;
>    description `a summation`;
>    sum( x[i] + y[i], i=1..n );
> end:
```

Plaçons une entrée dans la table de remember.

```
> f(t,3) := 12;
```

$$f(t, 3) := 12$$

On peut observer les différentes parties de f ci-dessous : le nom de la procédure :

```
> f;
```

$$f$$

la procédure elle-même :

```
> eval(f);
```

proc(x::*name*, n::*posint*) **description** `a summation` ... **end**

les paramètres formels :

```
> op(1, eval(f));
```

$$x::name, n::posint$$

les variables locales :

```
> op(2, eval(f));
```

$$i$$

les options :

```
> op(3, eval(f));
```

Copyright

la table de remember :

```
> op(4, eval(f));
```

$$\text{table}([$$
$$(t, 3) = 12$$
$$])$$

la description :

```
> op(5, eval(f));
```

a summation

les variables globales :

```
> op(6, eval(f));
```

$$y$$

Le corps d'une procédure *n'est pas* un de ses opérandes. On ne peut donc accéder au corps d'une procédure avec la commande **op**. Pour savoir comment manipuler le corps d'une procédure, voir l'aide en ligne `?hackware`.

Sauvegarde et restitution de procédures

On peut sauvegarder une procédure dans un fichier `.m`. De tels fichiers permettent à Maple de restaurer efficacement les objets qui y sont placés.

```
> CMAX := proc(x::complex(numeric), y::complex(numeric))
>    if abs(x)>abs(y) then
>        x;
>    else
>        y;
>    fi;
> end:
```

Pour sauvegarder la procédure on utilise la commande **save**.

```
> save CMAX, `CMAX.m` ;
```

La commande **read** permet de charger les objets placés dans un fichier **.m**.

```
> read `CMAX.m` ;
```

Certains utilisateurs de Maple préfèrent écrire des procédures Maple à l'aide de leur éditeur de texte favori. La commande **read** permet aussi de lire des données dans des fichiers textes. Maple exécute chaque ligne du fichier comme si elle avait été tapée directement dans une session Maple.

Si l'on a écrit plusieurs procédures en rapport les unes avec les autres, on peut les sauvegarder ensemble sous forme d'un package Maple. Lorsqu'on dispose d'un package, on peut charger les procédures qui y sont placées à l'aide de la commande **with**. Voir la partie intitulée *Ecriture de ses propres packages* (page 112).

5.7 Exercices

Les exercices proposés ici ont pour but d'améliorer votre compréhension du fonctionnement des procédures Maple. Dans certains cas, il pourra être judicieux de se reporter aux pages d'aide en ligne des commandes Maple qui interviennent dans la résolution.

Exercices

1. Implémenter la fonction $f(x) = (\sqrt{1-x^2})^3 - 1$, d'abord sous forme de procédure, puis à l'aide de la notation fonctionnelle. Calculer $f(1/2)$ et $f(0.5)$, puis commenter les résultats obtenus. Utiliser l'opérateur **D** pour calculer f' puis $f'(0)$.
2. Ecrire une procédure, appelée **SPLIT**, qui prend en entrée un produit f et une variable x et qui retourne deux valeurs. La première valeur doit être constituée du produit des facteurs de f qui sont indépendants de x, et la deuxième doit être constituée du produit des facteurs contenant x. *Indication* : il pourra être utile d'utiliser les commandes **has**, **select** et **remove**.
3. Le programme suivant a pour but le calcul de $1 - x^{|a|}$.

```
> f := proc(a::integer, x::anything)
>    if a<0 then a := -a fi;
>    1-x^a;
> end:
```

Qu'est ce qui ne va pas dans cette procédure ? On peut avoir intérêt à utiliser le débogueur de Maple pour trouver l'erreur ; on se reportera au chapitre 6 à cet effet.

4. ab/g donne le plus petit commun multiple de deux entiers a et b, g désignant le plus grand commun diviseur de a et b. Par exemple, le plus petit commun multiple de 4 et 6 est 12. Ecrire une procédure Maple, appelée **PPCM**, qui prend en entrée n entiers $a_1, a_2, \ldots, a_n$ et qui calcule leur plus petit commun multiple. On convient que le plus petit commun multiple de 0 et de n'importe quel autre nombre est 0.

5. La relation de récurrence suivante définit la suite des polynômes de Chebyshev.

$$T_0(x) = 0, \qquad T_1(x) = x, \qquad T_n(x) = 2xT_{n-1}(x) - T_{n-2}(x)$$

La procédure suivante calcule $T_n(x)$ pour un entier n donné.

```
> T := proc(n::integer, x)
>    local t1, tn, t;
>    t1 := 1; tn := x;
>    for i from 2 to n do
>       t := expand(2*x*tn - t1);
>       t1 := tn; tn := t;
>    od;
>    tn;
> end:
```

Cette procédure comporte plusieurs erreurs. Quelles sont les variables qui auraient dû être déclarées locales ? Que se passe-t-il si n est négatif ou nul ? Corriger toutes les erreurs, éventuellement en s'aidant du débogueur de Maple. Modifier la procédure de manière à ce qu'elle fasse un retour non évalué lorsque n est une valeur symbolique.

5.8 Conclusion

Dans ce chapitre nous avons vu les détails de la commande **proc**. Les options, la simplification des procédures, la définition fonctionnelle de certaines procédures et les procédures anonymes ont été passées en revue.

En outre, ce chapitre a été l'occasion de revoir les règles d'évaluation introduites au chapitre 2. En particulier, rappelons que Maple évalue les variables locales à un niveau, les variables globales complètement. Les arguments d'une procédure sont évalués une fois pour toutes au moment de l'appel à la procédure. La façon dont ces arguments sont évalués dépend du contexte dans lequel a lieu l'appel à la procédure ainsi que du type des arguments. Les paramètres ne peuvent jouer le rôle de variables locales puisqu'ils ne sont plus évalués par Maple au delà de l'appel à la procédure.

Les déclarations de types, déjà abordées aux chapitres 1 et 2, ont été présentées en détail. La déclaration de type est un outil très utile pour faire de la programmation déclarative et pour obtenir des messages d'erreur lorsque les procédures sont appelées avec des paramètres inadéquats.

Ce chapitre termine l'étude formelle systématique du langage Maple qui a débuté au chapitre 4. Les chapitres restants sont consacrés à des domaines spécifiques de la programmation avec Maple. Le chapitre 6 présente le débogueur de Maple, le chapitre 7 développe certains aspects du calcul numérique avec Maple et le chapitre 8 décrit les possibilités graphiques de Maple.

CHAPITRE  # Mise au point des programmes Maple

Quel que soit le langage de programmation, il arrive souvent que la première version d'un programme ne fonctionne pas convenablement. Certaines erreurs peuvent être très subtiles, donc difficiles à trouver. Maple fournit un débogueur pour aider le programmeur à trouver ces erreurs.

Le débogueur Maple permet d'arrêter l'exécution pendant le déroulement d'une procédure, et d'inspecter les valeurs des variables locales et globales. Il est possible de relancer l'exécution après interruption, éventuellement pas à pas. On peut interrompre l'exécution lorsque Maple atteint une instruction particulière, ou lorsqu'une variable particulière est affectée, ou encore lorsqu'une erreur particulière se produit. Ces possibilités permettent d'observer le fonctionnement interne d'un programme et de comprendre pourquoi il ne fonctionne pas convenablement.

6.1 Un exemple

Cette partie est consacrée à l'utilisation du débogueur et s'appuie sur le code suivant à titre d'illustration.

```
> crible := proc(n::integer)
>     local i,k,flags,count,double_i;
>     count := 0;
>     for i from 2 to n do flags[i] := true od;
>     for i from 2 to n do
>         if flags[i] then
>             double_i := 2*i;
>             for k from double_i by i to n do
>                 flags[k] = false;
```

```
>              od;
>              count := count+1
>           fi;
>       od;
>       count;
> end:
```

Cette procédure implémente le crible d'Eratosthène. Etant donné un paramètre **n**, cette procédure retourne le nombre d'entiers premiers inférieurs ou égaux à **n**. On va essayer de corriger les erreurs qui se trouvent dans cette version de la procédure.

De nombreuses commandes se réfèrent à des instructions de la procédure étudiée. Les numéros d'instructions permettent de telles références. Une instruction ne correspond pas nécessairement à une ligne de texte dans le fichier source. La commande **showstat**, décrite en détail dans la partie intitulée *Affichage des instructions d'une procédure* (page 233), affiche une procédure en numérotant les instructions qui la composent, ce qui permet de visualiser la différence entre *ligne de programme* et *instruction*.

```
> showstat(crible);

crible := proc(n::integer)
local i, k, flags, count, double_i;
   1    count := 0;
   2    for i from 2 to n do
   3      flags[i] := true
        od;
   4    for i from 2 to n do
   5      if flags[i] then
   6        double_i := 2*i;
   7        for k from double_i by i to n do
   8          flags[k] = false
          od;
   9        count := count+1
        fi
      od;
  10    count
end
```

Pour activer le débogueur il suffit de lancer l'exécution d'une procédure en ayant préalablement indiqué qu'il fallait interrompre l'exécution au sein de cette procédure. La manière la plus simple d'interrompre l'exécution dans une procédure est de placer un *point d'arrêt* (*breakpoint*) dans cette procédure, à l'aide de la commande **stopat** :

```
> stopat(crible);
```
[*crible*]

Ceci place un point d'arrêt devant la première instruction de la procédure **crible**. La commande **stopat** retourne aussi la liste de toutes les procédures contenant un point d'arrêt (**crible** dans notre exemple). Lorsqu'on appelle ensuite **crible**, Maple va s'arrêter avant d'exécuter la première instruction de **crible**. Lorsque l'exécution s'interrompt, l'invite (*prompt*) du débogueur apparaît. Voici ce que produit une première exécution de **crible** :

```
> crible(10);

crible:
   1*    count := 0;

DBG>
```

Un certain nombre d'indications apparaissent avant l'invite du débogueur ("**DBG>**") :

1. Le précédent résultat calculé (ici l'exécution a été interrompue alors qu'aucun calcul n'a été préalablement effectué, ainsi aucun résultat n'apparaît).
2. Le nom de la procédure dans laquelle s'est interrompue l'exécution (**crible** dans notre exemple).
3. Le numéro de l'instruction avant laquelle s'est arrêtée l'exécution du programme (1 dans notre exemple). Une astérisque (*****) ou un point d'interrogation (**?**) peut suivre le numéro indiquant qu'un point d'arrêt ou un point d'arrêt conditionnel a été placé avant l'instruction.
4. Plutôt que d'afficher toutes les instructions contenues dans les niveaux inférieurs d'instructions composées (comme des **if** ou des **do**), Maple affiche le corps de ces instructions sous la forme "**...**".

Une fois arrivé à l'invite du débogueur, il est possible de demander l'évaluation d'expressions Maple ou d'invoquer des commandes du débogueur. Les expressions sont évaluées dans le contexte où se trouve la procédure interrompue. On peut accéder aux paramètres de la procédure, aux variables locales, globales ou d'environnement exactement dans les mêmes conditions que la procédure. Dans l'exemple précédent, on a appelé **crible** avec le paramètre 10 ; le paramètre formel **n** doit donc avoir la valeur 10.

```
DBG> n

10
crible:
```

```
    1*    count := 0;
```

Remarquons que lors de chaque évaluation, Maple affiche le résultat suivi du nom de la procédure et du numéro de l'instruction avant de proposer une nouvelle invite du débogueur.

Les commandes du débogueur contrôlent l'exécution lorsque l'environnement du débogueur a été lancé. La commande la plus utilisée est **next** qui provoque l'exécution de l'instruction affichée et qui arrête l'exécution juste avant l'instruction suivante située au même niveau.

```
DBG> next

0
crible:
    2     for i from 2 to n do
             ...
          od;
```

Le 0 de la première ligne représente le résultat de l'affectation **count := 0**. Aucun "*" n'apparaît à la suite du numéro de l'instruction parce qu'il n'y a pas de point d'arrêt avant l'instruction numéro 2. Le débogueur n'affiche pas le contenu du corps de la boucle **for** (qui est lui-même constitué d'instructions numérotées).

Voici ce que produit l'exécution d'une nouvelle commande **next** :

```
DBG> next

true
crible:
    4     for i from 2 to n do
             ...
          od;
```

L'exécution s'arrête maintenant avant l'instruction numéro 4. L'instruction numéro 3 (qui est constituée par le corps de la boucle **for** précédente) est située à un niveau d'imbrication plus profond, c'est pour cela que la commande **next** l'a sautée et que l'exécution n'a pas été interrompue en son sein. En revanche, le débogueur affiche le dernier résultat obtenu dans la boucle (l'affectation de la valeur **true** à **flags[10]**).

Pour entrer dans une structure imbriquée, il faut utiliser la commande **step** du débogueur.

```
DBG> step

true
crible:
    5     if flags[i] then
             ...
```

```
            fi
DBG> step

true
crible:
  6         double_i := 2*i;
```

Si l'on utilise la commande **step** alors que l'instruction à exécuter ne présente pas d'imbrication, l'effet est le même que si l'on avait utilisé la commande **next**.

```
DBG> step

4
crible:
  7         for k from double_i by i to n do
              ...
            od;
```

A ce stade, il peut être judicieux d'afficher la procédure entière à l'aide de la commande **showstat** du débogueur.

```
DBG> showstat

crible := proc(n::integer)
local i, k, flags, count, double_i;
   1*    count := 0;
   2     for i from 2 to n do
   3       flags[i] := true
         od;
   4     for i from 2 to n do
   5       if flags[i] then
   6         double_i := 2*i;
   7 !       for k from double_i by i to n do
   8           flags[k] = false
            od;
   9       count := count+1
         fi
       od;
  10     count
end
```

La commande **showstat** du débogueur est similaire à la commande **showstat** de Maple, si ce n'est qu'elle ne fonctionne que dans le débogueur et qu'elle affiche par défaut la procédure dont l'exécution est actuellement interrompue si aucun nom de procédure ne lui est passé. Un point d'exclamation (!) indique le numéro de l'instruction où s'est arrêtée l'exécution.

On va maintenant rentrer à l'intérieur de la boucle :

```
DBG> step
4
crible:
   8           flags[k] = false
```

La commande **list** montre les cinq dernières instructions, l'instruction courante et l'instruction suivante pour permettre de savoir rapidement où l'on se trouve dans la procédure.

```
DBG> list
crible := proc(n::integer)
local i, k, flags, count, double_i;
      ...
   3      flags[i] := true
        od;
   4    for i from 2 to n do
   5      if flags[i] then
   6        double_i := 2*i;
   7        for k from double_i by i to n do
   8 !        flags[k] = false
          od;
   9      count := count+1
        fi
      od;
      ...
end
```

On utilise la commande **outfrom** pour terminer l'exécution au niveau d'imbrication courant (et à tous les niveaux plus profonds). L'exécution s'arrêtera lorsqu'on aura atteint l'instruction suivante de même niveau ou de niveau immédiatement supérieur.

```
DBG> outfrom
true = false
crible:
   9           count := count+1
DBG> outfrom
1
crible:
   5       if flags[i] then
             ...
           fi
```

La commande **cont** provoque la poursuite de l'exécution jusqu'à ce que le programme soit terminé ou jusqu'à ce qu'on rencontre un nouveau point d'arrêt.

```
DBG> cont
```

$$9 l$$

On constate à présent que la procédure ne donne pas le résultat attendu. On va essayer de trouver les erreurs du programme en utilisant le débogueur. On commence par enlever le point d'arrêt de **crible** avec la commande **unstopat**.

```
> unstopat(crible);
```

$$[\,]$$

La procédure **crible** garde la trace des valeurs successives de la variable **count**. Il peut être judicieux de voir quand Maple modifie cette variable. Cela se fait en plaçant un *point d'observation* (watchpoint) dans la procédure à l'aide de la commande **stopwhen**. Ici on veut interrompre l'exécution lorsque Maple modifie la variable **count**.

```
> stopwhen([crible,count]);
```

$$[[crible, count]]$$

La commande **stopwhen** retourne la liste de toutes les variables observées. Une nouvelle exécution de la procédure **crible** conduit à :

```
> crible(10);
count := 0
crible:
   2     for i from 2 to n do
            ...
         od;
```

Lors de l'interruption de l'exécution consécutive à une modification de la variable **count**, le débogueur affiche l'instruction d'affectation **count:=0**. Comme d'habitude, le débogueur indique ensuite le nom de la procédure et l'instruction suivante. Remarquons que Maple s'arrête *après* avoir affecté sa nouvelle valeur à **count**. Cette première affectation à **count** est correcte. On poursuit donc l'exécution de la procédure avec la commande **cont** du débogueur.

```
DBG> cont
count := 1
crible:
   5     if flags[i] then
            ...
         fi
```

Là encore tout est correct, on poursuit donc l'exécution.

```
DBG> cont
count := 2*1
crible:
    5       if flags[i] then
                ...
            fi
```

Ce résultat est douteux. En effet, Maple aurait dû simplifier **2*1**. En relisant le code original on constate que la lettre "l" a été tapée à la place du chiffre "1". Il n'y a plus de raison de continuer à utiliser le débogueur. Pour quitter le débogueur on exécute la commande **quit**.

```
DBG> quit
```

Une fois le texte du programme modifié et soumis de nouveau à Maple, on enlève les points d'observation et on essaie la procédure dans sa nouvelle version.

```
> unstopwhen();
```

$$[\,]$$

```
> crible(10);
```

$$9$$

Le résultat obtenu n'est toujours pas bon. Il y a en effet quatre nombres premiers inférieurs à 10, en l'occurrence 2, 3, 5 et 7. On active donc à nouveau le débogueur. Comme on ne s'intéresse pas au début de la procédure, on place un point d'arrêt avant l'instruction numéro 6.

```
> stopat(crible,6);
```

$$[crible]$$

```
> crible(10);

true
crible:
    6*      double_i := 2*i;
DBG> step

4
crible:
    7       for k from double_i by i to n do
                ...
            od;
DBG> step

4
```

```
crible:
    8              flags[k] = false

DBG> step

true = false
crible:
    8              flags[k] = false
```

La dernière étape montre où se trouve l'erreur. Le dernier résultat calculé aurait dû être **false** (résultant de l'affectation de **false** à **flags[k]**) et non pas **true=false**. En fait, ce qui aurait dû être une affectation s'avère être une équation. On quitte le débogueur pour corriger l'erreur.

```
DBG> quit
```

Voici la procédure corrigée :

```
> crible := proc(n::integer)
> local i,k,flags,count,double_i;
>     count := 0;
>     for i from 2 to n do flags[i] := true od;
>     for i from 2 to n do
>         if flags[i] then
>             double_i := 2*i;
>             for k from double_i by i to n do
>                 flags[k] := false;
>             od;
>             count := count+1
>         fi
>     od;
>     count
> end:
```

crible donne à présent la bonne réponse.

```
> crible(10);
```

$$4$$

6.2 Activation du débogueur

On active le débogueur de Maple au moyen de points d'arrêt (*breakpoints*), de points d'observation (*watchpoints*) ou de points d'observation d'erreurs (*error watchpoints*). Cette partie propose l'étude systématique de ces différents moyens. Avant toute chose, il faut connaître la numérotation des instructions de la procédure qu'on souhaite observer.

Affichage des instructions d'une procédure

C'est la commande **showstat** qui permet l'affichage des instructions d'une procédure et de leurs numéros tels qu'ils ont été établis par le débogueur. La syntaxe de la commande **showstat** est la suivante :

> **showstat(** *Procedure* **)**

où *Procedure* est le nom de la procédure à afficher. La commande **showstat** marque les points d'arrêt non conditionnels avec une astérisque ("*") et les points d'arrêt conditionnels avec un point d'interrogation ("?"). Se reporter à la partie intitulée *Points d'arrêt* (page 233).

On peut aussi utiliser la commande **showstat** pour afficher une instruction ou une série d'instructions.

> **showstat(** *Procedure, Numero* **)**
> **showstat(** *Procedure, Intervalle* **)**

Dans tous les cas, les instructions qui ne sont pas affichées sont signalées par "...". Le nom de la procédure, ses paramètres ainsi que ses variables locales et globales sont systématiquement affichés.

Il est aussi possible d'afficher les instructions d'une procédure depuis le débogueur lui-même. La commande **showstat** du débogueur suit la syntaxe suivant :

> **showstat** *Procedure Numero ou Intervalle*

Les arguments sont les mêmes que pour la commande **showstat** de Maple. On peut omettre de préciser *Procedure*, auquel cas le débogueur affiche les informations correspondant à la procédure interrompue. Lors de l'affichage de la procédure interrompue, la commande **showstat** du débogueur affiche un point d'exclamation ("!") à côté de l'instruction où s'est arrêté le débogueur.

Un certain nombre de commandes existent sous des formes voisines dans Maple et dans le débogueur. En général, il n'est pas nécessaire de préciser un nom de procédure au sein du débogueur alors qu'il faut en fournir un lorsqu'on lance la commande depuis une session Maple.

Points d'arrêt

On utilise des points d'arrêt pour invoquer le débogueur lors d'une instruction particulière au sein d'une procédure. On place un point d'arrêt dans une procédure Maple à l'aide d'une commande **stopat**.

> **stopat(** *NomProcedure, NumeroDeclaration, Condition* **)**

NomProcedure est le nom de la procédure dans laquelle on place un point d'arrêt, et *NumeroDeclaration* est le numéro de l'instruction avant laquelle est placé le point d'arrêt. Si l'on ne précise pas *NumeroDeclaration*, le point d'arrêt est placé par défaut avant la première instruction de la procédure (c'est-à-dire que l'exécution sera interrompue aussitôt qu'on appelle cette procédure). Les points d'arrêt non conditionnels sont signalés par une astérisque ("*****") lorsque **showstat** affiche la procédure.

L'argument facultatif *Condition* permet de spécifier une condition booléenne qui doit être satisfaite pour que l'exécution soit interrompue. Cette condition peut faire référence à n'importe quelle variable locale ou globale ainsi qu'aux paramètres de la procédure. Les points d'arrêt conditionnels sont signalés par un point d'interrogation ("**?**") lorsque **showstat** affiche la procédure.

Il est aussi possible de spécifier des points d'arrêt à partir du débogueur. La commande **stopat** du débogueur présente la syntaxe suivante :

```
stopat NomProcedure NumeroDeclaration Condition
```

Les arguments sont les mêmes que dans le cas de la commande **stopat** ordinaire, si ce n'est qu'on peut omettre le nom de la procédure. Dans ce cas, le débogueur place le point d'arrêt à l'emplacement spécifié de la procédure courante.

Remarquons que **stopat** place un point d'arrêt *avant* l'instruction considérée. Lorsque Maple rencontre un point d'arrêt, l'exécution est interrompue juste avant cette instruction et Maple active le débogueur. Cela signifie qu'il est impossible de placer un point d'arrêt après la fin d'une séquence d'instructions (comme la fin du corps d'une boucle, d'une clause **if** ou d'une procédure).

S'il existe deux procédures identiques, elles peuvent partager ou non les mêmes points d'arrêt. Cela dépend de la façon dont ont été créées ces procédures. Si les deux procédures ont été créées séparément, avec des corps de procédure identiques, alors elles *ne partagent pas* les mêmes points d'arrêt. En revanche, si l'on a créé l'une des procédures en lui affectant le corps de l'autre, alors les deux procédures vont partager les mêmes points d'arrêt.

```
> f := proc(x) x^2 end:
> g := proc(x) x^2 end:
> h := op(g):
> stopat(g);
```

$$[g, h]$$

La commande **unstopat** permet de supprimer des points d'arrêt en suivant la syntaxe suivante :

> ## 6.2 Activation du débogueur • 235

```
unstopat( NomProcedure, NumeroDeclaration )
```

NomProcedure est le nom de la procédure dans laquelle on veut supprimer un point d'arrêt, et *NumeroDeclaration* est le numéro de l'instruction devant laquelle se trouvait le point d'arrêt à supprimer. Si l'on ne précise pas *NumeroDeclaration*, alors **unstopat** supprime tous les points d'arrêt placés dans la procédure considérée.

On peut aussi supprimer des points d'arrêt depuis le débogueur. Pour cela on utilise la commande **unstopat** du débogueur selon la syntaxe :

```
unstopat NomProcedure NumeroDeclaration
```

Les arguments sont les mêmes que pour la commande **unstopat** ordinaire, si ce n'est qu'on peut omettre le nom de la procédure. L'effet de la commande du débogueur est le même que celui de la commande ordinaire.

Points d'arrêt explicites Il est possible d'insérer un point d'arrêt explicite dans le texte d'une procédure en plaçant un appel à la commande **DEBUG**.

```
DEBUG()
```

Si l'on appelle la commande **DEBUG** sans argument, l'exécution s'arrête au niveau de l'instruction qui suit immédiatement la commande **DEBUG** et le débogueur est lancé. Si l'argument de la commande **DEBUG** est une expression booléenne,

```
DEBUG( Booleen )
```

alors l'exécution est interrompue seulement si la condition booléenne s'évalue en **true**. Dans le cas contraire, la commande **DEBUG** est ignorée.

Si l'argument de la commande **DEBUG** est autre chose qu'un booléen,

```
DEBUG( NonBooleen )
```

alors le débogueur affiche la valeur de l'argument *NonBooleen* à la place du dernier résultat calculé au moment de l'interruption.

```
> f := proc(x)
>    DEBUG(`mon point d'arret, valeur de x :`,x);
>    x^2
> end:
> f(3);

`mon point d'arret, valeur de x :`
3
```

```
f:
   2    x^2
```

La commande **showstat** ne marque pas explicitement les points d'arrêt explicites avec des "*****" ou des "**?**".

```
DBG> showstat

f := proc(x)
   1    DEBUG(`my breakpoint, current value of x:`,x);
   2 !  x^2
end
```

La commande **unstopat** ne peut pas supprimer les points d'arrêt explicites.

```
DBG> unstopat

[f]
f:
   2    x^2

DBG> showstat

f := proc(x)
   1    DEBUG(`my breakpoint, current value of x:`,x);
   2 !  x^2
end

DBG> quit
```

Les points d'arrêt insérés avec **stopat** apparaissent comme des appels à **DEBUG** si l'on demande l'affichage de la procédure à l'aide de **print** ou **lprint**.

```
> f := proc(x) x^2 end:
> stopat(f);
```

$$[f]$$

```
> showstat(f);

f := proc(x)
   1*!  x^2
end

> print(f);
```

$$\text{proc}(x)\, \text{DEBUG}();\ x^2\ \textbf{end}$$

Points d'observation

Les points d'observation gèrent les variables locales ou globales et interrompent l'exécution chaque fois qu'on leur assigne une valeur. Les points d'observation constituent une alternative utile aux points d'arrêt car ils permettent d'interrompre l'exécution en fonction de ce qui se produit. On peut placer des points d'observation à l'aide de la commande **stopwhen**. Cette commande s'utilise de deux manières :

```
stopwhen( NomVariableGlobale )
stopwhen( [NomProcedure, NomVariable] )
```

La première forme signifie que le débogueur doit être invoqué chaque fois que la variable globale *NomVariableGlobale* est modifiée. Il est aussi possible de gérer des variables d'environnement, comme **Digits**, de cette manière.

```
> stopwhen(Digits);
```

$$[Digits]$$

La deuxième forme permet de préciser que le débogueur doit être invoqué chaque fois que la variable (locale ou globale) *NomVariable* est modifiée dans la procédure *NomProcedure*. L'appel à **stopwhen** provoque, sous les deux formes, l'affichage de la liste des points d'arrêt courants.

```
> f := proc(x)
>    local a;
>    x^2;
>    a:=";
>    sqrt(a);
> end:
> stopwhen([f, a]);
```

$$[Digits, [f, a]]$$

Lorsque l'exécution est interrompue parce que Maple a modifié une variable observée, le débogueur affiche une instruction d'affectation à la place du dernier résultat calculé. Le débogueur affiche ensuite, comme d'habitude, le nom de la procédure et l'instruction suivante. Remarquons que Maple s'arrête *après* avoir affecté une valeur à la variable observée.

Il est aussi possible de placer des points d'arrêt avec la commande **stopwhen** du débogueur de la manière suivante :

```
stopwhen NomVariableGlobale
stopwhen [NomProcedure NomVariable]
```

Les arguments sont les mêmes que pour la commande **stopwhen** ordinaire.

On supprime les points d'observation à l'aide de la commande **unstopwhen** (ou à l'aide de la commande **unstopwhen** du débogueur). Les arguments sont les même que pour **stopwhen**. Si l'on ne précise aucun argument, alors tous les points d'observation sont supprimés.

Points d'observation d'erreurs

On peut se servir de points d'observation d'erreurs pour gérer les erreurs Maple. Lorsqu'une erreur attendue se produit, l'exécution est interrompue et le débogueur montre l'instruction dans laquelle s'est produite l'erreur. On utilise à cet effet la commande **stoperror** de la manière suivante :

> **stoperror(`MessageErreur`)**

Cela signifie que le débogueur doit être lancé chaque fois que le message d'erreur *MessageErreur* est proposé. Il est possible de recourir au nom **all** pour *MessageErreur* afin de spécifier que l'exécution doit être interrompue chaque fois qu'une erreur se produit.

La commande **stoperror** retourne la liste de tous les points d'observation d'erreur courants ; c'est d'ailleurs la seule chose faite par **stoperror** si on l'appelle sans argument.

```
> stoperror(`division by zero`);
```

[division by zero]

Les erreurs récupérées par **traperror** ne génèrent pas de message d'erreur et **stoperror** ne peut donc pas les voir. Il faut utiliser la commande particulière **stoperror(traperror)** pour invoquer le débogueur lorsque se produit une erreur récupérée.

On peut aussi placer des points d'observation d'erreurs au sein du débogueur. La commande **stoperror** du débogueur prend la forme suivante :

> **stoperror** *MessageErreur*

Les arguments sont les mêmes que ceux de la commande **stoperror** ordinaire si ce n'est que les apostrophes servant à délimiter le message d'erreur ne sont plus nécessaires.

On supprime les points d'observation d'erreur à l'aide de la commande **unstoperror** (ou de la commande **unstoperror** du débogueur). Les arguments sont les mêmes que pour la commande **stoperror**. Si l'on ne spécifie aucun argument pour la commande **unstoperror**, alors tous les points d'observation d'erreur sont supprimés. **unstoperror** retourne la liste des points d'observation qui subsistent.

```
> unstoperror();
```

[]

Lorsque l'exécution est interrompue à la suite d'une erreur, il n'est pas possible de poursuivre l'exécution. Toutes les commandes servant à contrôler l'exécution, comme **next** ou **step**, traitent l'erreur comme si le débogueur n'était pas intervenu.

Dans l'exemple suivant on définit deux procédures. L'une, **f**, calcule $1/x$. L'autre, **g**, appelle **f**, mais récupère l'erreur "division by zero".

```
> f := proc(x) 1/x end:
> g := proc(x) local r;
>     r := traperror(f(x));
>     if r = lasterror then infinity
>     else r
>     fi
> end:
```

Lorsqu'on essaye la procédure au point $x = 9$, on obtient bien le résultat espéré.

```
> g(9);
```

$$\frac{1}{9}$$

Et en 0 on obtient bien ∞.

```
> g(0);
```

$$\infty$$

Lors de l'utilisation directe de **f** on peut interrompre l'exécution avec la commande **stoperror**.

```
> stoperror(`division by zero`);
```

[*division by zero*]

```
> f(0);

Error, division by zero
f:
    1    1/x

DBG> cont

Error, (in f) division by zero
```

L'appel à **f** dans **g** se fait à travers un appel à **traperror**, si bien que l'erreur "division by zero" ne déclenche pas le débogueur.

```
> g(0);
```

$$\infty$$

Si l'on utilise à présent **stoperror(traperror)**,

```
> unstoperror(`division by zero`);
```

$$[\,]$$

```
> stoperror(`traperror`);
```

$$[traperror]$$

Maple ne s'arrête plus à l'erreur rencontrée lors de l'exécution de **f**.

```
> f(0);

Error, (in f) division by zero
```

mais Maple invoque le débogueur lorsque l'erreur récupérée se produit.

```
> g(0);

Error, division by zero
f:
   1    1/x

DBG> step

Error, division by zero
1
g:
   2    if r = lasterror then
           ...
        else
           ...
        fi

DBG> step

Error, division by zero
g:
   3        infinity

DBG> step
```

$$\infty$$

6.3 Examen et modification de l'état du système

Une fois l'exécution interrompue, il est possible d'examiner l'état des variables globales ou locales et des paramètres de la procédure arrêtée.

Il est aussi possible d'évaluer des expressions, de déterminer le point où l'exécution s'est arrêtée, et d'examiner les procédures. Le débogueur peut évaluer n'importe quelle expression Maple et peut affecter des valeurs à toute variable globale ou locale. Pour évaluer une expression il suffit de la taper après l'invite du débogueur.

```
> f := proc(x) x^2 end:
> stopat(f);
```
$$[f]$$
```
> f(10);
f:
   1*   x^2
DBG> sin(3.0)
.1411200081
f:
   1*   x^2
DBG> cont
```
$$100$$

Le débogueur évalue tous les noms de variables dans le contexte de la procédure qui a été interrompue. Les noms de paramètres ou de variables locales prennent leur valeur courante. Les variables d'environnement, comme **Digits**, prennent la valeur qu'elles avaient dans l'environnent de la procédure interrompue.

Si une expression s'avère correspondre au nom d'une commande du débogueur (ce qui serait, par exemple, le cas d'une procédure ayant une variable locale nommée **step**), il est malgré tout possible de l'évaluer en l'écrivant entre parenthèses.

```
> f := proc(step)
>    local i;
>    for i to 10 by step do i^2 od;
> end:
> stopat(f,2);
```
$$[f]$$
```
> f(3);
f:
   2*   i^2
DBG> step
1
```

```
f:
    2*      i^2
DBG> (step)

3
f:
    2*      i^2
DBG> quit
```

Pendant que l'exécution est interrompue, on peut modifier les variables globales et locales en utilisant normalement l'opérateur d'affectation (:=). Dans l'exemple suivant, on place un point d'arrêt dans la boucle seulement si le compteur de boucle vaut 5.

```
> sumn := proc(n)
>    local i, sum;
>    sum := 0;
>    for i to n do sum := sum + i od;
> end:
> showstat(sumn);

sumn := proc(n)
local i, sum;
   1    sum := 0;
   2    for i to n do
   3        sum := sum+i
        od
end

> stopat(sumn,3,i=5);
```

$$[f, sumn]$$

```
> sumn(10);

10
sumn:
    3?      sum := sum+i
```

On va remettre le compteur à 3 de manière à ce que le point d'arrêt intervienne à nouveau.

```
DBG> i := 3

sumn:
    3?      sum := sum+i

DBG> cont

17
```

6.3 Examen et modification de l'état du système • 243

```
sumn:
    3?      sum := sum+i
```

A présent, Maple a additionné les nombres 1, 2, 3, 4, 3 et 4. Si l'on poursuit l'exécution, la procédure va encore y ajouter les nombres 5, 6, 7, 8, 9 et 10.

```
DBG> cont
```

62

Deux commandes fournissent des informations sur l'état de l'exécution. La commande **list** du débogueur montre l'état de la pile d'activation de la procédure. Cette commande s'utilise de la manière suivante :

> **list** *NomProcedure NumeroDeclaration*

La commande **list** est semblable à la commande **showstat** sauf si on ne lui passe pas d'argument. Dans ce cas, **list** montre les cinq instructions précédentes, l'instruction courante et l'instruction suivante. On obtient de la sorte des informations sur le contexte de l'interruption. Plus précisément, **list** indique la position statique de l'interruption.

La commande **where** du débogueur montre l'état de la pile d'activation des procédures. La commande permet de voir les instructions exécutées par le débogueur ainsi que les paramètres passés à la procédure appelée. Ce mécanisme est répété à chaque niveau d'appel de procédure, ce qui permet d'obtenir des informations sur la position dynamique de l'interruption. La commande **where** s'utilise de la manière suivante :

> **where** *Niveau*

La procédure qui suit appelle la procédure **sumn** précédente.

```
> check := proc(i)
>     local p, a, b;
>     p := ithprime(i);
>     a := sumn(p);
>     b := p*(p+1)/2;
>     evalb( a=b );
> end:
```

On a placé un point d'arrêt conditionnel dans **sumn**.

```
> showstat(sumn);

sumn := proc(n)
local i, sum;
   1    sum := 0;
```

```
    2     for i to n do
    3?       sum := sum+i
          od
end
```

Lorsque **check** appelle **sumn**, le point d'arrêt déclenche le débogueur.

```
> check(9);
```

```
10
sumn:
    3?      sum := sum+i
```

La commande **where** du débogueur permet de voir que **check** a été appelée au top level avec l'argument "9", puis que **check** a appelé **sumn** avec l'argument "23", et que l'exécution est interrompue à l'instruction numéro 3 dans **sumn**.

```
DBG> where

TopLevel: check(9)
         [9]
check: a := sumn(p)
         [23]
sumn:
    3?      sum := sum+i

DBG> cont
```

true

L'exemple suivant illustre l'utilisation de **where** avec une procédure récursive.

```
> fact := proc(x)
>    if x <= 1 then 1
>    else x * fact(x-1) fi;
> end:
> showstat(fact);

fact := proc(x)
    1    if x <= 1 then
    2       1
         else
    3       x*fact(x-1)
         fi
end

> stopat(fact,2);
```

$$[f, fact, sumn]$$

```
> fact(5);

fact:
   2*     1
```

```
DBG> where
```

```
TopLevel: fact(5)
          [5]
fact: x*fact(x-1)
          [4]
fact: x*fact(x-1)
          [3]
fact: x*fact(x-1)
          [2]
fact: x*fact(x-1)
          [1]
fact:
   2*     1
```

Si l'on n'est pas intéressé par l'historique des appels imbriqués, on peut demander à **where** de n'imprimer qu'un certain nombre de niveaux.

```
DBG> where 3
fact: x*fact(x-1)
          [2]
fact: x*fact(x-1)
          [1]
fact:
   2*     1
DBG> quit
```

La commande **showstop** (ou la commande **showstop** du débogueur) passe en revue tous les points d'arrêt et tous les points d'observation courants. La commande s'utilise de la manière suivante :

```
showstop()
```

Depuis le débogueur on fait seulement :

```
showstop
```

Considérons la procédure :

```
> f := proc(x)
>    local y;
>    if x < 2 then
>       y := x;
```

```
>         print(y^2);
>     fi;
>     print(-x);
>     x^3;
> end:
```

Plaçons les points d'arrêt :

```
> stopat(f):
> stopat(f,2):
> stopat(int);
```

$$[f, fact, int, sumn]$$

les points d'observation :

```
> stopwhen(f,y):
> stopwhen(Digits);
```

$$[[f, y], Digits, [f, a], Digits]$$

et le point d'observation d'erreur :

```
> stoperror(`division by zero`);
```

$$[division\ by\ zero, traperror]$$

On constate que la commande **showstop** montre tous les points d'arrêt et d'observation, y compris ceux qui avaient été placés antérieurement dans la procédure **f**.

```
> showstop();

Breakpoints in:
    f
    fact
    int
    sumn
Watched variables:
    y in procedure f
    Digits
    a in procedure f
    Digits
Watched errors:
    `division by zero`
    traperror
```

6.4 Contrôle de l'exécution

Lorsqu'un point d'arrêt ou un point d'observation provoque l'arrêt de l'exécution de Maple, le débogueur est lancé, ce qui se manifeste par l'apparition d'une fenêtre ou d'une invite spécifique au débogueur. Pendant que l'exécution est interrompue, il est possible d'examiner la valeur des variables ou de se livrer à toutes sortes de vérification. A ce stade, il y a plusieurs façons de poursuivre l'exécution. Dans la suite nous allons utiliser les deux procédures définies ci-dessous :

```
> f := proc(x)
>    if g(x) < 25 then
>       print(`less than five`);
>       x^2;
>    fi;
>    x^3;
> end:
> g := proc(x)
>    2*x;
>    x^2;
> end:
> showstat(f);

f := proc(x)
   1   if g(x) < 25 then
   2      print(`less than five`);
   3      x^2
       fi;
   4   x^3
end

> showstat(g);

g := proc(x)
   1   2*x;
   2   x^2
end

> stopat(f);
```

$$[f]$$

La commande **quit** du débogueur quitte l'environnement du débogueur et permet de revenir sous l'environnement Maple standard. La commande **cont** du débogueur signifie au débogueur qu'il faut poursuivre l'exécution du programme interrompu jusqu'au prochain point d'arrêt ou d'observation ou jusqu'à la fin du programme.

248 • Chapitre 6. Mise au point des programmes Maple

La commande **next** du débogueur provoque l'exécution de l'instruction courante. Si cette instruction est une structure de contrôle (une instruction **if** ou une boucle), le débogueur exécute toutes les instructions intérieures à cette structure et s'arrête avant l'instruction suivant cette structure de contrôle. De même, si l'instruction inclut des appels de procédures, le débogueur exécute ces appels entièrement avant d'interrompre à nouveau l'exécution. Enfin si l'instruction exécutée est la dernière à son niveau (par exemple, si c'est la dernière instruction d'une boucle ou d'une procédure), alors l'exécution ne s'arrête plus jusqu'à ce que le débogueur rencontre une instruction de niveau d'imbrication moindre.

```
> f(3);

f:
   1*    if g(x) < 25 then
            ...
         fi;
```

On exécute tout ce qui concerne l'instruction **if**, y compris l'appel de procédure **g**.

```
DBG> next
```
                    less than five
```
9
f:
      4    x^3
DBG> quit
```

La commande **step** du débogueur provoque l'exécution de l'instruction courante. Toutefois, **step** interrompt l'exécution avant la prochaine instruction à exécuter, quel que soit son niveau d'imbrication. En d'autres termes, **step** descend dans les instructions ou les appels de procédures imbriqués.

```
> f(3);

f:
   1*    if g(x) < 25 then
            ...
         fi;
```

Pour évaluer l'expressions **g(x)<25**, Maple doit appeler la procédure **g**, de sorte que l'instruction affichée est **g**.

```
DBG> step

g:
```

```
    1    2*x;
```

Il n'y a qu'un seul niveau d'imbrication dans **g**, les commandes **next** et **step** ont donc le même effet.

```
DBG> next
6
g:
    2    x^2
DBG> step
f:
    2        print(`less than five`);
```

Une fois qu'on est sorti de **g** on entre dans l'instruction **if**.

```
DBG> quit
```

La commande **into** du débogueur présente une fonctionnalité intermédiaire entre celle de **next** et celle de **step**. L'exécution s'arrête lorsqu'on rencontre l'instruction suivante au sein de la procédure courante, quel que soit le niveau d'imbrication de cette instruction, mais ne détaille pas l'exécution d'un appel de procédure. La commande **into** permet donc d'entrer dans les niveaux d'imbrication tout en évitant le détail des appels de procédure.

```
> f(3);
f:
    1*   if g(x) < 25 then
            ...
         fi;
```

On entre directement dans l'instruction **if**.

```
DBG> into
f:
    2        print(`less than five`);
DBG> quit
```

La commande **outfrom** du débogueur permet de poursuivre l'exécution de tout un niveau d'imbrication, l'exécution étant à nouveau interrompue lorsque le débogueur rencontre un niveau d'imbrication moindre (sortie de boucle, retour de procédure).

```
> f(3);
f:
```

```
    1*    if g(x) < 25 then
              ...
          fi;
```

On rentre dans l'instruction **if**.

```
DBG> into

f:
    2        print(`less than five`);
```

On exécute les deux instructions du corps de l'instruction **if**.

```
DBG> outfrom
```

less than five

```
9
f:
    4     x^3
DBG> quit
```

La commande **return** du débogueur provoque la poursuite de l'exécution de la procédure courante. L'exécution s'interrompt à la première instruction qui suit la procédure courante.

```
> f(3);

f:
    1*    if g(x) < 25 then
              ...
          fi;
```

On entre dans la procédure **g**.

```
DBG> step

g:
    1     2*x;
```

On revient à **f**.

```
DBG> return

f:
    2        print(`less than five`);

DBG> quit
```

La page d'aide en ligne **?debugger** résume les caractéristiques des commandes disponibles sous le débogueur.

6.5 Restrictions

Sous l'environnement du débogueur, les seules instructions Maple autorisées sont les expressions, les affectations et les commandes **quit**, **done** ou **stop**. Le débogueur ne comprend pas les instructions comme **if**, **while**, **for**, **read** ou **save**. On peut toutefois recourir à l'opérateur **if** pour simuler un branchement **if** et à la commande **seq** pour simuler une boucle.

On ne peut pas placer de point d'arrêt ni entrer dans les procédures du noyau comme **diff** ou **has**. Ces procédures sont implémentées en langage C et sont compilées dans le noyau de Maple. Il n'est donc pas possible d'obtenir d'information supplémentaire sur ces procédures. Il n'est pas non plus possible d'utiliser le débogueur pour étudier le débogueur, bien qu'il soit écrit en langage Maple. Cette limite n'a pas été imposée pour des raisons de confidentialité (après tout, il est possible de déboguer des procédures de la bibliothèque Maple) mais pour éviter de provoquer des récursions infinies dans le cas où l'on placerait des points d'arrêt dans le débogueur.

Enfin, signalons que le débogueur ne peut pas déterminer avec une certitude absolue l'instruction qui a provoqué l'interruption de l'exécution si une procédure contient deux instructions identiques qui sont aussi des expressions. Lorsque cette situation se produit, il est toujours possible de poursuivre normalement l'exécution. Le débogueur affiche simplement un message d'avertissement. Ce problème vient de ce que Maple mémorise toutes les expressions identiques comme une seule occurrence de la même expression, le débogueur n'ayant aucun moyen de savoir à quelle occurrence il a affaire.

CHAPITRE  # Calcul numérique avec Maple

La caractéristique essentielle de Maple est sa capacité à manipuler des expressions symboliques, des constantes ou des fonctions mathématiques pour mener à bien des calculs exacts. Toutefois, l'informatique scientifique requiert aussi des calculs fondés sur des nombres à virgule flottante. Ces nombres représentent des quantités mathématiques par leurs valeurs approchées. Le recours aux calculs numériques est nécessaire pour trois raisons.

1. Tous les problèmes n'admettent pas nécessairement une solution analytique. Par exemple, parmi les très nombreuses équations aux dérivées partielles connues, très peu ont des solutions connues de manière exacte. En revanche, il est souvent possible trouver des solutions numériques à ces équations.

2. Quand bien même on dispose d'une solution analytique à un problème, celle-ci peut s'avérer très compliquée. Cela ne pose pas de problèmes à Maple qui accepte de faire des calculs impliquant des nombres rationnels comportant de nombreux chiffres ou de résoudre des équations contenant des centaines de termes. Néanmoins, pour avoir une bonne compréhension de certains phénomènes, il est souvent utile de pouvoir disposer d'une valeur approchée de la grandeur étudiée.

3. On n'a pas toujours besoin d'une solution exacte ou d'une précision infinie. C'est typiquement ce qui se produit lorsqu'on réalise des graphiques : une trop grande précision ne sert à rien puisque la résolution du dispositif d'affichage ne peut pas la prendre en compte.

L'objet de ce chapitre est de montrer comment on peut faire du calcul numérique avec Maple. Les capacités de Maple dans ce domaine sont assez riches. C'est ainsi qu'on a le choix entre faire des calculs en virgule flottante gérés par le logiciel à une précision arbitraire, et faire des calculs en machine avec l'arithmétique en virgule flottante disponible sur le matériel. Dans le premier cas on dispose de résultats dont la précision n'est pas limitée par la machine, alors que dans le deuxième cas on est limité par la précision des calculs en machine mais on peut tirer parti de la vitesse de calcul du processeur.

7.1 Les fondements de `evalf`

La commande **evalf** est la commande de base pour effectuer des calculs en virgule flottante avec Maple. Elle déclenche un calcul géré par logiciel. L'arithmétique des calculs de Maple est fondée sur le modèle IEEE mais permet des calculs à toute précision (se reporter à la partie intitulée *Nombres flottants gérés par logiciel* (page 263)). La variable d'environnement **Digits**, initialement fixée à 10, détermine le nombre de chiffres significatifs pour les calculs.

```
> evalf(Pi);
```
$$3.141592654$$

On peut changer ce nombre en modifiant la valeur de **Digits** ou encore en passant la nouvelle valeur comme deuxième argument à **evalf**. Signalons que lorsqu'on passe un deuxième argument à **evalf**, la valeur de **Digits** demeure inchangée :

```
> Digits := 20:
> evalf(Pi);
```
$$3.1415926535897932385$$

```
> evalf(Pi, 50);
```
$$3.1415926535897932384626433832795028841971693993751$$

```
> evalf(sqrt(2));
```
$$1.4142135623730950488$$

```
> Digits := 10:
```

Le nombre de chiffres spécifiés est le nombre de chiffres *décimaux* que Maple utilise dans les calculs. Si l'on se donne davantage de chiffres significatifs, on peut obtenir un résultat plus précis. La valeur de **Digits** n'a pas de limite théorique. En fonction de la nature de l'ordinateur utilisé, il est possible de faire des calculs avec un demi-million de chiffres significatifs.

Contrairement à la plupart des implémentations matérielles, Maple stocke et effectue les opérations arithmétiques sur des nombres à virgule flottante en base 10.

Les résultats proposés par **evalf** n'ont pas nécessairement une précision correspondant à la valeur de **Digits**. Lorsqu'on effectue plusieurs opérations, les erreurs sont susceptibles de se cumuler. On peut être surpris par le fait que Maple ne fasse pas automatiquement des calculs intermédiaires pour obtenir une précision aussi grande que possible. En fait, Maple effectue les calculs comme cela est décrit dans la partie intitulée *Nombres flottants gérés par logiciel* (page 263) et limite délibérément son ensemble d'opérations très précises à celles qu'on trouve dans n'importe quelle implémentation usuelle de l'arithmétique. Il est ainsi possible de recourir aux méthodes habituelles pour discuter la précision d'un résultat. Beaucoup de recherches ont été effectuées au sujet de la précision des nombres flottants du modèle IEEE. De nombreux textes et articles existent dans ce domaine. La similitude de l'implémentation Maple et du modèle IEEE permet à l'utilisateur de s'appuyer sur les résultats connus concernant le modèle IEEE pour prévoir le comportement de l'arithmétique de Maple.

Certaines intégrales définies ne peuvent pas être calculées explicitement sous forme de valeurs mathématiques connues. On peut alors utiliser **evalf** pour en obtenir une valeur numérique via une intégration numérique :

```
> r := Int(exp(x^3), x=0..1);
```

$$r := \int_0^1 e^{(x^3)} \, dx$$

```
> value(r);
```

$$\int_0^1 e^{(x^3)} \, dx$$

```
> evalf(r);
```

$$1.341904418$$

Dans d'autres cas Maple trouve une solution exacte, mais la forme de cette solution ne donne pas beaucoup de renseignements. La fonction **Beta** est un exemple de fonction spéciale qui apparaît dans la littérature mathématique. Remarquons que la lettre majuscule bêta est difficile à distinguer de la lettre majuscule B.

```
> q := Int( x^99 * (1-x)^199 / Beta(100, 200),
>           x=0..1/5 );
```

$$q := \int_0^{1/5} \frac{x^{99}(1-x)^{199}}{B(100,200)} \, dx$$

```
> value(q);
```

2785229054578052117925524865043430599840384980090969\
034217041762205271552389776190682816696442051841690\
474524718187972029459617663867797175746341349064425\
27501861101435750157352018112989492972548449/7854549\
544476362484953235127978041028760344819999119304178\
785874993684075547453703361566144597311236434937145\
421100562106866977667955024449202371857434152360496\
7431357790856623068975750356912612915039062\

```
> evalf(q);
```

$$.3546007367 \, 10^{-7}$$

Dans les deux exemples on a utilisé la commande **Int** plutôt que la commande **int** pour faire l'intégration (numérique). En effet, si l'on utilise la commande **int**, Maple essaie de faire un calcul symbolique avant de renoncer et de lancer une approximation numérique. La solution retenue dans les exemples précédents permet de lancer directement une intégration numérique et d'éviter la perte de temps due à la recherche d'une valeur exacte de l'intégrale. C'est ainsi que l'appel :

```
> evalf( int(x^99 * (1-x)^199 / Beta(100, 200),
>        x=0..1/5) );
```

$$.3546007367 \, 10^{-7}$$

conduit, certes, au même résultat que ci-dessus, mais est moins efficace. Lorsqu'on souhaite que Maple effectue des calculs numériques, il faut éviter d'utiliser des commandes comme **int**, **limit** et **sum** qui évaluent en première instance leurs arguments de manière symbolique.

7.2 Nombres flottants gérés par la machine

Maple propose une alternative aux nombres flottants gérés par logiciel : les nombres flottants gérée par le processeur de l'ordinateur. Les calculs pris en charge par le processeur sont nettement plus rapides que les calculs gérés par le logiciel. En revanche, l'arithmétique gérée par la machine a une précision limitée qui dépend de la plate-forme utilisée et qu'on ne peut pas augmenter.

La commande **evalhf** évalue une expression en utilisant l'arithmétique gérée par le processeur :

```
> evalhf( 1/3 );
```
$$.333333333333333315$$

```
> evalhf( Pi );
```
$$3.14159265358979312$$

L'ordinateur que vous utilisez dispose vraisemblablement d'une arithmétique utilisant un certain nombre de chiffres significatifs binaires. La requête **evalhf(Digits)** donne une valeur approchée du nombre correspondant de chiffres significatifs décimaux.

```
> d := evalhf(Digits);
```
$$d := 15.$$

Ainsi, **evalhf** et **evalf** retournent des résultats semblables lorsque **evalhf** travaille avec une valeur de **Digits** proche de **evalhf(Digits)**. Maple affiche en général un ou deux chiffres de plus que le nombre indiqué par **evalhf(Digits)**. Lorsqu'on effectue un calcul avec l'arithmétique du processeur, Maple doit d'abord convertir toutes les valeurs impliquées qui sont écrites en base 10 en leurs équivalents en base 2, puis convertir le résultat obtenu à nouveau en base 10. Les chiffres supplémentaires permettent de reproduire le résultat calculé en base 2 avec fidélité afin qu'il puisse servir dans d'autres calculs gérés par le processeur.

```
> expr := ln( 2 / Pi * ( exp(2)-1 ) );
```
$$expr := \ln(2\,\frac{e^2 - 1}{\pi})$$

```
> evalhf( expr );
```
$$1.40300383684168617$$

```
> evalf( expr, round(d) );
```
$$1.40300383684169$$

Les résultats retournés par **evalhf**, même celui de **evalhf(Digits)**, ne sont pas affectés par la valeur de **Digits** :

```
> Digits := 4658;
```
$$Digits := 4658$$

```
> evalhf( expr );
```
$$1.40300383684168617$$

7.2 Nombres flottants gérés par la machine • 257

```
> evalhf(Digits);
```

$$15.$$

On peut s'appuyer sur **evalhf(Digits)** pour dire si l'arithmétique machine fournit une précision suffisante pour une application particulière. Si **Digits** est inférieur à **evalhf(Digits)**, alors il vaut mieux profiter de la vitesse des calculs en machine pour faire les calculs. Sinon il faut recourir à l'arithmétique gérée par le logiciel pour obtenir la précision requise. Ceci est l'objet de la procédure **evaluate** ci-dessous qui prend un paramètre *non évalué*, **expr**. Remarquons que si ce paramètre n'était pas déclaré **uneval**, il serait évalué symboliquement par Maple avant exécution du corps de la procédure **evaluate**.

```
> evaluate := proc(expr::uneval)
>     if Digits < evalhf(Digits) then
>         evalhf(expr);
>     else
>         evalf(expr);
>     fi;
> end:
```

La commande **evalhf** sait comment évaluer de nombreuses fonctions de Maple. Mais elle ne sait pas les évaluer toutes, c'est ainsi qu'on ne peut pas demander un calcul d'intégrale à l'arithmétique machine :

```
> evaluate( Int(exp(x^3), x=0..1) );

Error, (in evaluate)
unable to evaluate function `Int` in evalhf
```

On peut améliorer la procédure **evaluate** pour qu'elle récupère de telles erreurs et qu'elle lance dans ce cas une évaluation de l'expression via l'arithmétique gérée par logiciel :

```
> evaluate := proc(expr::uneval)
>     local result;
>     if Digits < evalhf(Digits) then
>         result := traperror( evalhf(expr) );
>         if result = lasterror then
>             evalf(expr);
>         else
>             result;
>         fi;
>     else
>         evalf(expr);
>     fi;
> end:
```

```
> evaluate( Int(exp(x^3), x=0..1) );
```
$$1.341904418$$

La procédure **evaluate** constitue un exemple de procédure tirant parti de l'arithmétique en machine chaque fois que cela est possible.

Méthode de Newton

Il est possible d'utiliser une méthode de Newton pour trouver numériquement les solutions de certaines équations comme nous l'avons vu dans la partie intitulée *Ecriture d'une procédure implémentant une méthode de Newton* (page 84). Si x_n désigne une valeur approchée d'une solution de l'équation $f(x) = 0$, alors x_{n+1}, donnée par la relation

$$x_{n+1} = x_n - \frac{f(x_n)}{f'(x_n)}$$

constitue, en général, une meilleure valeur approchée de cette solution. Cette partie montre comment tirer parti de l'arithmétique en machine pour calculer les termes de la suite de Newton (x_n) ainsi définie.

La procédure **iterate** ci-dessous prend une fonction **f**, sa dérivée **df** et une valeur initiale **x0** de la suite pour arguments. Elle calcule au plus **N** termes de la suite de Newton et s'arrête dès que la différence entre deux termes consécutifs de la suite est faible. Les termes successifs de la suite sont affichés, ce qui permet de contrôler le travail de la procédure.

```
> iterate := proc( f::procedure, df::procedure,
>                  x0::numeric, N::posint )
>    local xold, xnew;
>    xold := x0;
>    xnew := evalf( xold - f(xold)/df(xold) );
>    to  N-1 while abs(xnew-xold) > 10^(1-Digits) do
>       xold := xnew;
>       print(xold);
>       xnew := evalf( xold - f(xold)/df(xold) );
>    od;
>    xnew;
> end:
```

La procédure suivante calcule la dérivée de f et passe toutes les informations nécessaires à la procédure **iterate** :

```
> Newton := proc( f::procedure, x0::numeric,
>                 N::posint )
>    local df;
>    df := D(f);
```

```
>     print(x0);
>     iterate(f, df, x0, N);
> end:
```

Utilisons la procédure **Newton** pour résoudre l'équation $x^2 - 2 = 0$:

```
> f := x -> x^2 - 2;
```
$$f := x \to x^2 - 2$$

```
> Newton(f, 1.5, 15);
```

$$1.5$$
$$1.416666667$$
$$1.414215686$$
$$1.414213562$$
$$1.414213562$$

La version suivante de **Newton** utilise l'arithmétique en machine si cela est possible. Comme **iterate** ne cherche à obtenir qu'une valeur approchée de la solution avec une précision de **10^(1-Digits)**, **Newton** utilise **evalf** pour, le cas échéant, arrondir le résultat du calcul en machine à la précision demandée :

```
> Newton := proc( f::procedure, x0::numeric,
>                 N::posint )
>     local df, result;
>     df := D(f);
>     print(x0);
>     if Digits < evalhf(Digits) then
>         result := traperror(evalhf(iterate(f, df,
>                                            x0, N)));
>         if result=lasterror then
>             iterate(f, df, x0, N);
>         else
>             evalf(result);
>         fi;
>     else
>         iterate(f, df, x0, N);
>     fi;
> end:
```

Dans l'exemple suivant, **Newton** a recours à l'arithmétique en machine pour les calculs, puis arrondit le résultat à la précision logicielle. On peut distinguer les nombres issus du calcul en machine car ils présentent davantage de chiffres significatifs que les nombres résultant du calcul géré par logiciel (compte tenu de la valeur retenue pour **Digits** dans l'exemple).

> **Newton(f, 1.5, 15);**

$$1.5$$
$$1.41666666666666674$$
$$1.41421568627450989$$
$$1.41421356237468987$$
$$1.41421356237309515$$
$$1.414213562$$

On peut trouver surprenant que **Newton** fasse appel à l'arithmétique gérée par logiciel pour trouver une racine de la fonction de Bessel ci-dessous :

> **F := z -> BesselJ(1, z);**

$$F := z \to \text{BesselJ}(1, z)$$

> **Newton(F, 4, 15);**

$$4$$
$$3.826493523$$
$$3.831702467$$
$$3.831705970$$
$$3.831705970$$

Cela vient de ce que le code de la fonction **BesselJ** utilise la commande **type** que **evalhf** ne sait pas traiter :

> **evalhf(BesselJ(1, 4));**

Error, unable to evaluate function `type` in evalhf

L'utilisation de **traperror** permet le fonctionnement de la procédure même lorsque **evalhf** échoue.

On peut se demander pourquoi la procédure **Newton** affiche autant de chiffres alors qu'elle cherche à obtenir une approximation avec dix chiffres significatifs. Cela s'explique par le fait que l'instruction **print** qui provoque l'affichage est située dans la procédure **iterate** qui est elle-même appelée par **evalhf**. Au sein de **evalhf** tous les nombres sont des nombres machines et s'affichent en tant que tels.

Calculs avec des tableaux de nombres

On utilise normalement **evalhf** pour le calcul sur des nombres. Les seuls objets structurés de Maple admis par **evalhf** sont les tableaux de nombres. Si un tableau a des entrées non définies, **evalhf** les initialise à 0.

La procédure suivante implémente la fonction polynôme $2 + 5x + 4x^2$:

```
> p := proc(x)
>     local a, i;
>     a := array(0..2);
>     a[0] := 2;
>     a[1] := 5;
>     a[2] := 4;
>     sum( a[i]*x^i, i=0..2 );
> end:
> p(x);
```

$$2 + 5x + 4x^2$$

Si l'on veut inclure **p** dans un appel à **evalhf**, on ne peut pas définir le tableau local **a** en écrivant **array(1..3, [2,5,4])** parce que les listes ne sont pas admises par **evalhf**. On peut, en revanche, inclure **p** dans un appel à **evalhf** si le paramètre **x** est un nombre :

```
> evalhf( p(5.6) );
```

$$155.439999999999998$$

On peut aussi passer un tableau de nombres dans un appel à **evalhf**. La procédure suivante calcule le déterminant d'une matrice d'ordre 2. L'entrée $(2,2)$ du tableau **a** n'est pas définie :

```
> det := proc(a::array(2))
>     a[1,1] * a[2,2] - a[1,2] * a[2,1];
> end:
> a := array( [[2/3, 3/4], [4/9]] );
```

$$a := \begin{bmatrix} \frac{2}{3} & \frac{3}{4} \\ \frac{4}{9} & a_{2,2} \end{bmatrix}$$

```
> det(a);
```

$$\frac{2}{3} a_{2,2} - \frac{1}{3}$$

Si l'on appelle **det** à l'intérieur d'un appel à **evalhf**, Maple considère que **a[2,2]** (qui n'est pas défini) vaut 0 :

```
> evalhf( det(a) );
```

$$-.333333333333333315$$

evalhf passe les tableaux par valeur si bien que l'élément $(2,2)$ de **a** demeure indéfini :

```
> a[2,2];
```

$$a_{2,2}$$

Si l'on veut que **evalhf** modifie effectivement un tableau qui lui est passé comme paramètre d'une procédure, il faut insérer le nom du tableau dans une déclaration **var**. Une telle déclaration est spécifique à **evalhf**. Elle est nécessaire seulement si l'on souhaite que **evalhf** modifie un tableau de nombres accessible au niveau de la session.

```
> evalhf( det( var(a) ) );
```

$$-.333333333333333315$$

a est maintenant un tableau de flottants.

```
> eval(a);
```

$$\begin{bmatrix} .666666666666666630 & .750000000000000000 \\ .444444444444444420 & 0 \end{bmatrix}$$

La commande **evalhf** retourne toujours un seul nombre flottant, mais le dispositif **var** permet de calculer tous les éléments d'un tableau avec un seul appel à **evalhf**. La partie intitulée *Génération de grille de points* (page 324) reprend cette utilisation de **var** pour la réalisation de certains graphiques.

7.3 Nombres à virgule flottante en Maple

Les nombres réels sont représentés avec une notation dite à *virgule flottante*. Dans ce type de notation on écrit simplement une suite de chiffres et on place un point ou une virgule pour signaler la séparation entre partie entière et partie fractionnaire. Dans la vie courante on fait cela en base 10. Par exemple si l'on écrit le nombre 34.5, on veut en fait signifier :

$$3 \times 10^1 + 4 \times 10^0 + 5 \times 10^{-1}.$$

D'autres fois on préfère adopter la *notation scientifique* surtout si les nombres sont particulièrement petits ou grands. Dans ce type de notation on écrit un nombre sous forme du produit d'un nombre compris entre 1 et 10 dont le premier chiffre est non nul, et d'une puissance de 10. C'est ainsi qu'on écrirait 34.5 de la manière suivante :

$$3.45 \times 10^1.$$

Il faut aussi prévoir un emplacement pour conserver le signe du nombre. On peut ainsi écrire $(-1)^0$ pour se rappeler que le nombre est positif.

$$(-1)^0 \times 3.45 \times 10^1$$

Le terme de *virgule flottante* vient du fait que pour représenter un nombre réel il faut déplacer la virgule pour la placer juste à droite du premier chiffre non nul de ce nombre.

Il faudrait un nombre infini de chiffres pour pouvoir représenter n'importe quel nombre réel. La représentation des nombres réels est délicate pour deux raisons : les nombres réels constituent un continuum (on peut toujours trouver un nombre réel entre deux autres nombres réels) et ils ne sont pas bornés.

Un *modèle de nombres à virgule flottante* a été dégagé afin de définir les implémentations en machine des nombres réels. Cette norme ne se limite pas à l'arithmétique en base 2 retenue sur la plupart des processeurs pour représenter les nombres au format binaire ; elle couvre la représentation d'un nombre réel dans n'importe quelle base. En base β, on représente un nombre non nul de la manière suivante :

$$(-1)^{sign} \times (d_0.d_1 d_2 \ldots d_{Digits-1}) \times \beta^e.$$

Le nombre 0 est représenté de façon particulière. La limite sur la taille de l'exposant e dépend de la place disponible pour le représenter. Il est compris entre une limite inférieure I et une limite supérieure S. Les chiffres $d_0.d_1 d_2 \ldots d_{Digits-1}$ sont appelés *chiffres significatifs*.

Flottants gérés par logiciel

La base $\beta = 10$ a été retenue pour représenter les nombres à virgule flottante gérés par Maple. Ce choix, qui s'oppose à la représentation en base 2 généralement retenue pour les implémentations en machine, permet d'être plus proche de l'arithmétique usuelle des calculs mathématiques. En outre, aucune conversion n'est alors nécessaire pour afficher les flottants.

Une caractéristique importante des flottants gérés par logiciel réside dans ce qu'on peut forcer leur précision à n'importe quelle valeur entière positive en affectant cette valeur à la variable d'environnement **Digits**. La précision maximale dépend de l'implémentation de Maple, mais est, en général, largement supérieure à ce dont on peut avoir besoin pour la plupart des calculs pratiques (au delà de 500000 chiffres significatifs sur la plupart des plates-formes).

Le plus grand entier susceptible d'être obtenu en simple précision dans le système informatique sous-jacent constitue la borne supérieure de l'exposant des flottants gérés par logiciel. Sur un ordinateur 32 bits, ce nombre est $2^{31} - 1$ et les bornes sont donc $I = -(2^{31} - 1)$ et $S = 2^{31} - 1$.

La principale différence entre le format Maple et le format standard réside dans le fait que pour Maple la suite des chiffres significatifs doit être suivie d'une virgule alors que la virgule apparaît immédiatement après le premier chiffre dans le modèle standard. Ainsi Maple représente 34.5 comme :

$$(-1)^0 \times 345. \times 10^{-1}.$$

De la sorte le plus grand nombre positif sur un ordinateur 32-bit est :

$$9\,999\,999\,999. \times 10^{2^{31}-1},$$

lorsqu'on fixe **Digits** à sa valeur par défaut (10).

Flottants gérés par la machine

On peut aussi utiliser le système arithmétique implanté sur le processeur de l'ordinateur pour faire les calculs en ayant recours à la commande **evalhf**. Dans ce cas, Maple utilise les nombres flottants en double précision implémentés en machine. La spécification de ces nombres dépend, bien sûr, de la plate-forme utilisée. Un ordinateur 32 bits utilise, en général, une base $\beta = 2$ et emploie deux mots machines pour coder un nombre flottant en double précision, soit 64 bits.

La norme IEEE définissant la représentation des nombres flottants en double précision sur un ordinateur 32 bits impose à Maple de garder un bit pour stocker le signe et 11 bits pour décrire l'exposant. La norme impose aussi les bornes sur l'exposant : $I = -1022$ et $S = 1023$. Il reste donc 52 bits pour décrire les chiffres significatifs. Cela semble impliquer que la précision maximale est $Digits = 52$. Toutefois, comme le premier chiffre ne peut pas être nul, en base 2 il vaut nécessairement 1. Ainsi la précision obtenue en respectant la norme conduit à $Digits = 53$ et le premier bit a une valeur implicite $d_0 = 1$. Dans tous les cas le nombre 0 est codé par une valeur spéciale de l'exposant.

Cette précision de 53 bits sur la représentation binaire correspond approximativement à seize chiffres décimaux. De ce fait, le plus grand nombre positif converti en base 10 vaut un peu moins de :

$$2 \times 2^{1023} \approx 1.8 \times 10^{308}$$

et le plus petit nombre positif est :

$$2^{-1022} \approx 2.2 \times 10^{-308}.$$

Contrairement aux flottants gérés par logiciel, que Maple implémente de manière identique sur toutes les plates-formes, les flottants gérés par machine dépendent de l'ordinateur utilisé. Ainsi, contrairement aux opérations gérées par logiciel, la précision des calculs en machine peut varier d'une machine à l'autre. Par ailleurs, bien que Maple fasse une utilisation complète des possibilités matérielles de l'ordinateur, il ne conserve *jamais* les nombres au format machine. Maple convertit toujours les résultats des calculs à son propre format.

Erreurs d'arrondi

Lorsqu'on effectue des calculs sur les flottants, que ce soit avec l'arithmétique en machine ou avec l'arithmétique logicielle, on utilise des valeurs *approchées* des nombres considérés. Maple peut travailler avec des valeurs exactes (symboliques). La différence entre le nombre exact et sa valeur approchée est appelée *erreur d'arrondi*. Par exemple, supposons qu'on demande une représentation de π sous forme de flottant :

```
> pie := evalf(Pi);
```

$$pie := 3.141592654$$

Maple arrondit la valeur de π à dix chiffres significatifs parce que **Digits** vaut 10. On peut estimer cette erreur d'arrondi en portant momentanément la valeur de **Digits** à 15 :

```
> evalf(Pi - pie, 15);
```

$$-.41021\,10^{-9}$$

Les erreurs d'arrondi proviennent non seulement de la représentation des données, mais aussi des opérations arithmétiques. Chaque fois qu'on effectue une opération impliquant deux nombres flottants, le résultat ne peut pas être représenté avec une précision infinie et il va être aussi entaché d'une erreur d'arrondi. Supposons qu'on multiplie deux nombres à dix chiffres entre eux. Le résultat peut comporter jusqu'à vingt chiffres, mais Maple ne peut en garder que dix :

```
> 1234567890 * 1937128552;
```

$$2391516709101395280$$

```
> evalf(1234567890) * evalf(1937128552);
```

$$.2391516709\,10^{19}$$

Maple se tient à la norme définissant les flottants qui établit que chaque fois qu'on effectue une des quatre opérations arithmétiques fondamentales (addition, soustraction, multiplication et division) impliquant deux nombres flottants, le résultat est la représentation convenablement arrondie de l'opération infiniment précise à moins qu'un débordement de capacité ne se présente. Bien sûr, Maple peut avoir besoin de calculer un ou deux chiffres supplémentaires pour être certain de la validité du résultat.

Même en procédant de cette façon, il arrive parfois qu'une erreur considérable finisse par s'accumuler au cours de certains calculs. C'est le cas, par exemple, lorsqu'on soustrait deux nombres qui ont le même ordre de grandeur. Dans le calcul suivant, la valeur précise de la somme des trois nombres x, y et z est $y = 3.141592654$:

```
> x := evalf(987654321);
```

$$x := .987654321\,10^9$$

```
> y := evalf(Pi);
```

$$y := 3.141592654$$

```
> z := -x;
```

$$z := -.987654321\,10^9$$

```
> x + y + z;
```

$$3.1$$

Des compensations catastrophiques se sont produites lors de la soustraction. Les huit premiers chiffres se sont compensés, ne laissant que deux chiffres significatifs dans le résultat.

Un avantage des flottants gérés par Maple réside dans le fait que l'utilisateur peut augmenter la précision des calculs pour atténuer certaines conséquences des erreurs d'arrondi. Si l'on porte la valeur de **Digits** à 20, on accroît considérablement la précision du calcul précédent :

```
> Digits := 20;
```

$$Digits := 20$$

```
> x + y + z;
```

$$3.141592654$$

Il convient d'employer systématiquement les méthodes de calcul numérique usuelles pour éviter les accumulations d'erreurs dans les calculs. Il suffit souvent de modifier l'ordre des opérations pour obtenir des résultats de meilleure précision. Par exemple, dans le cas d'une somme, il est préférable de commencer par additionner les termes de plus petite valeur absolue.

7.4 Extension de la commande `evalf`

La commande **evalf** sait comment évaluer un certain nombre de fonctions et de constantes usuelles comme **sin** et **Pi**. L'utilisateur peut aussi définir ses propres fonctions et constantes, et étendre la commande **evalf** en ajoutant des informations pour qu'elle puisse calculer ces nouvelles constantes ou fonctions.

Définition de nouvelles constantes

On peut définir de nouvelles constantes et écrire des procédures qui manipulent ces constantes de manière formelle. Il faut alors écrire une procédure qui soit capable de calculer une valeur approchée de la constante avec n'importe quelle précision. Si l'on affecte à la procédure un nom de la forme `` `evalf/constant/nom` ``, alors Maple va invoquer cette procédure lors de chaque appel à **evalf** pour évaluer une expression contenant la constante *nom*.

Imaginons qu'on souhaite représenter la série suivante par le nom **MaConst** systématiquement :

$$MaConst = \sum_{i=1}^{\infty} \frac{(-1)^i \pi^i}{2^i i!}.$$

Il y a plusieurs façons de calculer une valeur approcher de la série. La procédure qui suit en propose une qui utilise le fait que si a_i est le i-ième terme de la série, alors le terme suivant est donné par la relation $a_{i+1} = -a_i(\pi/2)/i$. Elle calcule une valeur approchée de la série en ajoutant des termes jusqu'à ce que Maple ne puisse plus distinguer la différence entre deux valeurs consécutives de la somme partielle. On peut montrer que l'algorithme suivant calcule une valeur approchée de la somme avec **Digits** chiffres significatifs, à condition d'utiliser deux chiffres supplémentaires au sein de l'algorithme. C'est pourquoi la procédure suivante ajoute 2 à **Digits** et utilise **evalf** pour arrondir le résultat à la précision voulue avant de le retourner. Il n'est pas nécessaire de rendre à **Digits** sa valeur initiale car **Digits** est une variable d'environnement.

```
> `evalf/constant/MaConst` := proc()
>    local i, term, halfpi, s, old_s;
>    Digits := Digits + 2;
>    halfpi := evalf(Pi/2);
>    old_s := 1;
>    term := 1.0;
>    s := 0;
>    for i from 1 while s <> old_s do
```

```
>           term := -term * halfpi / i;
>           old_s := s;
>           s := s + term;
>       od;
>       evalf(s, Digits-2);
> end:
```

Lorsqu'on invoque **evalf** sur une expression contenant la constante **MaConst**, Maple invoque `evalf/constants/MaConst` pour calculer une valeur approchée :

> **evalf(MaConst);**

$$-.7921204236$$

> **evalf(MaConst, 40);**

$$-.7921204236492380914530443801650212299661$$

On aurait, certes, pu calculer cette constante directement et l'obtenir de manière plus efficace avec :

> **Sum((-1)^i * Pi^i / 2^i / i!, i=1..infinity);**

$$\sum_{i=1}^{\infty} \frac{(-1)^i \pi^i}{2^i \, i!}$$

> **value(");**

$$e^{(-1/2\,\pi)} \left(1 - e^{(1/2\,\pi)}\right)$$

> **expand(");**

$$\frac{1}{\sqrt{e^\pi}} - 1$$

> **evalf(");**

$$-.7921204237$$

Définition de nouvelles fonctions

Si l'on définit ses propres fonctions, il peut être intéressant de pouvoir définir aussi les procédures permettant de calculer des valeurs approchées de ces fonctions. Lorsqu'on invoque **evalf** sur une expression contenant un appel non évalué à la fonction F, Maple appelle la procédure `evalf/F` si une telle procédure existe.

Supposons qu'on souhaite étudier la fonction $x \mapsto (x - \sin(x))/x^3$.

```
> MaFct := x -> (x - sin(x)) / x^3;
```
$$MaFct := x \to \frac{x - \sin(x)}{x^3}$$

Cette fonction n'est pas définie en $x = 0$ mais peut être prolongée par continuité en ajoutant sa valeur en 0 dans la table de remember qui lui est associée.

```
> MaFct(0) := limit( MaFct(x), x=0 );
```
$$MaFct(0) := \frac{1}{6}$$

Pour de petites valeurs de x, $\sin(x)$ est presqu'égal à x, si bien que le calcul $x - \sin(x)$ qui intervient dans la définition de **MaFct** peut conduire à des imprécisions par compensation de termes. Lorsqu'on calcule **v** ci-dessous, seuls les deux premiers chiffres sont corrects :

```
> v := ´MaFct´( 0.000195 );
```
$$v := MaFct(.000195)$$

```
> evalf(v);
```
$$.1618368482$$

```
> evalf(v, 2*Digits);
```
$$.16666666634973617222$$

Si l'on souhaite disposer de résultats précis avec **MaFct**, il faut écrire sa propre procédure pour les obtenir. On peut écrire une telle procédure en exploitant le développement en série de Taylor de la fonction :

```
> series( MaFct(x), x=0, 11 );
```
$$\frac{1}{6} - \frac{1}{120}x^2 + \frac{1}{5040}x^4 - \frac{1}{362880}x^6 + O(x^8)$$

Le terme général de la série est :

$$a_i = (-1)^i \frac{x^{2i}}{(2i+3)!}, \qquad i \geq 0.$$

Remarquons que $a_i = -a_{i-1}x^2/((2i+2)(2i+3))$. Pour de petites valeurs de x, on peut obtenir une valeur approchée de **MaFct(x)** en ajoutant des termes jusqu'à ce que Maple ne puisse plus faire la différence entre deux sommes partielles consécutives de la série. Pour de grandes valeurs de x, le problème de compensation ne se pose plus et l'on peut recourir à **evalf** pour obtenir une bonne valeur approchée de **MaFct(x)**. En se fondant sur la théorie de la programmation numérique, on peut montrer que l'algorithme suivant fournit des valeurs avec **Digits** chiffres significatifs à condition d'utiliser trois chiffres supplémentaires au sein de l'algorithme. C'est pourquoi la procédure ci-dessous ajoute 3 à **Digits** puis utilise **evalf** pour arrondir le résultat à la précision demandée avant de retourner.

```
> `evalf/MaFct` := proc(xx::algebraic)
>    local x, term, s, old_s, xsqr, i;
>    x := evalf(xx);
>    Digits := Digits+3;
>    if type(x, numeric) and abs(x)<0.1 then
>       xsqr := x^2;
>       term := evalf(1/6);
>       s := term;
>       old_s := 0;
>       for i from 1 while s <> old_s do
>          term := -term * xsqr / ((2*i+2)*(2*i+3));
>          old_s := s;
>          s := s + term;
>       od;
>    else
>       s := evalf( (x-sin(x))/x^3 );
>    fi;
>    evalf(s, Digits-3);
> end:
```

Lorsqu'on invoque **evalf** sur une expression contenant un appel non évalué à **MaFct**, Maple invoque `` `evalf/MaFct` `` :

```
> evalf( 'MaFct'(0.000195) );
```

$$.1666666663$$

Il reste à changer le code de la version symbolique de **MaFct** pour qu'elle tire profit de `` `evalf/MaFct` `` lorsque l'argument passé est un flottant :

```
> MaFct := proc(x::algebraic)
>    if type(x, float) then
>       `evalf/MaFct`(x);
>    else
>       (x - sin(x)) / x^3;
>    fi;
> end:
> MaFct(0) := limit( MaFct(x), x=0 );
```

$$\mathrm{MaFct}(0) := \frac{1}{6}$$

On peut à présent utiliser convenablement **MaFct** sur des arguments numériques ou symboliques.

```
> MaFct(x);
```
$$\frac{x - \sin(x)}{x^3}$$

```
> MaFct(0.099999999);
```
$$.1665833532$$

```
> MaFct(0.1);
```
$$.1665833532$$

La partie intitulée *Etendre Maple* (page 101) explique comment étendre d'autres commandes de Maple.

7.5 Conclusion

Les différentes techniques présentées dans ce chapitre constituent un complément important aux capacités symboliques de Maple. Elles permettent à l'utilisateur de résoudre numériquement des équations différentielles dont on ne peut pas expliciter les solutions exactes et d'étudier leurs propriétés.

Les calculs formels offrent des représentations précises qui peuvent, dans certains cas, s'avérer très onéreuses en temps de calcul. A l'opposé, les nombres flottants gérés en machine permettent des calculs rapides à partir de Maple à condition d'accepter une précision limitée sur les résultats. Les calculs avec des flottants gérés par logiciel constituent un compromis : leur calcul est plus rapide que celui des expressions formelles et leur précision peut être choisie.

Les calculs avec des flottants suivent les recommandations du modèle IEEE de près sauf pour ce qui concerne la gestion d'une précision variable, ce qui constitue un avantage. Compte tenu de cette similitude avec le modèle IEEE, on bénéficie de l'expérience accumulée avec ce modèle. De nombreux ouvrages présentent des méthodes permettant de minimiser les erreurs d'arrondi dans les calculs menés conformément à ce modèle.

CHAPITRE  # Fonctions graphiques de Maple

Maple dispose d'une vaste gamme de commandes permettant d'obtenir des tracés bi- et tridimensionnels. Pour représenter des expressions mathématiques, on peut recourir à des procédures de la bibliothèque standard de Maple, comme **plot**, ou utiliser l'une des nombreuses procédures graphiques spécialisées qui se trouvent dans l'un des packages **plots**, **plottools**, **DEtools** (pour travailler sur des équations différentielles) ou **stats** (pour dresser des statistiques). La plupart des commandes graphiques laissent un grand choix d'options et d'attributs pour spécifier les couleurs, la façon de traiter les ombres, le style des axes et des courbes, etc...

L'objectif de ce chapitre est de détailler la structure des procédures graphiques de Maple de manière à vous permettre de développer vos propres procédures graphiques. Ce chapitre contient des informations sur la syntaxe des commandes graphiques, leurs attributs par défaut et les différentes options disponibles. Une grande partie du chapitre est consacrée à l'étude de la structure de données utilisée par Maple pour exécuter des tracés et présente différentes techniques permettant de produire des représentations graphiques avec Maple. On verra notamment comment certaines procédures des packages **plots** et **plottools** gèrent des structures de données spécifiques.

8.1 Fonctions graphiques fondamentales

Cette partie décrit le fonctionnement élémentaire des procédures graphiques de Maple ainsi que les propriétés qui leur sont communes. On abordera aussi la question des opérateurs graphiques de Maple, la différence entre les fonctions et les expressions, et le réglage de certaines options.

Plusieurs procédures graphiques de Maple prennent des expressions mathématiques en argument. C'est le cas notamment de **plot**, **plot3d**, **animate**, **animate3d** et **complexplot**. Toutes ces commandes acceptent deux types d'entrée pour ces formules mathématiques : fonctions ou expressions. Les expressions x^2y-y^3+1 ou $3\sin(x)\sin(y)+x$ sont toutes les deux des formules en x et y. Si p et q sont des fonctions de deux variables, alors $p + q$ est un exemple d'expression fonctionnelle. Les procédures graphiques se servent de la manière dont est spécifié l'intervalle d'étude pour déterminer si l'entrée est une fonction ou si c'est une formule. Par exemple, la commande ci-dessous génère un tracé tridimensionnel de la surface définie par $\sin(x)\sin(y)$. Cette formule dépend de x et de y.

```
> plot3d( sin(x) * sin(y), x=0..4*Pi, y=-2*Pi..2*Pi );
```

Si au contraire on définit les deux fonctions de deux variables suivantes :

```
> p := (x, y) -> sin(x):   q := (x, y) -> sin(y):
```

alors on peut obtenir la représentation de la surface définie par $p * q$ de la manière suivante :

```
> plot3d( p * q, 0..4*Pi, -2*Pi..2*Pi );
```

Dans les deux cas on obtient la même représentation graphique. Dans le premier exemple, on a précisé que les variables étaient x et y en passant les deuxième et troisième arguments sous la forme **x** = *intervalle* et **y** = *intervalle*, alors que dans le deuxième exemple n'apparaît aucun nom de variable.

Les formules peuvent paraître simples à utiliser, mais il est souvent préférable de travailler avec des fonctions. Dans l'exemple suivant, on va se servir d'une fonction. On définit la suite $z_{n+1} = z_n^4 + c$ et on veut déterminer le nombre d'itérations m (inférieur à 10) nécessaire pour que le terme général z_m n'appartienne plus au disque de rayon 2. Ceci dépend de la valeur de $c = x + iy$. Le programme calcule m en fonction de c.

```
> mandelbrotSet := proc(x, y)
>    local z, m;
>    z := evalf( x + y*I );
>    m := 0;
>    to 10 while abs(z) < 2 do
>       z := z^4 + (x+y*I);
>       m := m + 1;
>    od:
>    m;
> end:
```

On dispose maintenant d'un moyen commode pour représenter un ensemble de Mandelbrot en trois dimensions.

```
> plot3d( mandelbrotSet, -3/2..3/2, -3/2..3/2,
>         grid=[50,50] );
```

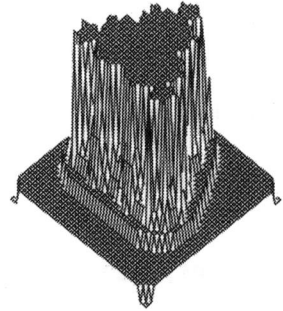

La création d'un graphique à partir d'une session de Maple provoque son affichage sur le terminal. Dans la plupart des cas, il est possible de modifier de manière interactive le graphique à l'aide des outils mis à disposition de l'utilisateur. Par exemple, il est en général possible de modifier le style du tracé, le style des axes et le point de vue par rapport à l'objet représenté. Mais on peut aussi accéder à ces informations en recourant à des paramètres additionnels au moment où l'on entre la commande graphique.

```
> plot3d( sin(x)*sin(y), x=-2*Pi..2*Pi, y=-2*Pi..2*Pi,
>        style=patch, axes=frame );
```

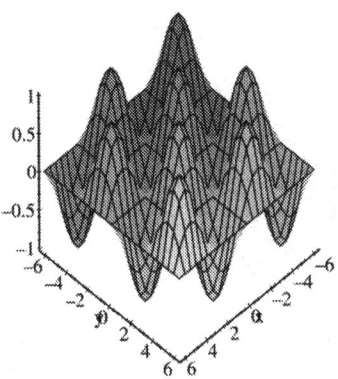

```
> plot3d( mandelbrotSet, -1.5..1.5, -1.5..1.5,
>        grid=[50,50], style=patch,
>        orientation=[143,31] );
```

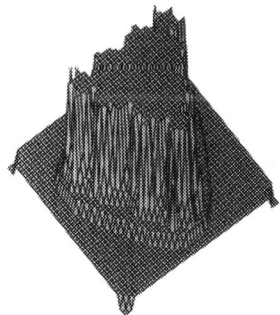

La plupart des fonctions graphiques admettent des arguments optionnels. On donne l'information optionnelle de la manière suivante : *nom=option*. Certaines options affectent la quantité d'information requise sur la fonction passée à la procédure graphique. C'est le cas en particulier de l'option **grid** utilisée dans l'exemple précédent. Il y a de nombreuses autres options qui permettent de préciser le type des axes, le style des tracés et des surfaces, les couleurs, etc... On peut obtenir des informations sur les options disponibles en faisant appel aux pages d'aide en ligne **?plot,options** et **?plot3d,options**.

Toute procédure graphique qu'on serait amené à créer devrait être capable de gérer ces options.

8.2 Programmation avec des fonctions graphiques

Dans cette partie on donne quelques exemples de programmes faisant intervenir des procédures graphiques de Maple.

Tracé d'une boucle

Considérons le problème qui consiste à tracer une boucle à partir de la liste de points suivante :

```
> L1 := [ [5,29], [11,23], [11,36], [9,35] ];
```

$$L1 := [[5,29],[11,23],[11,36],[9,35]]$$

La commande **plot** trace une ligne entre les points de la liste.

```
> plot( L1 );
```

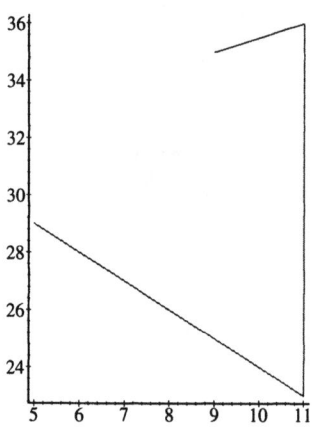

On peut souhaiter écrire une procédure qui trace encore une ligne du dernier au premier point. Il suffit pour cela d'ajouter le premier point de la liste **L1** à la fin de **L1**.

```
> L2 := [ op(L1), L1[1] ];
```

$$L2 := [[5,29],[11,23],[11,36],[9,35],[5,29]]$$

```
> plot( L2 );
```

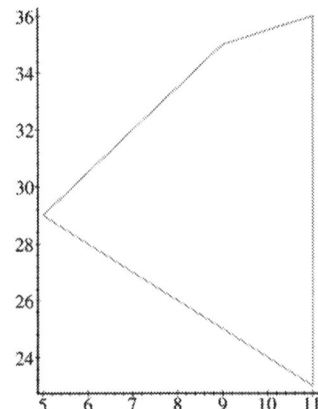

La procédure **loopplot** rend cette technique systématique.

```
> loopplot := proc( L )
>     plot( [ op(L), L[1] ] );
> end;
```

$$loopplot := \mathbf{proc}(L) \, \mathrm{plot}([\mathrm{op}(L), L_1]) \; \mathbf{end}$$

Cette procédure présente un certain nombre d'inconvénients. Il est préférable de vérifier d'abord que l'on passe une liste de points à la procédure, un point étant une liste de deux constantes. **L** doit donc être du type **list([constant, constant])**. La procédure doit aussi accepter un certain nombre d'options graphiques. Il suffit que **loopplot** transmette ces options à **plot**. Rappelons que, dans une procédure, **args** contient la séquence des arguments effectifs passés à la procédure et que **nargs** contient le nombre de ces arguments. Ainsi **args[2..nargs]** contient la séquence des options passées à **loopplot**. **loopplot** doit donc passer directement tous ses arguments sauf le premier à **plots**.

```
> loopplot := proc( L::list( [constant, constant] ) )
>     plot( [ op(L), L[1] ], args[2..nargs] );
> end:
```

Cette version de **loopplot** produit un message d'erreur si on l'utilise avec des arguments impropres, et elle accepte certaines options graphiques.

```
> loopplot( [[1, 2], [a, b]] );

Error, loopplot expects its 1st argument, L,
to be of type list([constant, constant]),
but received [[1, 2], [a, b]]
```

```
> loopplot( L1, linestyle=3 );
```

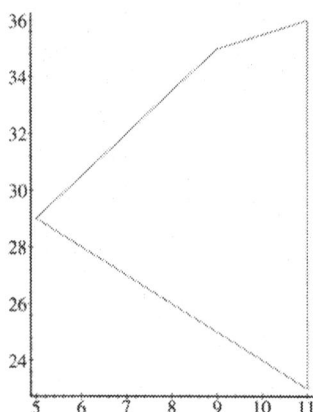

On pourrait encore améliorer **loopplot** de manière à pouvoir traiter le cas de la liste vide.

Tracé d'un ruban

On va maintenant écrire une procédure afin de représenter un ruban en trois dimensions à partir d'une liste de formules ou de fonctions de deux variables. Voici une première version de cette procédure.

```
> ribbonplot := proc( Flist, r1 )
>    local i, m, p, y;
>    m := nops(Flist);
>    # Crée m tracés translatés du tracé de base.
>    p := seq( plot3d( Flist[i], r1, y=(i-1)..i ),
>              i=1..m );
>    plots[display]( p );
> end:
```

La procédure **ribbonplot** fait usage de la procédure **display** du package **plots** pour afficher les tracés. Cette procédure est appelée explicitement par son nom entier, **plots[display]**, si bien que la procédure **ribbonplot** fonctionnera même si le package **plots** n'a pas été chargé. On peut à présent essayer la procédure :

```
> ribbonplot( [cos(x), cos(2*x), sin(x), sin(2*x)],
>    x=-Pi..Pi );
```

Cette version de la procédure **ribbonplot** utilise trop de points dans la direction de *y*. Deux points sont suffisants et il convient de le préciser au moyen de l'option **grid=**[*numpoints*, 2] dans l'instruction **plot3d**, *numpoints* étant le nombre de points utilisés pour exécuter le tracé dans la direction *x*. Ce nombre *numpoints* doit pouvoir être précisé de manière optionnelle lors de l'appel à **ribbonplot**. La commande **hasoption** facilite le traitement des arguments optionnels passés à une procédure. Dans la version suivante de **ribbonplot**, l'instruction **hasoption** retourne **false** si **numpoints** ne se trouve pas parmi les options listées dans **opts**. Si, au contraire, **numpoints** se trouve dans **opts**, alors **hasoption** affecte la valeur de l'option **numpoints** à **n** et retourne les options restantes dans le quatrième argument (dans ce cas **hasoption** modifie la valeur de la liste **opts**).

```
> ribbonplot := proc( Flist, r1::name=range )
>    local i, m, p, y, n, opts;
>    opts := [ args[3..nargs] ];
>    if not hasoption( opts, 'numpoints', 'n', 'opts' )
>       then n := 25 # valeur de numpoints par défaut
>    fi;
>
>    m := nops( Flist );
>    # op(opts) contient les éventuelles options
>    # suplémentaires
>    p := seq( plot3d( Flist[i], r1, y=(i-1)..i,
>                      grid=[n, 2], op(opts) ),
>              i=1..m );
>    plots[display]( p );
> end:
```

ribbonplot utilise maintenant le nombre de points requis.

```
> ribbonplot( [cos(x), cos(2*x), sin(x), sin(2*x)],
```

```
>                      x=-Pi..Pi, numpoints=16 );
```

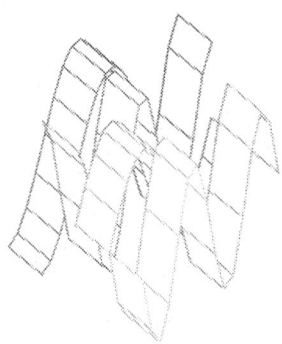

L'entrée fournie à **ribbonplot** doit être une liste d'expressions. Il faudrait étendre **ribbonplot** de manière à ce que la procédure accepte aussi une liste de fonctions. La modification présente une difficulté : il faut fabriquer des fonctions de deux variables à partir de fonctions d'une variable. Pour résoudre ce problème on va écrire une procédure auxiliaire nommée **extend** :

```
> extend := proc(f)
>   local x,y;
>   unapply(f(x), x, y);
> end:
```

Voici un exemple d'utilisation de **extend** :

```
> p := x -> cos(2*x):
> q := extend(p);
```

$$q := (x, y) \to \cos(2\,x)$$

Et voici la nouvelle version de **ribbonplot** :

```
> ribbonplot := proc( Flist, r1::{range, name=range} )
>   local i, m, p, n, opts, newFlist;
>   opts := [ args[3..nargs] ];
>   if type(r1, range) then
>     #   entrée fonctionnelle
>       if not hasoption( opts, 'numpoints', 'n',
>                                'opts' )
>       then n := 25 # default numpoints
>       fi;
>       m := nops( Flist );
>     #  modifie plot3d pour une entrée fonctionnelle
>       p := seq( plot3d( extend( Flist[i] ), r1,
```

```
>                        (i-1)..i, grid=[n,2],
>                        op(opts) ),
>               i=1..m );
>       plots[display]( p );
>    else
>       # Expressions. Les convertit en des fonctions de
>       # lhs(r1).
>       newFlist := map( unapply, Flist, lhs(r1) );
>       # Utilise par défaut lhs(r1) comme nom de l'axe
>       # des x.
>       opts := [ `labels`=[lhs(r1), `` , `` ],
>                 args[3..nargs] ];
>       ribbonplot( newFlist, rhs(r1), op(opts) )
>    fi
> end:
```

Voici un exemple avec trois fonctions :

```
> ribbonplot( [cos, sin, cos + sin], -Pi..Pi );
```

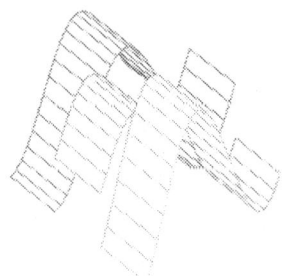

Lorsqu'on utilise **ribbonplot** avec des expressions en entrée, la procédure se sert du nom de variable donné lors de la définition de l'intervalle d'étude comme nom par défaut pour l'axe des x. Ce comportement est celui des commandes graphiques de Maple.

8.3 Structures de données pour le graphisme en Maple

Maple génère des graphiques en adressant à l'interface utilisateur (appelé l'*Iris*) des appels non évalués des fonctions **PLOT** ou **PLOT3D**. Les informations incluses dans ces fonctions déterminent la nature des objets qu'elles vont représenter graphiquement. Chaque commande du package **plots** crée une telle fonction. On peut se représenter la circulation de l'information de la manière suivante : une commande Maple produit une structure **PLOT** et la passe à l'Iris. Dans l'Iris, Maple construit les primitives graphiques des objets fondés sur la structure **PLOT**. Ces objets sont ensuite passés au pilote adéquat en vue de l'affichage. Le schéma suivant montre ce processus.

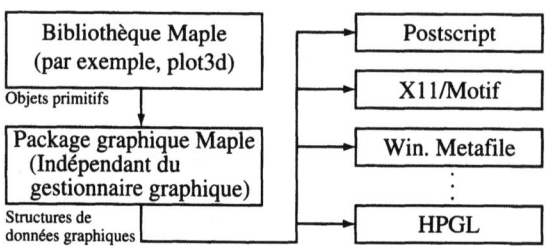

On peut affecter ces structures de données graphiques à des variables, les transformer, les sauvegarder et même les afficher. On obtient des exemples de telles structures de données graphiques en affichant ces structures avec la commande **lprint**.

```
> lprint( plot(2*x+3, x=0..5, numpoints=3,
>         adaptive=false) );
```
**PLOT(CURVES([[0, 3.], [2.61565849999999989, 8.23131700\
000000066], [5., 13.]],COLOUR(RGB,1.0,0,0)))**

Dans cet exemple, **plot** génère une structure **PLOT** qui inclut des informations pour une courbe définie par trois points. La couleur de la courbe est en mode **RGB** (= Red-Green-Blue = Rouge-Vert-Bleu). Les valeurs (1.0, 0, 0) correspondent à la couleur rouge. Le graphique présente un axe horizontal qui va de 0 à 5. Maple détermine l'échelle sur l'axe vertical par défaut, en utilisant l'information fournie sur la composante verticale de la courbe. Les valeurs **numpoints = 3** et **adaptive = false** établissent que la courbe est constituée de trois points exactement.

L'exemple suivant est issu du graphe de $z = xy$ sur une grille 3×4. La structure **PLOT3D** contient une grille de valeurs de z sur la région rectangulaire $[0, 1] \times [0, 2]$.

```
> lprint( plot3d(x*y, x=0..1, y=0..2, grid=[3,4]) );
```
**PLOT3D(GRID(0 .. 1.,0 .. 2.,[[0, 0, 0, 0], [0, .333333\
333333333315, .666666666666630, 1.], [0, .666666666\
666666630, 1.33333333333333326, 2.]]),AXESLABELS(x,y,
``))**

La structure inclut les noms x et y pour le plan mais pas de nom pour l'axe des z.

Le troisième exemple est encore issu de la représentation graphique de $z = xy$ mais cette fois en coordonnées cylindriques. La structure **PLOT3D** contient cette fois un maillage de points qui définissent la surface, ainsi que l'information indiquant que l'unité logique (*device*) graphique doit afficher la surface en style "points".

```
> lprint( plot3d( x*y, x=0..1, y=0..2, grid=[3,2],
>                 coords=cylindrical, style=point ) );
PLOT3D(MESH([[[0, 0, 0], [0, 0, 2.]], [[0, 0, 0], [.87\
7582561890372759, .479425538604203005, 2.]], [[0, 0, 0
], [1.08060461173627953, 1.68294196961579301, 2.]]]),
STYLE(POINT))
```

Comme la représentation graphique n'est pas faite en coordonnées cartésiennes, il n'y a pas de noms par défaut pour les axes ce qui explique que la structure **PLOT3D** ne contienne pas de référence à **AXESLABELS**.

La structure **PLOT**

On peut construire et manipuler des structures de données graphiques afin de produire des représentations graphiques. Il suffit de maîtriser l'agencement des informations géométriques au sein d'une fonction **PLOT** ou **PLOT3D**. Les informations situées au sein de ces fonctions déterminent, en effet, la nature des objets affichés par l'unité logique (*device*) graphique. Dans l'exemple suivant, Maple évalue l'expression :

```
> PLOT( CURVES( [ [0,0], [2,1] ] ) );
```

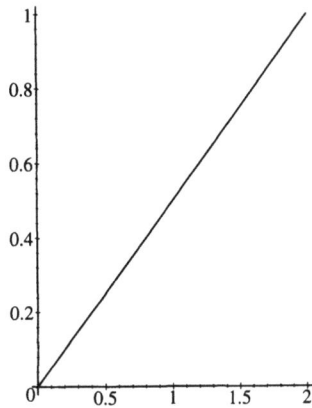

puis la passe à l'interface Maple qui détermine qu'il s'agit d'une structure graphique. L'interface Maple décompose le contenu de l'expression et transmet l'information à un pilote graphique, qui à son tour détermine l'information graphique qu'il va restituer sur l'unité logique (*device*) graphique. Dans l'exemple considéré, le résultat obtenu est un segment ayant pour extrémités l'origine du plan et le point de coordonnées (2, 1). La structure de données **CURVES** consiste en une ou plusieurs listes de points générant chacune une courbe, et en quelques arguments optionnels. C'est ainsi que :

```
> n := 200:
> points := [ seq( [2*cos(i*Pi/n), sin(i*Pi/n) ],
>                  i=0..n) ]:
> PLOT( CURVES( evalf(points) ) );
```

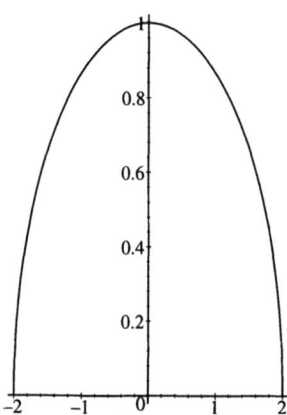

génère le tracé d'une séquence de $n+1$ points dans le plan. Les points passés à une structure **PLOT** doivent être numériques. Si l'on omet l'instruction **evalf**, alors des objets non numériques, comme $\sin(\pi/200)$, déclenchent une erreur.

```
> PLOT( CURVES( points ) );

Error in iris-plot: Non-numeric vertex definition

> type( sin(Pi/n), numeric );
```

false

Par suite, aucun graphique n'est produit.

En général, au sein d'une structure **PLOT**, les arguments sont de la forme :

> *NomObjet* (*InformationObjet*, *InformationLocale*)

NomObjet est le nom d'une fonction, comme **CURVES**, **POLYGONS**, **POINTS**, ou **TEXT**. *InformationObjet* contient les informations géométriques fondamentales décrivant l'objet considéré. *InformationLocale* contient des informations concernant les options qui s'appliquent à cet objet. *InformationObjet* dépend donc de *NomObjet*. Dans le cas particulier où *NomObjet* est

CURVES ou **POINTS**, *InformationObjet* consiste en une ou plusieurs listes de points bidimensionnels. Chaque liste définit l'ensemble des points supports d'une courbe dans le plan. De manière analogue, lorsque *NomObjet* est **POLYGONS**, *InformationObjet* consiste en une ou plusieurs listes de points décrivant chacune les sommets d'un polygone du plan. Lorsque *NomObjet* prend la valeur **TEXT**, *InformationObjet* consiste en un point origine et une chaîne de caractères. L'information optionnelle se présente aussi sous la forme d'un appel de fonction non évalué. Dans le cas de la dimension 2, les options comprennent **AXESSTYLE, STYLE, LINESTYLE, THICKNESS, SYMBOL, FONT, AXESTICKS, AXESLABELS, VIEW** et **SCALING**.

Il est aussi possible de placer certaines de ces options dans l'*Information-Locale* d'un objet **POINTS, CURVES, TEXT** ou **POLYGONS**. La présence d'une option dans *InformationLocale* est prioritaire sur l'option globale accompagnant cet objet. L'option **COLOR** permet encore un autre format lorsqu'on la place dans un objet. Dans le cas d'un objet qui se décompose en un certain nombre de sous-objets (c'est le cas notamment des lignes multiples ou des polygones), il est possible d'affecter une couleur spécifique à chaque objet.

Voici maintenant un exemple d'histogramme de trente-six valeurs provenant de la fonction $y = \sin(x)$ entre 0 et 6.3. Maple teinte chaque trapèze séparément d'une nuance fonction de de $y = |\cos(x)|$ (mode **HUE** dans l'option **COLOR**).

```
> p := i -> [ [(i-1)/10, 0], [(i-1)/10, sin((i-1)/10)],
>             [i/10, sin(i/10)], [i/10, 0] ]:
```

p(i) contient la liste des sommets du **i**-ième trapèze. Voici, par exemple, les sommets du deuxième trapèze.

```
> p(2);
```

$$[[\frac{1}{10}, 0], [\frac{1}{10}, \sin(\frac{1}{10})], [\frac{1}{5}, \sin(\frac{1}{5})], [\frac{1}{5}, 0]]$$

La fonction h qui donne la couleur pour chaque trapèze est définie par :

```
> h := i -> abs( cos(i/10) ):
```

et voici comment on obtient finalement la représentation graphique désirée :

```
> PLOT( seq( POLYGONS( evalf( p(i) ),
>              COLOR(HUE, evalf( h(i) )) ),
>          i = 1..63) );
```

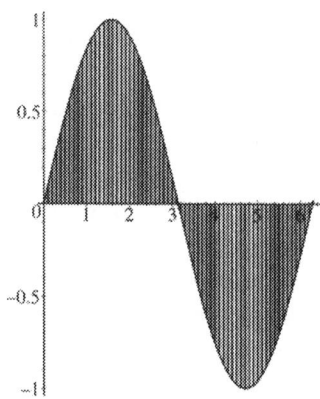

Représentation d'une série

On peut créer directement des procédures graphiques en construisant la structure de données **PLOT** adéquate. Par exemple, étant donné une somme discrète non évaluée, on peut calculer ses sommes partielles et en placer les valeurs dans une structure **CURVES**.

```
> s := Sum( 1/k^2, k=1..10 );
```

$$s := \sum_{k=1}^{10} \frac{1}{k^2}$$

On se sert de la commande **typematch** pour extraire la somme non évaluée.

```
> typematch( s, ´Sum´( term::algebraic,
>           n::name=a::integer..b::integer ) );
```

true

La commande **typematch** affecte les composants de la somme aux noms qui lui sont passés en argument.

```
> term, n, a, b;
```

$$\frac{1}{k^2}, k, 1, 10$$

On peut maintenant calculer les sommes partielles.

```
> sum( term, n=a..a+2 );
```

$$\frac{49}{36}$$

La procédure suivante calcule la valeur numérique de la $p+1$-ième somme partielle[1].

```
> psum := evalf @ unapply( Sum(term, n=a..(a+p)), p );
```

$$psum := evalf@ \left(p \to \sum_{k=1}^{1+p} \frac{1}{k^2} \right)$$

On peut donc maintenant générer la liste de points définissant graphiquement les sommes partielles.

```
> points := [ seq( [[i,psum(i)], [i+1,psum(i)]],
>    i=1..(b-a+1) ) ];
```

$points := [[[1, 1.250000000], [2, 1.250000000]],$

$[[2, 1.361111111], [3, 1.361111111]],$

$[[3, 1.423611111], [4, 1.423611111]],$

$[[4, 1.463611111], [5, 1.463611111]],$

$[[5, 1.491388889], [6, 1.491388889]],$

$[[6, 1.511797052], [7, 1.511797052]],$

$[[7, 1.527422052], [8, 1.527422052]],$

$[[8, 1.539767731], [9, 1.539767731]],$

$[[9, 1.549767731], [10, 1.549767731]],$

$[[10, 1.558032194], [11, 1.558032194]]]$

On met ensuite cette liste sous la forme requise.

```
> points := map( op, points );
```

---

[1]N.d.T. : **unapply** tranforme une expression dépendant d'une variable en une fonction de cette variable.

points := [[1, 1.250000000], [2, 1.250000000], [2, 1.361111111],

[3, 1.361111111], [3, 1.423611111], [4, 1.423611111],

[4, 1.463611111], [5, 1.463611111], [5, 1.491388889],

[6, 1.491388889], [6, 1.511797052], [7, 1.511797052],

[7, 1.527422052], [8, 1.527422052], [8, 1.539767731],

[9, 1.539767731], [9, 1.549767731], [10, 1.549767731],

[10, 1.558032194], [11, 1.558032194]]

Il n'y a plus qu'à demander la représentation graphique.

```
> PLOT( CURVES( points ) );
```

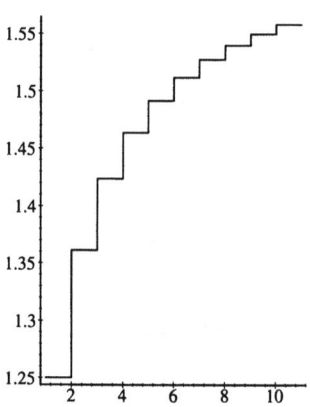

Ces différentes étapes sont automatisées dans la procédure **sumplot**.

```
> sumplot := proc( s )
>    local term, n, a, b, psum, m, points, i;
>    if typematch( s, 'Sum'( term::algebraic,
>           n::name=a::integer..b::integer ) ) then
>       psum := evalf @ unapply( Sum(term, n=a..(a+m)),
>                                m );
>       points := [ seq( [[i,psum(i)], [i+1,psum(i)]],
>          i=1..(b-a+1) ) ];
>       points := map(op, points);
>       PLOT( CURVES( points ) );
>    else
>       ERROR( `expecting a Sum structure as input` )
>    fi
> end:
```

Voici la représentation d'une série alternée.

```
> sumplot( Sum((-1)^k/k, k=1..25 ));
```

8.3 Structures de données pour le graphisme en Maple • 289

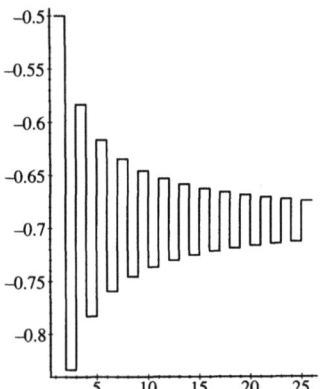

La limite de cette somme est $-\ln 2$, comme on peut le vérifier :

> `Sum((-1)^k/k, k=1..infinity):   " = value(");`

$$\sum_{k=1}^{\infty} \frac{(-1)^k}{k} = -\ln(2)$$

Voir l'aide en ligne **?plot,structure** pour davantage d'informations sur la structure de données **PLOT**.

La structure PLOT3D

La structure de données pour graphiques tridimensionnels présente une forme semblable à celle de la structure de données **PLOT**. Voici comment on peut générer une représentation graphique tridimensionnelle de type **frame** sur laquelle figurent trois lignes et les axes.

```
> PLOT3D( CURVES( [ [3, 3, 0], [0, 3, 1],
>                   [3, 0, 1], [3, 3, 0] ] ),
>         AXESSTYLE(FRAME) );
```

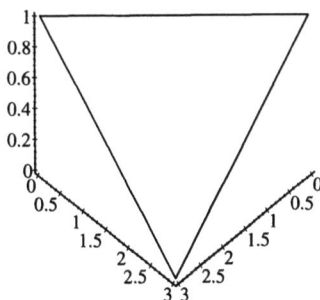

La procédure suivante crée les côtés d'une boîte et les colorie en jaune.

```
> yellowsides := proc(x, y, z, u)
>   # (x,y,0) = coordonnées d'un coin
```

```
>    # z = hauteur de la boîte
>    # u = longueur de la boîte
>    POLYGONS(
>       [ [x,y,0], [x+u,y,0], [x+u,y,z], [x,y,z] ],
>       [ [x,y,0], [x,y+u,0], [x,y+u,z], [x,y,z] ],
>       [ [x+u, y,0], [x+u,y+u,0], [x+u,y+u,z],
>         [x+u,y,z] ],
>       [ [x+u, y+u,0], [x,y+u,0], [x,y+u,z],
>         [x+u,y+u,z] ],
>              COLOR(RGB,1,1,0) );
> end:
```

La procédure **redtop** place un couvercle rouge sur la boîte.

```
> redtop := proc(x, y, z, u)
>    # (x,y,z) = coordonnées d'un coin
>    # u = longueur d'un côté du carré
>    POLYGONS( [ [x,y,z], [x+u,y,z], [x+u,y+u,z],
>                [x,y+u,z] ], COLOR(RGB, 1, 0, 0) );
> end:
```

On peut maintenant placer les côtés et le couvercle de la boîte dans une structure **PLOT3D** afin d'obtenir leur affichage.

```
> PLOT3D( yellowsides(1, 2, 3, 0.5),
>         redtop(1, 2, 3, 0.5),
>         STYLE(PATCH) );
```

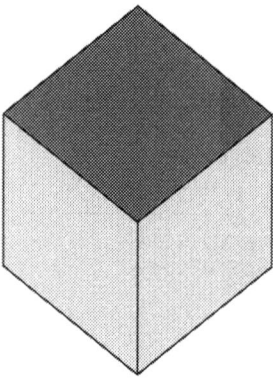

On peut se servir de **yellowsides** et **redtop** pour créer un histogramme tridimensionnel. Voici l'histogramme correspondant à la fonction $z = 1/(x + y + 4)$ pour $0 \leq x \leq 4$ et $0 \leq y \leq 4$.

```
> sides := seq( seq( yellowsides(i, j, 1/(i+j+4), 0.75),
>    j=0..4), i=0..4):
> tops := seq( seq( redtop( i, j, 1/(i+j+4), 0.75),
>    j=0..4 ), i=0..4 ):
```

Les histogrammes ont meilleure allure lorsqu'on les place dans une boîte avec des axes. Les axes sont générés par **AXESSTYLE**.

```
> PLOT3D( sides, tops, STYLE(PATCH), AXESSTYLE(BOXED) );
```

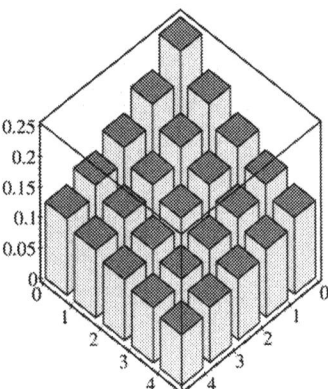

On pourrait facilement modifier la méthode précédente pour obtenir une procédure `listbarchart3d` qui, à partir d'une liste de cotes donnée, produirait un graphe tridimensionnel semblable au précédent. L'ensemble des noms d'objets qui peuvent apparaître dans une structure **PLOT3D** comprend tous ceux disponibles pour la structure **PLOT**. C'est ainsi que **POINTS**, **CURVES**, **POLYGONS** et **TEXT** sont disponibles et peuvent être utilisés dans un appel non évalué à **PLOT3D**. Comme dans le cas d'une structure **PLOT**, lorsque le nom de l'objet est **CURVES** ou **POINTS**, l'information décrivant les points est constituée d'une ou plusieurs listes de points à trois coordonnées, chacune d'elles définissant le support d'une courbe de l'espace. Dans le cas d'une structure **POLYGONS**, l'information décrivant les points consiste aussi en une ou plusieurs listes de points, chacune d'elle correspondant à la liste des sommets d'un polygone de l'espace. Il existe deux autres objets spécifiques à la structure **PLOT3D**. **GRID** est une structure qui décrit un maillage fonctionnel. Elle consiste en deux intervalles définissant un maillage du plan $x\,y$, associés à une liste de listes de valeurs de z sur ce maillage. Dans l'exemple suivant **LL** contient 4 listes de 3 éléments. Le maillage présente donc 4×3 points ; x varie de 1 à 3 par pas de 2/3, tandis que y varie de 1 à 2 par pas de 1/2.

```
> LL := [ [0,1,0], [1,1,1], [2,1,2], [3,0,1] ]:

> PLOT3D( GRID( 1..3, 1..2, LL ), AXESLABELS(x,y,z),
```

```
>                ORIENTATION(135, 45), AXES(BOXED) );
```

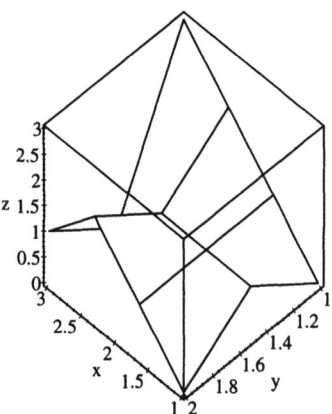

La structure **MESH** contient une liste de listes de points décrivant le support d'une surface dans l'espace.

```
> LL := [ [ [0,0,0], [1,0,0], [2,0,0], [3,0,0] ],
>         [ [0,1,0], [1,1,0], [2.1, 0.9, 0],
>                             [3.2, 0.7, 0] ],
>         [ [0,1,1], [1,1,1], [2.2, 0.6, 1],
>                             [3.5, 0.5, 1.1] ] ];
```

$$LL := [[[0,0,0],[1,0,0],[2,0,0],[3,0,0]],$$

$$[[0,1,0],[1,1,0],[2.1,.9,0],[3.2,.7,0]],$$

$$[[0,1,1],[1,1,1],[2.2,.6,1],[3.5,.5,1.1]]]$$

La structure **MESH** représente les quadrilatères engendrés par

$$LL_{i,j}, LL_{i,j+1}, LL_{i+1,j}, LL_{i+1,j+1}$$

pour chaque valeur significative de i et de j.

```
> PLOT3D( MESH( LL ), AXESLABELS(x,y,z), AXES(BOXED),
>         ORIENTATION(-140, 45) );
```

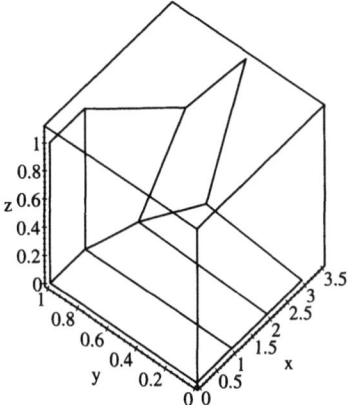

Toutes les options disponibles pour **PLOT** sont aussi disponibles pour **PLOT3D**. Il existe en outre trois autres options spécifiques à **PLOT3D** : **GRIDSTYLE**, **LIGHTMODEL** et **AMBIENTLIGHT**. On trouvera une description complète de la structure de données **PLOT3D** et de ses options en se reportant à l'aide en ligne **?plot3d,structure**.

8.4 Programmation à l'aide des structures de données graphiques

Cette partie décrit un certain nombre d'outils disponibles pour la programmation bas niveau en accédant directement aux structures de données **PLOT** ou **PLOT3D**. Les structures de données graphiques présentent l'avantage de permettre un accès *direct* à toutes les fonctionnalités graphiques de Maple. Les exemples fournis dans la partie intitulée *Structures de données pour le graphisme en Maple* (page 281) montrent l'étendue de ces possibilités. Nous abordons ici un certain nombre d'exemples afin d'illustrer la programmation graphique de bas niveau.

Ecriture de primitives graphiques

On peut écrire des procédures permettant de travailler avec des objets graphiques à un niveau conceptuel. Les commandes **line** et **disk** du package **plottools** fournissent un modèle pour la programmation de primitives comme les points, les lignes, les courbes, les cercles, les rectangles ou les polygones, que ce soit en dimension 2 ou en dimension 3. Dans tous les cas, il est possible de spécifier un certain nombre d'options comme le style ou la couleur des lignes, en respectant le format usuel des autres procédures graphiques de Maple.

```
> line := proc(x::list, y::list)
>     # x et y représentent des points en D-2 ou en  D-3
>     local opts;
>     opts := [ args[3..nargs] ];
>     opts := convert( opts, PLOToptions );
>     CURVES( evalf( [x, y] ), op(opts) );
> end:
```

Rappelons qu'au sein d'une procédure, **nargs** contient le nombre de paramètres effectifs passés à la procédure tandis que **args** contient la séquence de ces paramètres. Ainsi, dans **line**, **args[3..nargs]** contient la séquence des arguments qui suivent **x** et **y**. La commande **convert(...,PLOToptions)** convertit des options décrites au niveau utilisateur au format requis par **PLOT**.

```
> convert( [axes=boxed, color=red], PLOToptions );
```

$$[AXESSTYLE(BOX), COLOUR(RGB, 1.00000000, 0, 0)]$$

La procédure **disk** présente le même mode de fonctionnement que **line**. On peut en outre spécifier le nombre de points que **disk** doit utiliser pour générer le disque. **disk** doit donc gérer l'option **numpoints**. L'instruction **hasoption** permet de savoir si une option particulière a été passée à la procédure.

```
> disk := proc(x::list, r::algebraic)
>    # desine un disque de centre x et de rayon r en D-2
>    local i, n, opts, vertices;
>    opts := [ args[3..nargs] ] ;
>    if not hasoption( opts, numpoints, n, ´opts´ )
>    then n := 50;
>    fi;
>    opts := convert(opts, PLOToptions);
>    vertices := seq( evalf( [ x[1] + r*cos(2*Pi*i/n),
>                              x[2] + r*sin(2*Pi*i/n)
>                            ] ),
>                     i = 0..n );
>    POLYGONS( [vertices], op(opts) );
> end:
```

Représentons deux disques reliés par une ligne :

```
> with(plots):
> display( disk([-1, 0], 1/2, color=plum),
```

```
>           line([-1, 1/2], [1, 1/2]),
>           disk([1, 0], 1/2, thickness=3),
>           scaling=constrained );
```

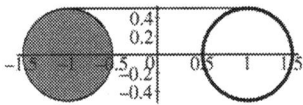

Remarquons que les options spécifiques à chaque objet ne s'appliquent qu'à cet objet.

Représentation graphique d'un pignon

Cet exemple a pour but de montrer comment on peut se servir d'une structure de données bidimensionnelle comme support d'une structure tridimensionnelle. La procédure suivante crée un morceau de la section d'un pignon d'engrenage.

```
> outside := proc(a, r, n)
>     local p1, p2;
>     p1 := evalf( [ cos(a*Pi/n), sin(a*Pi/n) ] );
>     p2 := evalf( [ cos((a+1)*Pi/n), sin((a+1)*Pi/n)
>                  ] );
>     if r = 1 then p1, p2;
>     else p1, r*p1, r*p2, p2;
>     fi
> end:
```

Par exemple :

```
> outside( Pi/4, 1.1, 16 );
```

[.9881327882, .1536020604], [1.086946067, .1689622664],

[1.033097800, .3777683623],

[.9391798182, .3434257839]

```
> PLOT( CURVES( ["] ), SCALING(CONSTRAINED) );
```

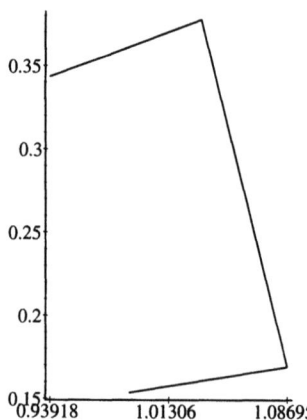

Lorsqu'on met des morceaux de ce genre bout à bout, on obtient le profil d'un pignon. L'objet **SCALING(CONSTRAINED)**, qui correspond à l'option **scaling=constrained**, est utilisé pour que la section du pignon paraisse circulaire.

```
> points := [ seq( outside(2*a, 1.1, 16), a=0..16 ) ]:
> PLOT( CURVES(points), AXESSTYLE(NONE),
>       SCALING(CONSTRAINED)
> );
```

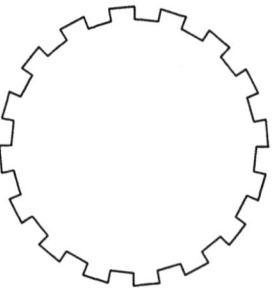

On peut compléter ce croquis en utilisant l'objet **POLYGONS**. Il convient toutefois d'être prudent en définissant les polygones car Maple suppose que les polygones sont toujours convexes. On va donc représenter chaque morceau de la section à l'aide d'un polygone triangulaire.

```
> a := seq( [ [0, 0], outside(2*j, 1.1, 16) ],
>           j=0..15 ):
> b := seq( [ [0, 0], outside(2*j+1, 1, 16) ],
```

```
>                j=0..15 ):
> PLOT( POLYGONS(a,b), AXESSTYLE(NONE),
>       SCALING(CONSTRAINED) );
```

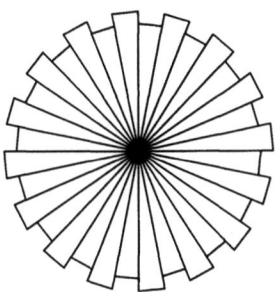

Si l'on ajoute l'option **STYLE(PATCHNOGRID)** à la structure précédente, on obtient finalement une structure pleine. On va maintenant se fonder sur cette structure pour obtenir une image tridimensionnelle. A cet effet, on a besoin des deux utilitaires suivants. La première procédure :

```
> double := proc( L, t )
>    local u;
>    [ seq( [u[1], u[2], 0], u=L ) ],
>    [ seq( [u[1], u[2], t], u=L ) ];
> end:
```

à partir d'une liste de sommets dans le plan, crée deux copies de l'objet dans l'espace, l'une à la cote 0 et l'autre à la cote *t*. La deuxième procédure :

```
> border := proc( L1, L2 )
>    local i, n;
>    n := nops(L1);
>    seq( [ L1[i], L2[i], L2[i+1], L1[i+1] ],
>         i = 1..n-1 ),
>       [ L1[n], L2[n], L2[1], L1[1] ];
> end:
```

prend deux listes de sommets et joint les sommets homologues entre eux. On peut créer les sommets des bases inférieure et supérieure du pignon de la manière suivante :

```
> faces :=
> seq( double(p,1/2),
>      p=[ seq( [ outside(2*a+1, 1.1, 16), [0,0] ],
>               a=0..16 ),
>          seq( [ outside(2*a, 1,16), [0,0] ], a=0..16 )
>        ] ):
```

faces est maintenant une séquence de valeurs redoublées.

```
> PLOT3D( POLYGONS( faces ) );
```

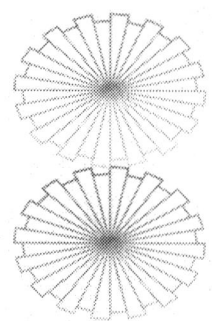

Revenons au contour de la base du pignon :

```
> points := [ seq( outside(2*a, 1.1, 16), a=0..16 ) ]:
> PLOT( CURVES(points), AXESSTYLE(NONE),
>       SCALING(CONSTRAINED)
> );
```

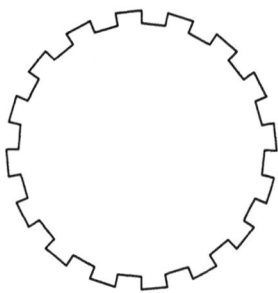

Si l'on utilise les deux utilitaires précédents on obtient les bords du pignon :

```
> bord := border( double( [ seq( outside(2*a+1, 1.1, 16),
>                                a=0..15 ) ], 1/2) ):
> PLOT3D( seq( POLYGONS(b), b=bord ) );
```

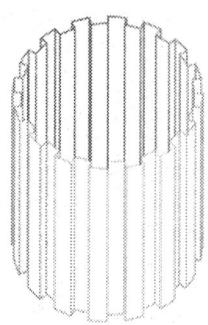

Pour obtenir toute la pièce, il faut afficher simultanément les deux figures précédentes et pour cela rassembler les deux structures sous-jacentes en une même structure **PLOT3D**. On utilise l'option locale **STYLE(PATCH-NOGRID)** pour que les bases de la pièce n'apparaissent pas découpées en triangles.

```
> PLOT3D( POLYGONS(faces, STYLE(PATCHNOGRID) ),
>         seq( POLYGONS(b), b=bord ),
>     STYLE(PATCH), SCALING(CONSTRAINED) );
```

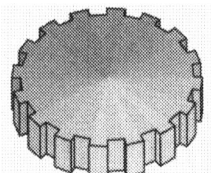

Remarquons que les options globales **STYLE(PATCH)** et **SCALING (CONSTRAINED)** s'appliquent à la structure **PLOT3D** dans son ensemble sauf lorsque l'option locale **STYLE(PATCHNOGRID)**, qui est prioritaire, s'applique pour les bases de la pièce.

Maillage de polygones

La partie intitulée *La structure* **PLOT3D** (page 289) décrit la structure de données **MESH**. Une telle structure est générée lorsqu'on utilise `plot3d` pour représenter une surface paramétrée. Cette opération entraîne la conversion d'un ensemble de sommets en l'ensemble des polygones qu'ils déterminent. En utilisant des polygones plutôt qu'une structure **MESH**, on peut accéder aux polygones individuellement. La procédure `polygongrid` crée les sommets d'un quadrilatère dont un sommet est en position (i,j) sur la grille.

```
> polygongrid := proc(gridlist, i, j)
>     gridlist[j][i], gridlist[j][i+1],
>     gridlist[j+1][i+1], gridlist[j+1][i];
> end:
```

On peut utiliser `makePolygongrid` pour construire les polygones appropriés.

```
> makePolygongrid := proc(gridlist)
>     local m,n,i,j;
>     n := nops(gridlist);
>     m := nops(gridlist[1]);
>     POLYGONS( seq( seq( [
```

```
>                     polygongrid(gridlist, i, j) ],
>                     i=1..m-1), j=1..n-1) );
> end:
```

Ce qui suit constitue un maillage dans le plan :

```
> L := [ seq( [ seq( [i-1, j-1], i=1..3 ) ], j=1..4 ) ];
```

$L := [[[0, 0], [1, 0], [2, 0]], [[0, 1], [1, 1], [2, 1]], [[0, 2], [1, 2], [2, 2]],$

$[[0, 3], [1, 3], [2, 3]]]$

La procédure **makePolygongrid** crée une structure **POLYGONS** correspondant à **L** :

```
> grid1 := makePolygongrid( L );
```

$grid1 := \text{POLYGONS}([[0, 0], [1, 0], [1, 1], [0, 1]],$

$[[1, 0], [2, 0], [2, 1], [1, 1]], [[0, 1], [1, 1], [1, 2], [0, 2]],$

$[[1, 1], [2, 1], [2, 2], [1, 2]], [[0, 2], [1, 2], [1, 3], [0, 3]],$

$[[1, 2], [2, 2], [2, 3], [1, 3]])$

On place les polygones dans une structure **PLOT** pour les afficher :

```
> PLOT( grid1 );
```

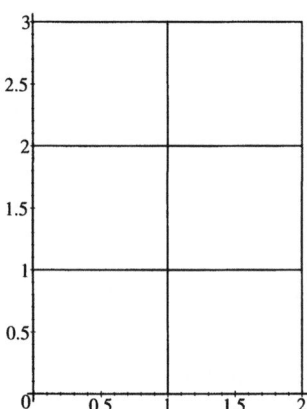

On peut aussi utiliser la commande **convert(..., POLYGONS)** pour convertir une structure **GRID** ou une structure **MESH** en polygones. On peut se reporter à l'aide en ligne **?convert,POLYGONS** pour davantage de précisions. **convert(..., POLYGONS)** appelle la procédure `convert/

POLYGONS` qui, dans le cas d'une structure **MESH**, fonctionne comme la procédure **makePolygongrid**.

8.5 Programmation avec le package `plottools`

La programmation graphique directe sur les structures de données permet un accès à toutes les possibilités graphiques de Maple, mais elle ne permet pas de recourir à certaines caractéristiques de façon intuitive, comme la description des couleurs par leur nom ou l'utilisation de données numériques comme π ou $\sqrt{2}$.

Cette partie montre comment on peut travailler avec des objets fondamentaux à un niveau plus élevé. Le package **plottools** fournit des commandes pour tracer des lignes, des cercles, des polygones, des sphères, des tores ou des polyèdres. Voici, par exemple, comment on peut représenter une sphère de rayon unité et un tore dans un style donné et avec un style d'axes déterminé :

```
> with(plots): with(plottools):
> display( sphere( [0, 0, 2] ), torus( [0, 0, 0] ),
>          style=patch, axes=frame,
>          scaling=constrained );
```

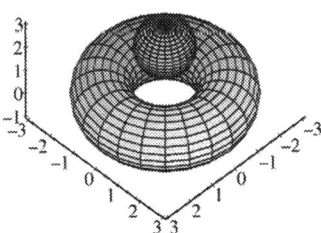

On peut faire tourner la figure :

```
> rotate( ", Pi/4, -Pi/4, Pi/4 );
```

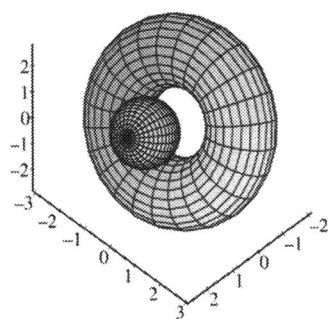

Un diagramme sectoriel

On va écrire une procédure pour représenter un diagramme sectoriel à partir d'une liste de nombres entiers. La procédure **piechart** ci-dessous se sert de la procédure **partialsum** suivante pour calculer les sommes partielles d'une liste de nombres jusqu'à un terme donné :

```
> partialsum := proc(d, i)
>    local j;
>    evalf( Sum( d[j], j=1..i ) )
> end:
```

Par exemple :

```
> partialsum( [1, 2, 3, -6], 3 );
```

$$6.$$

La procédure **piechart** calcule d'abord les poids relatifs des données qui seront placées au centre de chaque secteur. **piechart** utilise une structure **TEXT** pour placer les informations numériques au centre de chaque secteur. La commande **pieslice** du package **plottools** pour créer les secteurs. Enfin, **piechart** détermine la couleur de chaque secteur en recourant à la fonction de nuance pour choisir les couleurs :

```
> piechart := proc( data::list(integer) )
>    local b, c, i, n, x, y, total;
>
>    n := nops(data);
>    total := partialsum(data, n);
>    b := 0, seq( evalf( 2*Pi*partialsum(data, i)/
>             total ), i =1..n );
>    x := seq( ( cos(b[i])+cos(b[i+1]) ) / 3, i=1..n ):
>    y := seq( ( sin(b[i])+sin(b[i+1]) ) / 3, i=1..n ):
>    c := (i, n) -> COLOR(HUE, i/(n + 1)):
>    PLOT( seq( plottools[pieslice]( [0, 0], 1,
>             b[i]..b[i+1], color=c(i, n) ),
>          i=1..n),
>       seq( TEXT( [x[i], y[i]],
>             convert(data[i], name) ),
>          i = 1..n ),
>       AXESSTYLE(NONE), SCALING(CONSTRAINED) );
> end:
```

Voici un exemple de diagramme comportant six secteurs :

```
> piechart( [ 8, 10, 15, 10, 12, 16 ] );
```

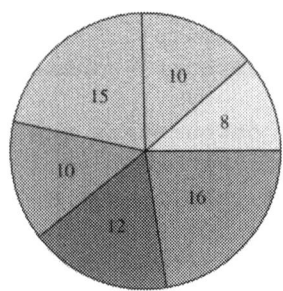

L'option **AXESSTYLE(NONE)** permet de s'assurer que Maple ne va superposer aucun tracé d'axes au diagramme.

Ombre portée

On peut utiliser les procédures disponibles pour créer de nouveaux types de graphiques qui ne font pas partie de la bibliothèque graphique de Maple. La procédure suivante représente une surface, $z = f(x, y)$, dans l'espace ainsi que son ombre portée sur un plan situé en dessous de la surface. La procédure se sert des procédures **contourplot**, **contourplot3d**, et **display** du package **plots**, et de la procédure **transform** du package **plottools**.

```
> dropshadowplot := proc(F::algebraic, r1::name=range,
>       r2::name=range, r3::name=range)
>    local minz, p2, p3, coption, opts, f, g, x, y;
>
>    # fixe le nombre de contours (8 par défaut)
>    opts := [args[5..nargs]];
>    if not hasoption( opts, `contours`, coption,
>                      `opts` )
>    then coption := 8;
>    fi;
>
>    # choix de la position des axes
>    # à partir du troisième argument
>    if type(r3, range) then
>       minz := lhs(r3)
>    else
>       minz := lhs( rhs(r3) );
>    fi;
>    minz := evalf(minz);
>
>    # crée des contours D-2 ou D-3 pour F
>    p3 := plots[contourplot3d]( F, r1, r2,
>               `contours`=coption, op(opts) );
```

```
>       p2 := plots[contourplot]( F, r1, r2,
>              `contours`=coption, op(opts) );
>
>       # inclut le contour dans une structure D-3 via
>       # plottools[transform]
>       g := unapply( [x,y,minz], x, y );
>       f := plottools[transform]( g );
>       plots[display]([ f(p2), p3 ]);
> end:
```

L'option **filled=true**, qui est finalement passée à **contourplot** et **contourplot3d**, conduit ces procédures à colorier les régions entre les deux courbes de niveau en fonction de leur niveau.

```
> expr := -5 * x / (x^2+y^2+1);
```

$$expr := -5\frac{x}{x^2+y^2+1}$$

```
> dropshadowplot( expr, x=-3..3, y=-3..3, z=-4..3,
>    filled=true, contours=3, axes=frame );
```

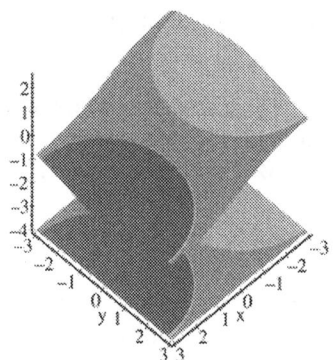

La première partie de la procédure **dropshadow** détermine si l'option **contours** a été passée dans les arguments optionnels (après le quatrième argument) en se servant de la procédure **hasoption**. La partie suivante de **dropshadowplot** détermine la valeur z de la base. Remarquons que les intervalles ne sont pas spécifiés de la même façon selon que c'est une fonction ou une expression qui a été fournie en entrée. La dernière partie crée les objets graphiques nécessaires. **dropshadowplot** plonge les contours du plan dans l'espace en utilisant la transformation $(x,y) \mapsto [x,y,minz]$. Enfin, la procédure affiche simultanément les deux graphiques après les avoir regroupés dans un objet graphique de dimension 3. On peut changer le nombre de niveaux et aussi préciser la position des contours grâce à l'option **contours**. Ainsi,

8.5 Programmation avec le package **plottools** • 305

```
> dropshadowplot( expr, x=-3..3, y=-3..3, z=-4..3,
>                 filled=true, contours=[-2,-1,0,1,2] );
```

produit un contour similaire au précédent mais propose 5 contours aux niveaux $-2, -1, 0, 1$ et 2.

Création d'un pavage

Le package **plottools** fournit un environnement commode pour écrire des procédures graphiques. C'est ainsi qu'on peut tracer des arcs de cercles dans un carré unité :

```
> with(plots): with(plottools):
> a := rectangle( [0,0], [1,1] ),
>      arc( [0,0], 0.5, 0..Pi/2 ),
>      arc( [1,1], 0.5, Pi..3*Pi/2 ):
> b := rectangle( [1.5,0], [2.5,1] ),
>      arc( [1.5,1], 0.5, -Pi/2..0 ),
>      arc( [2.5,0], 0.5, Pi/2..Pi ):
```

Il faut utiliser la commande **display** du package **plots** pour afficher les objets créés par **rectangle** et **arc** :

```
> display( a, b, axes=none, scaling=constrained );
```

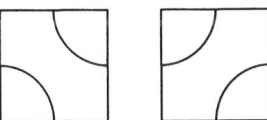

On peut paver le plan avec des rectangles de type **a** et des rectangles de type **b**. La procédure suivante réalise un tel pavage, en s'appuyant sur une fonction g pour savoir quel type de rectangle utiliser. La fonction g retourne 0 lorsqu'il faut utiliser un rectangle de type **a** et 1 lorsqu'il faut utiliser un rectangle de type **b** :

```
> tiling := proc(g, m, n)
>    local i, j, r, h, boundary, tiles;
>
>    # définit un rectangle de type a
>    r[0] := plottools[arc]( [0,0], 0.5, 0..Pi/2 ),
>            plottools[arc]( [1,1], 0.5, Pi..3*Pi/2 );
>    # définit un rectangle de type b
>    r[1] := plottools[arc]( [0,1], 0.5, -Pi/2..0 ),
>            plottools[arc]( [1,0], 0.5, Pi/2..Pi );
>    boundary := plottools[curve]( [ [0,0], [0,n],
```

```
>                        [m,n], [m,0], [0,0]] );
>    tiles := seq( seq( seq(
>              plottools[translate](h, i, j),
>              h=r[g(i, j)] ), i=0..m-1 ), j=0..n-1 );
>    plots[display]( tiles, boundary, args[4..nargs] );
> end:
```

A titre d'exemple on définit la procédure suivante qui retourne aléatoirement 0 ou 1 :

```
> oddeven := proc() rand() mod 2 end:
```

On crée ainsi un pavage 20×10 (appelé pavage de Truchet) :

```
> tiling( oddeven, 20, 10, scaling=constrained,
>         axes=none);
```

Lorsqu'on appelle une nouvelle fois la procédure, le pavage, qui est aléatoire, est différent :

```
> tiling( oddeven, 20, 10, scaling=constrained,
>         axes=none);
```

Diagramme de Smith

A l'aide des commandes du package **plottools**, il est facile de réaliser un diagramme de Smith, qui sert en analyse des circuits micro-ondes :

```
> smithChart := proc(r)
>    local i, a, b, c ;
>    a := PLOT( seq( plottools[arc]( [-i*r/4,0],
>                                    i*r/4, 0..Pi ),
>               i = 1..4 ),
>        plottools[arc]( [0,r/2], r/2,
>                        Pi-arcsin(3/5)..3*Pi/2 ),
```

```
>               plottools[arc]( [0,r], r, Pi..Pi+
>                               arcsin(15/17) ),
>               plottools[arc]( [0,2*r], 2*r,
>                               Pi+arcsin(3/5)..Pi+
>                               arcsin(63/65) ),
>               plottools[arc]( [0,4*r], 4*r,
>                               Pi+arcsin(15/17)..Pi+
>                               arcsin(63/65) )
>                    );
>     b := plottools[transform]( (x, y) -> [x,-y] )(a);
>     c := plottools[line]( [ 0, 0], [ -2*r, 0] ):
>     plots[display]( a, b, c, axes = none,
>                     scaling = constrained,
>                     args[2..nargs] );
> end:
```

Voici un diagramme de Smith de rayon 1 :

```
> smithChart( 1 );
```

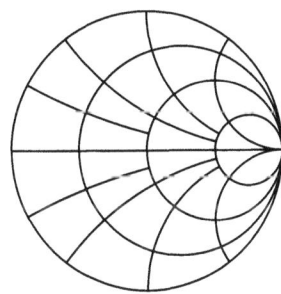

La procédure calcule les arcs circulaires au dessus de l'axe horizontal, puis détermine la figure symétrique à l'aide de l'instruction **transform** et ajoute enfin l'axe horizontal. Le paramètre r désigne le rayon du plus grand cercle. Il serait facile d'ajouter un commentaire et une légende.

Modification des maillages de polygones

Il est facile d'écrire un nouvel outil graphique dont le fonctionnement serait semblable à celui des outils du package **plottools**. Il est, par exemple, possible de modifier la structure des polygones en travaillant d'abord sur un modèle puis en distribuant le résultat sur l'ensemble des polygones. C'est ainsi qu'on peut écrire une procédure pour découper l'intérieur d'un polygone :

```
> cutoutPolygon := proc( vlist::list, scale::numeric )
>     local i, center, outside, inside, n, edges, polys;
```

```
>
>     n := nops(vlist);
>     center := add( i, i=vlist ) / n;
>     inside := seq( scale*(vlist[i]-center) + center,
>                    i=1..n);
>     outside := seq( [ inside[i],   vlist[i],
>                       vlist[i+1], inside[i+1] ],
>                     i=1..n-1 ):
>     polys := POLYGONS( outside,
>                        [ inside[n], vlist[n],
>                          vlist[1], inside[1] ],
>                        STYLE(PATCHNOGRID) );
>     edges := CURVES( [ op(vlist), vlist[1] ],
>                      [ inside, inside[1] ] );
>     polys, edges;
> end:
```

Voici les sommets d'un triangle :

```
> triangle := [ [0,2], [2,2], [1,0] ];
```

$$triangle := [[0, 2], [2, 2], [1, 0]]$$

La procédure **cutoutPolygon** convertit **triangle** en trois polygones (un pour chaque côté) et deux courbes.

```
> cutoutPolygon( triangle, 1/2 );
```

$$\text{POLYGONS}([[\frac{1}{2}, \frac{5}{3}], [0, 2], [2, 2], [\frac{3}{2}, \frac{5}{3}]], [[\frac{3}{2}, \frac{5}{3}], [2, 2], [1, 0], [1, \frac{2}{3}]],$$

$$[[1, \frac{2}{3}], [1, 0], [0, 2], [\frac{1}{2}, \frac{5}{3}]], \text{STYLE}(PATCHNOGRID)),$$

$$\text{CURVES}([[0, 2], [2, 2], [1, 0], [0, 2]], [[\frac{1}{2}, \frac{5}{3}], [\frac{3}{2}, \frac{5}{3}], [1, \frac{2}{3}], [\frac{1}{2}, \frac{5}{3}]])$$

On affiche le triangle grâce à la commande **display** du package **plots** :

```
> plots[display]( ", color=red );
```

8.5 Programmation avec le package **plottools** • 309

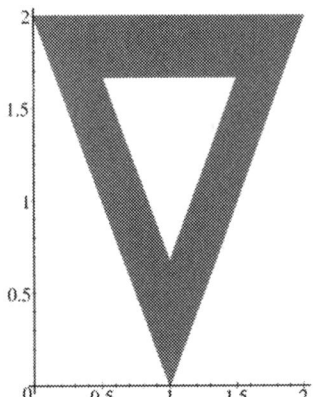

La procédure **cutout** suivante applique **cutoutPolygon** à toutes les faces d'un polyèdre :

```
> cutout := proc(polyhedron, scale)
>    local v;
>    seq( cutoutPolygon( v, evalf(scale) ),
>         v=polyhedron);
> end:
```

On peut à présent découper les 3/4 de chaque face d'un dodécaèdre :

```
> display( cutout( dodecahedron([1, 2, 3]), 3/4 ),
>          scaling=constrained);
```

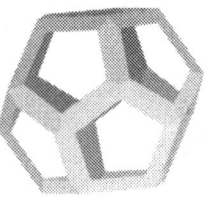

Donnons un deuxième exemple. Il est possible de visualiser le barycentre d'un polygone :

```
> stellateFace := proc( vlist::list,
>                       aspectRatio::numeric )
>    local apex, i, n;
>
>    n := nops(vlist);
>    apex :=  add( i, i = vlist ) * aspectRatio / n;
>    POLYGONS( seq( [ apex, vlist[i],
>                     vlist[modp(i, n) + 1] ],
```

```
>                          i=1..n) );
> end:
```

Voici les sommets d'un triangle de l'espace :

```
> triangle := [ [1,0,0], [0,1,0], [0,0,1] ];
```

$$triangle := [[1, 0, 0], [0, 1, 0], [0, 0, 1]]$$

La procédure **stellateFace** fabrique trois polygones, un par côté du triangle :

```
> stellateFace( triangle, 1 );
```

$$\text{POLYGONS}([[\frac{1}{3}, \frac{1}{3}, \frac{1}{3}], [1, 0, 0], [0, 1, 0]], [[\frac{1}{3}, \frac{1}{3}, \frac{1}{3}], [0, 1, 0], [0, 0, 1]],$$
$$[[\frac{1}{3}, \frac{1}{3}, \frac{1}{3}], [0, 0, 1], [1, 0, 0]])$$

Comme ces polygones sont des objets 3D, il convient de les placer dans une structure **PLOT3D** pour les afficher :

```
> PLOT3D( " );
```

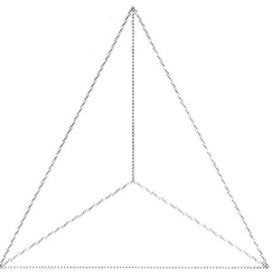

On peut à nouveau étendre la procédure **stellateFace** pour qu'elle s'applique à des polyèdres quelconques :

```
> stellate := proc( polyhedron, aspectRatio)
>     local v;
>     seq( stellateFace( v, evalf(aspectRatio) ),
>         v=polyhedron );
> end:
```

On peut ainsi obtenir un polyèdre étoilé :

```
> stellated := display( stellate( dodecahedron(), 3),
>         scaling= constrained ):
```

8.5 Programmation avec le package **plottools** • 311

```
> display( array( [dodecahedron(), stellated] ) );
```

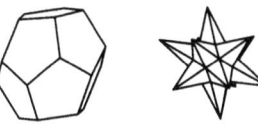

On peut se servir de **convert(..., POLYGONS)** pour convertir une structure **GRID** ou **MESH** en un ensemble équivalent de polygones. Voici une version polygonale de la bouteille de Klein :

```
> kleinpoints := proc()
>    local bottom, middle, handle, top, p, q;
>
>    top := [ (2.5 + 1.5*cos(v)) * cos(u),
>             (2.5 + 1.5*cos(v)) * sin(u),
>             -2.5 * sin(v) ]:
>    middle := [ (2.5 + 1.5*cos(v)) * cos(u),
>                (2.5 + 1.5*cos(v)) * sin(u),
>                3*v - 6*Pi ]:
>    handle := [ 2 - 2*cos(v) + sin(u), cos(u),
>                3*v - 6*Pi ]:
>    bottom := [ 2 + (2+cos(u))*cos(v), sin(u),
>                -3*Pi + (2+cos(u)) * sin(v) ]:
>    p := plot3d( {bottom, middle, handle, top},
>                 u=0..2*Pi, v=Pi..2*Pi, grid=[9,9] ):
>    p := select( x -> op(0,x)=MESH, [op(p)] );
>    seq( convert(q , POLYGONS), q=p );
> end:
> display( kleinpoints(), style=patch,
>          scaling=constrained, orientation=[-110,71] );
```

Il est alors possible de se servir des outils précédents pour visualiser l'intérieur de la bouteille de Klein.

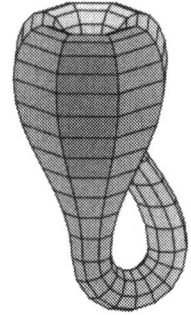

```
> display(  seq( cutout(k, 3/4), k=kleinpoints() ),
>           scaling=constrained );
```

8.6 Représentation de champs de vecteurs

Dans cette partie on s'intéresse au problème de la représentation graphique d'un champ de vecteurs bidimensionnel. Cette étude à pour but de mettre en évidence un des nombreux outils disponibles pour représenter graphiquement certains objets sur des grilles en dimension 2 ou en dimension 3. La commande permettant de représenter un champ de vecteurs devrait présenter la syntaxe suivante :

> **vectorfieldplot(** F, r1, r2 , options **)**

L'entrée, F, est une liste de deux éléments donnant les fonctions coordonnées du champ de vecteur. Les arguments r1 et r2 décrivent le domaine sur lequel sera représenté le champ. Les trois arguments F, r1 et r2 sont de la même forme que ceux passés à **plot3d**. De même, les informations optionnelles doivent inclure les mêmes possibilités que pour **plot3d**. Il faut donc admettre des options comme **grid = [m,n]**, **style = patch** ou **color** = *colorfunction*.

Le premier problème est constitué par la représentation d'un vecteur. Supposons que [x, y] représente les coordonnées de l'origine du vecteur et que [a, b] constitue les composantes du vecteur. On va déterminer la forme d'une flèche à l'aide de trois paramètres t1, t2 et t3. t1 va désigner l'épaisseur de la flèche, t2 l'épaisseur de la tête de la flèche et t3 le rapport entre la longueur de la tête de la flèche et la longueur de la flèche tout entière.

La procédure **arrow** suivante, extraite du package **plottools**, construit les sept sommets d'une flèche. Elle construit ensuite la flèche sous la forme de deux polygones : un triangle (représenté par v_5, v_6 et v_7) pour la tête de la flèche et un rectangle (supporté par v_1, v_2, v_3 et v_4) pour la

8.6 Représentation de champs de vecteurs • 313

queue. La procédure enlève ensuite les lignes du bord en fixant l'option **style** au sein de la structure **POLYGON**. Elle construit aussi le contour de la flèche entière en faisant passer une courbe fermée par tous les sommets précédemment définis :

```
> arrow := proc( point::list, vect::list, t1, t2, t3)
>    local a, b, i, x, y, L, Cos, Sin, v, locopts;
>
>    a := vect[1]; b := vect[2];
>    if has( vect, 'undefined') or (a=0 and b=0) then
>       RETURN( POLYGONS( [ ] ) );
>    fi;
>    x := point[1]; y := point[2];
>    # L = longueur de la flèche
>    L := evalf( sqrt(a^2 + b^2) );
>    Cos := evalf( a / L );
>    Sin := evalf( b / L);
>    v[1] := [x + t1*Sin/2, y - t1*Cos/2];
>    v[2] := [x - t1*Sin/2, y + t1*Cos/2];
>    v[3] := [x - t1*Sin/2 - t3*Cos*L + a,
>            y + t1*Cos/2 - t3*Sin*L + b];
>    v[4] := [x + t1*Sin/2 - t3*Cos*L + a,
>            y - t1*Cos/2 - t3*Sin*L + b];
>    v[5] := [x - t2*Sin/2 - t3*Cos*L + a,
>            y + t2*Cos/2 - t3*Sin*L + b];
>    v[6] := [x + a, y + b];
>    v[7] := [x + t2*Sin/2 - t3*Cos*L + a,
>            y - t2*Cos/2 - t3*Sin*L + b];
>    v := seq( evalf(v[i]), i= 1..7 );
>
>    # convertit les arguments optionnels au format
>    # de PLOT
>    locopts := convert( [style=patchnogrid,
>                         args[ 6..nargs ] ],
>                        PLOToptions );
>    POLYGONS( [v[1], v[2], v[3], v[4]],
>              [v[5], v[6], v[7]], op(locopts) ),
>    CURVES( [v[1], v[2], v[3], v[5], v[6],
>             v[7], v[4], v[1]] );
> end:
```

Remarquons qu'il faut procéder en deux étapes pour construire la structure polygonale d'une flèche, car les polygones utilisés doivent être convexes. Dans les cas particuliers où le vecteur a deux composantes nulles ou une composante indéfinie (point singulier ou valeur non numérique), la procédure **arrow** retourne un polygone trivial. Voici quelques exemples de flèches :

```
> arrow1 := PLOT(arrow( [0,0], [1,1], 0.2, 0.4, 1/3,
>                color=red) ):
> arrow2 := PLOT(arrow( [0,0], [1,1], 0.1, 0.2, 1/3,
>                color=yellow) ):
> arrow3 := PLOT(arrow( [0,0], [1,1], 0.2, 0.3, 1/2,
>                color=blue) ):
> arrow4 := PLOT(arrow( [0,0], [1,1], 0.1, 0.5, 1/4,
>                color=green) ):
```

Grâce à la commande **display** du package **plots**, il est possible d'afficher un tableau de flèches :

```
> with(plots):

> display( array( [[arrow1, arrow2],
>                  [arrow3, arrow4]] ),
>    scaling=constrained );
```

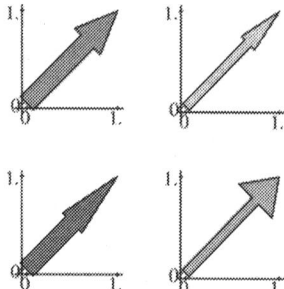

Le reste de cette partie est consacré à l'étude de quelques procédures permettant l'affichage d'un champ de vecteur. Les solutions proposées sont de plus en plus élaborées. La première solution, qui est aussi la plus simple, nécessite une entrée de type fonction et non de type expression. On a d'abord besoin d'écrire trois utilitaires pour traiter le domaine de représentation du champ, pour générer une grille de valeurs du champ et enfin pour placer les informations dans une structure **PLOT3D**.

La procédure **domaininfo** détermine les limites et les incréments pour la constitution de la grille. **domaininfo** prend deux intervalles **r1** et **r2** en entrée et deux dimensions de grilles m et n. La procédure retourne les informations concernant la grille dans les quatre derniers arguments :

```
> domaininfo := proc(r1, r2, m, n, a, b, dx, dy)
>    a := lhs( r1 ); b := lhs( r2 );
```

8.6 Représentation de champs de vecteurs

```
>       dx := evalf( (rhs(r1) - lhs(r1))/(m-1) );
>       dy := evalf( (rhs(r2) - lhs(r2))/(n-1) );
> end:
```

Voici un exemple :

```
> domaininfo( 0..12, 20..100, 7, 9,
>       `a`, `b`, `dx`, `dy` ):
```

Les valeurs de **a**, **b**, **dx** et **dy** sont maintenant :

```
> a, b, dx, dy;
```

$$0, 20, 2., 10.$$

Pour obtenir les valeurs numériques aux points définis par la grille, on va étendre la commande **convert** de Maple. La procédure `convert/grid` qui suit prend une fonction *f* en argument et l'évalue sur la grille définie par **r1**, **r2**, **m** et **n** :

```
> `convert/grid` := proc(f, r1, r2, m, n)
>       local a, b, i, j, dx, dy;
>       # obtention de l'information concernant le domaine
>       domaininfo( r1, r2, m, n, a, b, dx, dy );
>       # valeurs de la fonction sur la grille
>       [ seq( [ seq( evalf( f( a + i*dx, b + j*dy ) ) ),
>           i=0..(m-1) ) ], j=0..(n-1) ) ];
> end:
```

On peut à présent évaluer une fonction non définie, *f*, sur une grille comme suit :

```
> convert( f, grid, 1..2, 4..6, 3, 2 );
```

$$[[f(1, 4), f(1.500000000, 4), f(2.000000000, 4)],$$
$$[f(1, 6.), f(1.500000000, 6.), f(2.000000000, 6.)]]$$

Le dernier utilitaire doit déterminer l'échelle de manière à ce que les flèches ne se recouvrent pas. La procédure **generateplot** fait appel à la procédure **arrow** pour tracer les flèches. Remarquons que **generateplot** déplace l'origine de chaque flèche de manière à ce qu'elle soit centrée sur le point de la grille auquel elle correspond :

```
> generateplot := proc(vect1, vect2, m, n, a, b,
>                       dx, dy)
>       local i, j, L, xscale, yscale, mscale;
>
```

```
>     # Détermine les facteurs d'échelle
>     L := max( seq( seq( vect1[j][i]^2 + vect2[j][i]^2,
>                i=1..m ), j=1..n ) );
>     xscale := evalf( dx/2/L^(1/2) );
>     yscale := evalf( dy/2/L^(1/2) );
>     mscale := max(xscale, yscale);
>
>     # Génère la structure de données graphique
>     # Chaque flèche est centrée
>     PLOT( seq( seq( arrow(
>        [ a + (i-1)*dx - vect1[j][i]*xscale/2,
>          b + (j-1)*dy - vect2[j][i]*yscale/2 ],
>        [ vect1[j][i]*xscale, vect2[j][i]*yscale ],
>        mscale/4, mscale/2, 1/3 ), i=1..m), j=1..n) );
>     # Epaisseur de la queue = mscale/4
>     # Epaisseur de la tête = mscale/2
> end:
```

Il est dorénavant possible de proposer une première version de **vectorfieldplot** en utilisant les utilitaires précédents :

```
> vectorfieldplot := proc(F, r1, r2, m, n)
>     local vect1, vect2, a, b, dx, dy;
>
>     # Génération de chaque composante sur la
>     # grille de points
>     vect1 := convert( F[1], grid, r1, r2 ,m, n );
>     vect2 := convert( F[2], grid, r1, r2 ,m, n );
>
>     # Obtention de l'information sur le domaine
>     domaininfo(r1, r2, m, n, a, b, dx, dy);
>
>     # Génération de la structure graphique finale
>     generateplot(vect1, vect2, m, n, a, b, dx, dy)
> end:
```

On essaye cette procédure sur le champ de vecteurs $(\cos(xy), \sin(xy))$:

```
> p := (x,y) -> cos(x*y): q := (x,y) -> sin(x*y):
> vectorfieldplot( [p, q], 0..Pi, 0..Pi, 15, 20 );
```

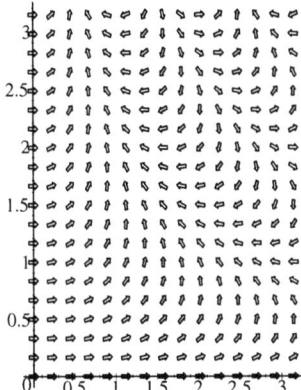

Le code de la procédure **vectorfieldplot** montre comment écrire une procédure qui génère des champs de vecteurs définis de manière différente. On peut définir une procédure **listvectorfieldplot** qui, au lieu de prendre en argument les fonctions définissant analytiquement le champ, prend une liste de m listes, chacune d'elles consistant en n couples de points. Chaque couple représente les composantes du vecteur en un point de la grille. La grille est donc une grille $m \times n$. Un tel fonctionnement est inspiré du fonctionnement de **listplot3d** :

```
> listvectorfieldplot := proc(F)
>     local m, n, vect1, vect2;
>
>     n := nops( F );  m := nops( F[1] );
>     # Génère les deux composantes de F
>     vect1 := map( u -> map( v -> evalf(v[1]) , u ) , F);
>     vect2 := map( u -> map( v -> evalf(v[2]) , u ) , F);
>
>     # Génère la structure graphique finale
>     generateplot(vect1, vect2, m, n, 1, 1, m-1, n-1)
> end:
```

Par exemple, la liste :

```
> l := [ [ [1,1], [2,2], [3,3] ],
>        [ [1,6], [2,0], [5,1] ] ]:
```

conduit à la représentation graphique suivante :

```
> listvectorfieldplot( l );
```

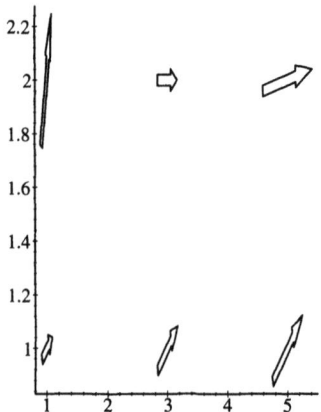

A ce stade, la procédure **vectorfieldplot** présente encore quelques inconvénients. Le premier d'entre eux réside dans ce que la procédure ne fonctionne que pour des entrées fonctionnelles alors qu'elle devrait admettre indifféremment des fonctions ou des expressions. Cela peut être résolu en convertissant des expressions en procédures, puis en faisant en sorte que **vectorfieldplot** s'appelle elle-même de façon récursive. C'est la solution qui avait été retenue pour la procédure **ribbonplot** étudiée en page 278.

Un deuxième problème apparaît lorsqu'on passe des arguments comme les suivants :

```
> p := (x,y) -> x*y:
> q1 := (x,y) -> 1/sin(x*y):
> q2 := (x,y) -> log(x*y):
> q3 := (x,y) -> log(-x*y):
```

Maple produit un message d'erreur car une division par zéro se produit en certains points de la grille. C'est le cas en $(0, 0)$ dans l'exemple suivant :

```
> vectorfieldplot( [p, q1], 0..1, 0..Pi, 15, 20);

Error, (in q1) division by zero
```

Dans l'exemple qui suit, Maple rencontre la singularité $\ln(0)$:

```
> vectorfieldplot( [p, q2], 0..1, 0..Pi, 15, 20);

Error, (in ln) singularity encountered
```

Dans l'exemple suivant, $\ln(-xy)$ est un nombre complexe, ce qui rend impossible la recherche d'un maximum :

```
> vectorfieldplot( [p, q3], 1..2, -2..1, 15, 20);

Error, (in simpl/max) constants must be real
```

Pour pallier cette difficulté, il faut commencer par ne passer à la procédure que des fonctions converties de manière à ne retourner que des valeurs numériques ou la valeur **undefined**. Ce sont, en effet, les seuls types de données acceptés par les procédures graphiques de Maple. On peut aussi préférer recourir aux calculs machines, plus efficaces, plutôt que de recourir aux calculs en flottants gérés par le logiciel. La partie intitulée *Génération de grilles de points* (page 324) décrit la méthode à suivre. Au lieu d'écrire sa propre procédure pour établir la grille, on peut utiliser la fonction **convert(..., gridpoints)** de la bibliothèque qui, dans le cas d'une seule entrée génère une structure de la forme suivante :

```
[ a..b,  c..d,  [ [z11, ..., z1n],
...,
[ zm1 , ..., zmn ] ] ]
```

Cette fonction accepte aussi bien des procédures que des expressions en entrée. Elle retourne les informations sur le domaine $a..b$ et $c..d$ ainsi que les valeurs de **z** résultant de l'évaluation de l'argument sur la grille :

```
> convert( sin(x*y), 'gridpoints',
>     x=0..Pi, y=0..Pi, grid=[2, 3] );
```

$$[0..3.14159265358979, 0..3.14159265358979,$$
$$[[0, 0, 0], [0, -.975367972083633572, -.430301217000074065]]]$$

Lorsque $xy > 0$ ou que $\ln(-xy)$ est complexe, la grille contient la valeur **undefined** :

```
> convert( (x,y) -> log(-x*y), 'gridpoints',
>     1..2, -2..1,  grid=[2,3] );
```

$$[1...2., -2...1., [[.6931471806, -.6931471806, undefined],$$
$$[1.386294361, 0, undefined]]]$$

La version de **vectorfieldplot** ci-dessous fait usage de la procédure **convert(..., gridpoints)** et devrait être capable de gérer certaines options. En particulier, la procédure devrait accepter l'option **grid = [m,n]** ce qui peut être accompli en passant les options à **convert(...,**

320 • Chapitre 8. Fonctions graphiques de Maple

gridpoints). L'utilitaire **makevectors** gère l'interface avec **convert(..., gridpoints)** :

```
> makevectors := proc( F, r1, r2 )
>    local v1, v2;
>
>    # Génération de la grille numérique
>    # des composantes des vecteurs
>    v1 := convert( F[1], 'gridpoints', r1, r2,
>                   args[4 .. nargs] );
>    v2 := convert( F[2], 'gridpoints', r1, r2,
>                   args[4 .. nargs] );
>
>    # L'information concernant le domaine est
>    # contenue dans les deux opérandes de v1.
>    # Les valeurs des fonctions sont contenues
>    # dans les 3eme composantes de v1 et v2.
>    [ v1[1], v1[2], v1[3], v2[3] ]
> end:
```

Voici une nouvelle version de **vectorfieldplot** :

```
> vectorfieldplot := proc(F, r1, r2)
>    local R1, R2, m, n, a, b, v1, v2, dx, dy, v;
>
>    v := makevectors( F, r1, r2, args[4..nargs] );
>    R1 := v[1];   R2 := v[2];   v1 := v[3];
>    v2 := v[4];
>
>    n := nops(v1); m := nops(v1[1]);
>    domaininfo(R1, R2, m, n, a, b, dx, dy);
>
>    generateplot(v1, v2, m, n, a, b, dx, dy);
> end:
```

On peut essayer cette nouvelle version de la procédure :

```
> p := (x,y) -> cos(x*y):
> q := (x,y) -> sin(x*y):
> vectorfieldplot( [p, q], 0..Pi, 0..Pi,
>    grid=[3, 4] );
```

8.6 Représentation de champs de vecteurs

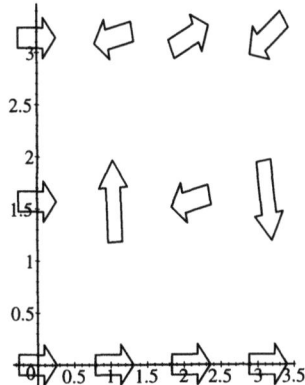

Toutes les versions de **vectorfieldplot** jusqu'ici ont calculé la taille de chaque flèche de manière à ce que chaque vecteur s'intègre dans une case de la grille. De la sorte il ne se produit aucun recouvrement des flèches. Toutefois, les flèches ont des longueurs très différentes. Ceci a pour conséquence des graphes qui présentent de nombreuses flèches très petites, voire invisibles. Par exemple, la représentation du champ du gradient de $F = \cos(xy)$ illustre ce problème :

```
> vectorfieldplot( [y*cos(x*y), x*sin(x*y)],
>     x=0..Pi, y=0..Pi, grid=[15,20]);
```

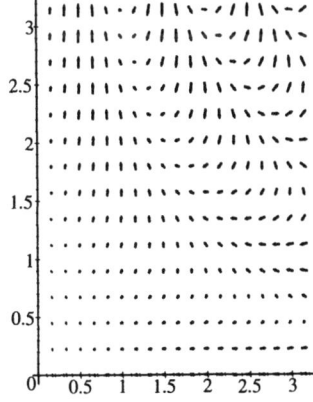

La version finale de **vectorfieldplot** diffère en ce sens que toutes les flèches ont la même longueur : c'est la couleur du vecteur qui fournit une information sur sa longueur de la flèche. Il a donc fallu ajouter un utilitaire qui génère une grille de couleurs à partir des valeurs de fonctions.

```
> `convert/colorgrid` := proc( colorFunction )
>     local colorinfo, i, j, m, n;
```

```
>
>       colorinfo := op( 3, convert(colorFunction,
>           'gridpoints', args[2..nargs] ) );
>       map( x -> map( y -> COLOR(HUE, y), x) ,
>           colorinfo );
> end:
```

La procédure précédente utilise **convert(... , gridpoints)** pour générer une liste de listes de valeurs de fonctions qui spécifient les couleurs :

```
> convert( sin(x*y), 'colorgrid',
>           x=0..1, y=0..1, grid=[2,3] );
```

[[COLOR(HUE, 0), COLOR(HUE, 0), COLOR(HUE, 0)], [

COLOR(HUE, 0), COLOR(HUE, .479425538604203005),

COLOR(HUE, .841470984807896505)]]

Voici la version finale de **vectorfieldplot** :

```
> vectorfieldplot := proc( F, r1, r2 )
>     local v, m, n, a, b, dx, dy, opts, p, v1, v2,
>         L, i, j, norms, colorinfo,
>         xscale, yscale, mscale;
>
>     v := makevectors( F, r1, r2, args[4..nargs] );
>     v1 := v[3];  v2 := v[4];
>     n := nops(v1); m := nops( v1[1] );
>
>     domaininfo(v[1], v[2], m, n, a, b, dx, dy);
>
>     # Détermine la fonction utilisée pour colorier les
>     # flèches.
>     opts := [ args[ 4..nargs] ];
>     if not hasoption( opts, color, colorinfo, 'opts' )
>       then
>         # Le coloriage par défaut se fait
>         # en fonction de la norme des vecteurs.
>         L := max( seq( seq( v1[j][i]^2 + v2[j][i]^2,
>                 i=1..m ), j=1..n ) );
>         colorinfo := ( F[1]^2 + F[2]^2 )/L;
>     fi;
>
>     # Génère l'information nécessaire pour colorier les
>     # flèches.
>     colorinfo := convert( colorinfo, 'colorgrid',
>           r1, r2, op(opts) );
```

```
>
>      # On récupère toutes les normes de vecteurs en
>      # utilisant zip.
>      norms := zip( (x,y) -> zip( (u,v)->
>          if u=0 and v=0 then 1 else sqrt(u^2 + v^2) fi,
>          x, y), v1, v2);
>      # Normalisation de v1 et v2 (toujours avec zip).
>      v1 := zip( (x,y) -> zip( (u,v)-> u/v, x, y),
>          v1, norms );
>
>      v2 := zip( (x,y) -> zip( (u,v)-> u/v, x, y),
>          v2, norms );
>
>      # Génération de l'information concernant l'échelle
>      # et la structure graphique.
>      xscale := dx/2.0;   yscale := dy/2.0;
>      mscale := max(xscale, yscale);
>
>      PLOT( seq( seq( arrow(
>          [ a + (i-1)*dx - v1[j][i]*xscale/2,
>            b + (j-1)*dy - v2[j][i]*yscale/2 ],
>          [ v1[j][i]*xscale, v2[j][i]*yscale ],
>          mscale/4, mscale/2, 1/3,
>          'color'=colorinfo[j][i]
>                  ), i=1..m ), j=1..n ) );
> end:
```

Avec cette nouvelle version on obtient les représentations suivantes :

```
> vectorfieldplot( [y*cos(x*y), x*sin(x*y)],
>    x=0..Pi, y=0..Pi,grid=[15,20] );
```

On peut colorier les vecteurs avec une fonction de coloriage différente, comme sin(xy) :

```
> vectorfieldplot( [y*cos(x*y), x*sin(x*y)],
>    x=0..Pi, y=0..Pi, grid=[15,20], color=sin(x*y) );
```

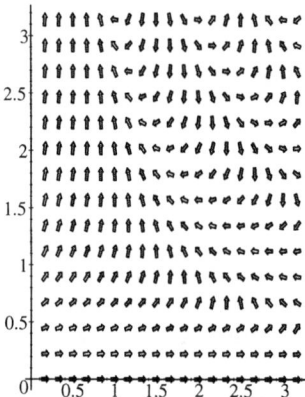

On peut encore modifier les procédures précédentes et, par exemple, écrire une procédure pour traiter les entrées vectorielles décrites sous forme de nombres complexes. Il suffit pour cela de générer la grille de points de manière différente.

8.7 Génération de grilles de points

La partie précédente a souligné l'importance du calcul de valeurs de fonctions sur des grilles. Cette partie est consacrée à cette tâche qui fait intervenir différents facteurs comme l'efficacité des calculs, la récupération d'erreurs ou la gestion d'entrées non numériques. On se limite au cas d'entrées fonctionnelles. Le cas d'entrées données sous formes d'expressions a été traité dans la partie intitulée *Tracé d'un ruban* (page 278). On peut s'en inspirer pour compléter les exemples donnés ici.

Le but est de calculer un tableau de valeurs de f en chaque point d'une grille rectangulaire de dimensions $m \times n$. C'est-à-dire qu'il faut calculer f aux points :

$$x_i = a + (i-1)\delta_x \quad \text{et} \quad y_j = c + (j-1)\delta_y$$

où $\delta_x = (b-a)/(m-1)$ et $\delta_y = (d-c)/(n-1)$. Les indices i et j varient respectivement de 1 à m et de 1 à n.

Considérons la fonction $f:(x,y) \mapsto 1/\sin(xy)$. On a besoin d'évaluer f sur une grille $m \times n$ représentant les intervalles $[a,b]$ et $[c,d]$:

8.7 Génération de grilles de points

```
> f := (x,y) -> 1 / sin(x*y);
```
$$f := (x, y) \to \frac{1}{\sin(x\,y)}$$

Comme les fonctions graphiques de Maple requièrent des valeurs numériques (plutôt que symboliques), la première étape consiste à convertir la fonction f en une procédure numérique :

```
> fnum := convert( f , numericproc );
```

$fnum :=$ **proc**(_X, _Y)

  traperror(evalhf(f(_X, _Y)));

  if type(["], [*numeric*]) **then** "

  else

    traperror(evalf(f(_X, _Y)));

    if type(["], [*numeric*]) **then** " **else** *undefined* **fi**

  fi

end

La procédure résultant de la conversion calcule les valeurs demandées le plus efficacement possible. Bien que moins précis que les résultats produits par l'arithmétique de Maple, les calculs faits en machine sont plus efficaces et leur précision est en général suffisante pour les graphiques. Ainsi **fnum** essaie d'abord de faire les calculs avec **evalhf**. Si **evalhf** réussit, alors cette instruction retourne la valeur numérique du résultat, sinon elle génère un message d'erreur. Dans ce cas, la procédure **fnum** relance le calcul en demandant une évaluation gérée par le logiciel Maple par le biais de **evalf**. Dans le cas où le calcul n'est pas possible (ce qui est le cas de la fonction f considérée dans l'exemple lorsque $x = 0$ ou $y = 0$) la procédure **fnum** retourne le nom **undefined**.

Au point $(1, 1)$, la fonction f prend la valeur $1/\sin(1)$ et donc **fnum** retourne une valeur numérique :

```
> fnum(1,1);
```
$$1.18839510577812124$$

Si, en revanche, on essaie d'évaluer la même fonction en $(0, 0)$, Maple indique que la fonction n'est pas définie en ce point.

```
> fnum(0,0);
```
$$undefined$$

La création d'une telle procédure constitue la première étape de la création de la grille de valeurs.

Pour des raisons d'efficacité, il faut, chaque fois que cela est possible, calculer en machine non seulement les valeurs de la fonction mais aussi les points de la grille. En outre, il faut regrouper le plus de calculs possible dans un même appel à **evalhf**. En effet, lors d'un appel à un calcul machine, Maple doit d'abord convertir l'expression traitée en une suite de commandes machine, puis traduire leurs résultats au format Maple.

On écrit une procédure qui génère les coordonnées de la grille sous forme d'un tableau. Comme la procédure est établie à des fins de graphisme, le tableau présente deux dimensions. La procédure suivante retourne un tableau **z** de valeurs de la fonction :

```
> evalgrid := proc( F, z, a, b, c, d, m, n )
>    local i, j, dx, dy;
>
>    dx := (b-a)/m; dy := (d-c)/n;
>    for i to m do
>       for j to n do
>          z[i, j] := F( a + (i-1)*dx, c + (j-1)*dy );
>       od;
>    od;
> end:
```

Cette procédure **evalgrid** est purement symbolique et ne traite pas les erreurs éventuelles :

```
> A := array(1..2, 1..2):
> evalgrid( f, 'A', 1, 2, 1, 2, 2, 2 ):
> eval(A);
```

$$\begin{bmatrix} \frac{1}{\sin(1)} & \frac{1}{\sin(\frac{3}{2})} \\ \frac{1}{\sin(\frac{3}{2})} & \frac{1}{\sin(\frac{9}{4})} \end{bmatrix}$$

```
> evalgrid( f, 'A', 0, Pi, 0, Pi, 15, 15 ):
```

Error, (in f) division by zero

On va écrire une deuxième procédure, appelée **gridpoints**, qui utilise **evalgrid**. **gridpoints** doit prendre une fonction, deux intervalles et le nombre de points de la grille dans chaque dimension comme arguments. Comme la procédure **fnum** produite par Maple à partir de la fonction *f*, la procédure doit créer la grille en utilisant des calculs machine. Ce n'est que lorsqu'une telle chose est impossible qu'on peut recourir aux calculs gérés par le logiciel Maple.

```
> gridpoints := proc( f, r1, r2, m, n )
```

```
>       local u, x, y, z, a, b, c, d;
>
>       # Information sur le domaine
>       a := lhs(r1); b := rhs(r1);
>       c := lhs(r2); d := rhs(r2);
>
>       z := array( 1..m, 1..n );
>       if Digits <= evalhf(Digits) then
>           # On essaie de faire les calculs en machine
>           # remarquer l'usage de var dans ce cas
>           u := traperror( evalhf( evalgrid(f, var(z),
>               a, b, c, d, m, n) ) );
>           if lasterror = u then
>               # On fait les calculs avec Maple
>               # après avoir converti f en une procédure
>               # numérique
>               evalgrid( convert( f, numericproc ),
>                   z, a, b, c, d, m, n );
>           fi;
>       else
>           # On fait les calculs avec Maple
>           # après avoir converti f en une procédure
>           # numérique
>           evalgrid( convert(f, numericproc), z,
>               a, b, c, d, m, n );
>       fi;
>       eval(z);
> end:
```

Le deuxième argument de la procédure **evalgrid** doit être le tableau qui reçoit les résultats. Maple ne doit pas le convertir en nombre avant l'appel à **evalhf**. On indique cela en utilisant la fonction **var** lors de l'appel à **evalgrid** depuis **evalhf**. Le chapitrer 7 présente les problèmes de calcul numérique en détail. Essayons maintenant les procédures. Dans l'exemple choisi, **gridpoints** fait les calculs en machine pour deux des points mais doit faire appel à des calculs par logiciel pour les quatre autres points où il s'avère que la fonction n'est pas définie :

```
> gridpoints( (x,y) -> 1/sin(x*y) , 0..3, 0..3, 2, 3 );
```

$$\begin{bmatrix} \textit{undefined} & \textit{undefined} & \textit{undefined} \\ \textit{undefined} & 1.00251130424672485 & 7.08616739573718668 \end{bmatrix}$$

Dans l'exemple suivant, **gridpoints** peut faire les calculs en machine pour tous les points. De ce fait les calculs sont plus rapides :

```
> gridpoints( (x,y) -> sin(x*y) , 0..3, 0..3, 2, 3 );
```

$$\begin{bmatrix} 0 & 0 & 0 \\ 0 & .997494986604054446 & .141120008059867214 \end{bmatrix}$$

Si l'on demande des calculs avec une précision supérieure aux capacités du calcul en machine, **gridpoints** doit systématiquement faire appel au calcul gérés par le logiciel :

```
> Digits := 22:
> gridpoints( (x,y) -> sin(x*y) , 0..3, 0..3, 2, 3 );
```

$$\begin{bmatrix} 0 & 0 & 0 \\ 0 & .9974949866040544309417 & .1411200080598672221007 \end{bmatrix}$$

```
> Digits := 10:
```

Cette procédure **gridpoints**, que nous venons d'élaborer, ressemble beaucoup à la procédure **convert(..., gridpoints)** qui fait partie de la bibliothèque standard de Maple. La commande de la bibliothèque dispose en outre de vérifications de type supplémentaires.

8.8 Animation

Maple offre la possibilité de créer des animations en dimension deux ou trois. Comme les autres outils graphiques de Maple, les animations sont régies par des structures de données accessibles à l'utilisateur. Les structures de la forme suivante représentent des animations :

```
PLOT( ANIMATE( ... ) )
```

ou :

```
PLOT3D( ANIMATE( ... ) )
```

Au sein d'une structure **ANIMATE** se trouve une séquence de cadres, chacun d'eux correspondant à une structure graphique simple. En voici un exemple :

```
> lprint( plots[animate]( x*t, x=-1..1, t = 1..3,
>           numpoints=3, frames = 3 ) );
PLOT(ANIMATE([CURVES([[-1., -1.], [0, 0], [1.000000000
, 1.]],COLOUR(RGB,0,0,0))],[CURVES([[-1., -2.], [0, 0]
, [1.000000000, 2.]],COLOUR(RGB,0,0,0))],[CURVES([[-1.
, -3.], [0, 0], [1.000000000, 3.]],COLOUR(RGB,0,0,0))]
),AXESLABELS(x,``),VIEW(-1. .. 1.,DEFAULT))
```

La fonction **points** ci-dessous constitue une paramétrisation de la courbe $(x, y) = (1 + \cos(t\pi/180)^2, 1 + \cos(t\pi/180)\sin(t\pi/180))$:

```
> points := t -> evalf(
>          [ (1 + cos(t/180*Pi)) * cos(t/180*Pi ),
>            (1 + cos(t/180*Pi)) * sin(t/180*Pi ) ] ):
```

Par exemple,

```
> points(2);
```

$$[1.998172852, .06977773357]$$

On peut représenter une séquence de points :

```
> PLOT( POINTS( seq( points(t), t=0..90 ) ) );
```

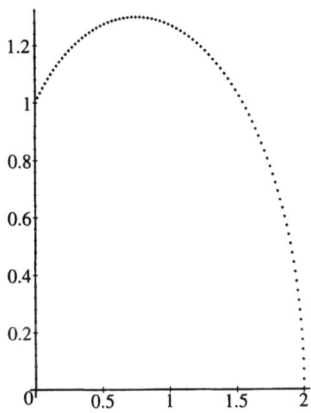

On peut maintenant réaliser une animation. Chaque structure va être constituée du polygone engendré par l'origine $(0, 0)$ et la séquence de points sur la courbe :

```
> frame := n -> [ POLYGONS([ [ 0, 0 ],
>                  seq( points(t), t = 0..60*n) ],
>                  COLOR(RGB, 1.0/n, 1.0/n, 1.0/n) ) ]:
```

L'animation consiste en six cadres :

```
> PLOT( ANIMATE( seq( frame(n), n = 1..6 ) ) );
```

La commande **display** du package **plots** peut montrer une animation sous forme statique :

```
> with(plots):
```

```
> display( PLOT(ANIMATE(seq(frame(n), n = 1..6))) );
```

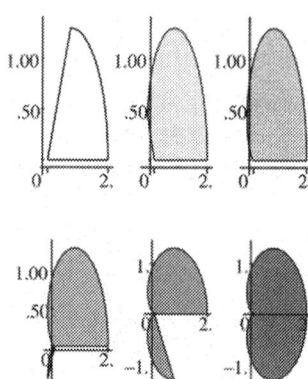

La procédure **varyAspect** suivante permet de visualiser comment une surface étoilée varie en fonction du taux d'aspect. La procédure prend un objet graphique en entrée et crée une animation dans laquelle chaque cadre est une version de l'objet pour un taux d'aspect différent.

```
> with(plottools):
> varyAspect := proc( p )
>    local n, opts;
>    opts := convert( [ args[2..nargs] ],
>                     PLOT3Doptions );
>    PLOT3D( ANIMATE( seq( [ stellate( p, n/sqrt(2)) ],
>                          n=1..4 ) ),
>            op( opts ));
> end:
```

On essaye la procédure sur un dodécaèdre :

```
> varyAspect( dodecahedron(), scaling=constrained );
```

En voici la version statique :

```
> display( varyAspect( dodecahedron(),
>                      scaling=constrained ) );
```

 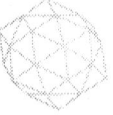

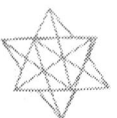 

8.8 Animation

La bibliothèque Maple fournit trois moyens pour créer des animations : les commandes **animate** et **animate3d** du package **plots** et la commande **display** avec l'option **insequence = true**. Par exemple, il est possible de comprendre la façon dont une série de Fourier approche une fonction f sur un intervalle $[a, b]$, en visualisant la fonction et ses approximations successives. La n-ième somme partielle de la série de Fourier s'écrit : $f_n(x) = c_0/2 + \sum_{i=1}^{n} c_i \cos(ix) + s_i \sin(ix)$, où :

$$c_i = \frac{2}{b-a} \int_a^b f(x) \cos\left(\frac{2\pi}{b-a}x\right) dx$$

et :

$$s_i = \frac{2}{b-a} \int_a^b f(x) \sin\left(\frac{2\pi}{b-a}x\right) dx.$$

La procédure **fourierPicture** ci-dessous calcule et représente d'abord les sommes partielles de Fourier, génère ensuite une animation à partir de ces graphiques et, enfin, y ajoute une représentation de la fonction elle-même en arrière-plan :

```
> fourierPicture :=
> proc( func, xrange::name=range, n::posint)
>    local x, a, b, l, i, j, p, q, partsum;
>
>    a := lhs( rhs(xrange) );
>    b := rhs( rhs(xrange) );
>    l := b - a;
>    x := 2 * Pi * lhs(xrange) / l;
>
>    partsum := 1/l * evalf( Int( func, xrange) );
>    for i from 1 to n do
>       # Génère les termes de la i-ième somme partielle.
>       partsum := partsum
>          + 2/l * evalf( Int(func*sin(i*x), xrange) )
>             * sin(i*x)
>          + 2/l * evalf( Int(func*cos(i*x), xrange) )
>             * cos(i*x);
>       # Représente la i-ième somme partielle.
>       q[i] := plot( partsum, xrange, color=blue,
>                     args[4..nargs] );
>    od;
```

332 • Chapitre 8. Fonctions graphiques de Maple

```
>       # Génère la séquence de cadres.
>       q := plots[display]( [ seq( q[i], i=1..n ) ],
>                            insequence=true );
>       # Ajoute la représentation de la fonction f
>       # à chaque cadre.
>       p := plot( func, xrange, color = red,
>                  args[4..nargs] );
>       plots[display]( [ q, p ] );
> end:
```

On peut utiliser **fourierPicture** pour voir six approximations de la fonction **x ->e^x** :

```
> fourierPicture( exp(x), x=0..10, 6 );
```

En voici une version statique :

```
> display( fourierPicture( exp(x), x=0..10, 6 ) );
```

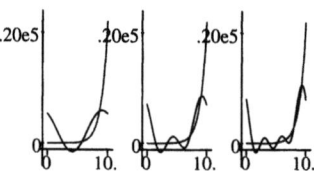

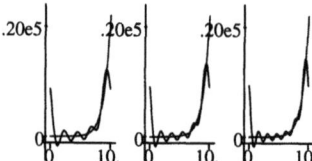

On trouve ci-dessous six approximations de **x -> signum(x-1)**. On remarquera qu'on a fixé l'option **discont=true** car la fonction étudiée est discontinue.

```
> fourierPicture( 2*signum(x-1), x=-2..3, 6,
>                 discont=true );
```

En voici la version statique :

```
> display( fourierPicture( 2*signum(x-1), x=-2..3, 6,
>                          discont=true ) );
```

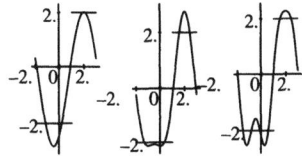

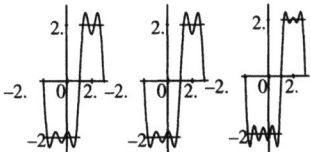

Il est possible de faire le même genre d'animations avec d'autres types d'approximations comme les séries de Taylor, de Padé, ou de Chebyshev-Padé.

Les animations peuvent se faire aussi bien pour des graphiques de dimension 3 que pour des graphiques de dimension 2. La procédure suivante permet de montrer un nœud à partir de la fonction **tubeplot** du package **plots** :

```
> TieKnot := proc( n:: posint )
>     local i, t, curve, picts;
>     curve := [ -10*cos(t) - 2*cos(5*t) + 15*sin(2*t),
>                -15*cos(2*t) + 10*sin(t) - 2*sin(5*t),
>                10*cos(3*t) ]:
>     picts := [ seq( plots[tubeplot]( curve,
>                         t=0..2*Pi*i/n, radius=3),
>                  i=1..n ) ];
>     plots[display]( picts, insequence=true,
>                     style=patch);
> end:
```

On va faire le nœud en six étapes :

```
> TieKnot(6);
```

Voici une version statique de l'animation :

```
> display( TieKnot(6) );
```

On peut combiner les objets graphiques du package **plottools** avec l'option **display insequence=true** pour montrer des objets physiques en mouvement. La procédure **springPlot** ci-dessous crée un ressort à partir de la représentation tridimensionnelle d'une hélice. **springPlot** crée aussi une boîte et une copie de cette boîte et déplace l'une de ces boîtes en fonction de u. Pour chaque valeur de u on peut positionner ces boîtes au-dessus et au-dessous du ressort. Ensuite, **springPlot** crée une sphère au-dessus de la boîte supérieure, la déplace et la modifie en fonction de u. La procédure produit enfin l'animation en organisant une séquence de positions et en les affichant avec **display** :

```
> springPlot := proc( n )
>     local u, curve, springs, box, tops, bottoms,
>         helix, ball, balls;
>     curve := (u,v) -> spacecurve(
>         [cos(t), sin(t), 8*sin(u/v*Pi)*t/200],
>         t=0..20*Pi,
>         color=black, numpoints=200, thickness=3 ):
>     springs := display( [ seq(curve(u,n), u=1..n) ],
>                         insequence=true ):
>     box := cuboid( [-1,-1,0], [1,1,1], color=red ):
>     ball := sphere( [0,0,2], grid=[15, 15],
>                     color=blue ):
>     tops :=  display( [ seq(
>       translate( box, 0, 0, sin(u/n*Pi)*4*Pi/5 ),
>       u=1..n ) ], insequence=true ):
>     bottoms := display( [ seq(
>       translate(box, 0, 0, -1), u=1..n ) ],
>       insequence=true ):
>     balls := display( [ seq( translate( ball, 0, 0,
```

```
>          4*sin( (u-1)/(n-1)*Pi ) +
>          8*sin(u/n*Pi)*Pi/10 ),
>          u=1..n ) ],  insequence=true ):
>     display( springs, tops, bottoms, balls,
>       style=patch, orientation=[45,76],
>       scaling=constrained );
> end:
```

Le code précédent fait référence aux noms directs des commandes des packages **plots** et **plottools**. Pour pouvoir utiliser la procédure, il faut soit remplacer ces noms par leurs équivalents complets, soit charger au préalable ces deux packages.

```
> with(plots): with(plottools):
```

```
> springPlot(6);
```

La partie intitulée *Programmation avec le package* **plottools** (page 301) explique comment les procédures du package **plottools** peuvent faciliter l'élaboration de graphiques.

8.9 Gestion de la couleur

De même qu'il était possible de colorier chaque type d'objet dans une structure graphique, il est possible de gérer la couleur dans les fonctions graphiques. L'option **color** permet de spécifier des couleurs, soit directement en mentionnant un nom de couleur, soit en donnant des valeurs aux paramètres **RGB** ou **HUE**, soit encore en utilisant une fonction de couleur. A titre d'exemple, on peut essayer les situations suivantes :

```
> plot3d( sin(x*y), x=-3..3, y=-3..3, color=red );
> plot3d( sin(x*y), x=-3..3, y=-3..3,
>   color=COLOUR(RGB, 0.3, 0.42, 0.1) );

> p := (x,y) -> sin(x*y):
> q := (x,y) -> if x < y then 1 else x - y fi:

> plot3d( p, -3..3, -3..3, color=q );
```

336 • Chapitre 8. Fonctions graphiques de Maple

Bien que cela soit généralement moins commode, on peut aussi spécifier les attributs de couleur à un niveau inférieur en travaillant avec les primitives graphiques. Au niveau le plus bas, il est possible de gérer la couleur d'un objet graphique en incluant une fonction **COLOUR** comme option au sein de cet objet :

```
> PLOT( POLYGONS( [ [0,0], [1,0], [1,1] ],
>                 [ [1,0], [1,1], [2,1], [2,0] ],
>                 COLOUR(RGB, 1/2, 1/3, 1/4 ) ) );
```

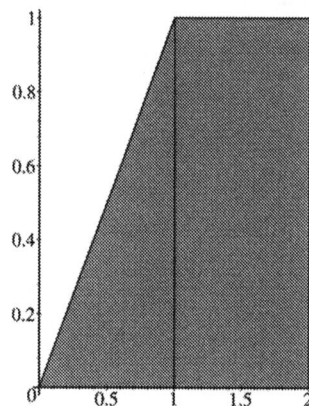

On peut même utiliser une couleur distincte pour chaque polygone en spécifiant :

```
PLOT( POLYGONS( P1, ... , Pn ,
COLOUR(RGB, p1, ..., pn)) )
```

ou bien en spécifiant :

```
PLOT( POLYGONS( P1, COLOUR(RGB, p1) ), ... ,
POLYGONS( Pn, COLOUR(RGB, pn)) )
```

C'est ainsi que les deux structures graphiques suivantes représentent la même image graphique :

```
> PLOT( POLYGONS( [ [0,0], [1,1], [2,0] ],
>                 COLOUR( RGB, 1, 0, 0 ) ),
>       POLYGONS( [ [0,0], [1,1], [0,1] ],
>                 COLOUR( RGB, 0, 1, 0 ) ) );
```

```
> PLOT( POLYGONS( [ [0,0], [1,1], [2,0] ],
>                 [ [0,0], [1,1], [0,1] ],
>                 COLOUR( RGB, 1, 0, 0, 0, 1, 0 ) ) );
```

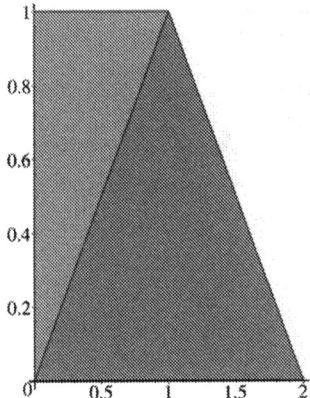

Les valeurs **RGB** doivent se trouver entre 0 et 1.

Tables de couleurs

La procédure suivante crée une table $m \times n$ de couleurs. Plus précisément, `colormap` retourne une séquence de deux éléments, une structure **POLYGONS** et une structure **TITLE** :

```
> colormap := proc(m, n, B)
>     local i, j, points, colors, flatten;
>     # points = séquence de coins des rectangles
>     points :=  seq( seq( evalf(
>             [ [i/m, j/n], [(i+1)/m, j/n],
>               [(i+1)/m, (j+1)/n], [i/m, (j+1)/n] ]
>               ), i=0..m-1 ), j=0..n-1 ):
>     # colors = liste de listes de valeurs RGB
>     colors :=   [seq( seq( [i/(m-1), j/(n-1), B],
>                 i=0..m-1 ), j=0..n-1 )] ;
>     # flatten transforme la liste de listes en
>     # séquence
>     flatten := a -> op( map(op, a) );
>     POLYGONS( points,
>               COLOUR(RGB, flatten(colors) ) ),
>     TITLE( cat( `Blue=`, convert(B, string) ) );
> end:
```

Voici une table 10×10 de couleurs, la composante du bleu correspond à la valeur 0.

```
> PLOT( colormap(10, 10, 0) );
```

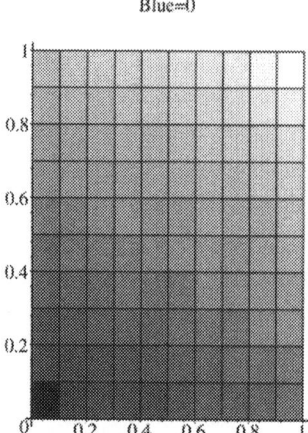

On peut recourir à une animation pour faire varier la composante du bleu. C'est l'objet de la procédure **colormaps** ci-dessous, qui génère une table de couleurs $m \times n \times f$:

```
> colormaps := proc(m, n, f)
>    local t;
>    PLOT( ANIMATE( seq( [ colormap(m, n, t/(f-1)) ],
>                        t=0..f-1 ) ),
>         AXESLABELS(´Red´, ´Green´) );
> end:
```

Voici comment obtenir une table $10 \times 10 \times 10$:

```
> colormaps(10, 10, 10);
```

On peut visualiser l'échelle des couleurs d'un nuancier (option **HUE**) de la manière suivante :

```
> points := evalf( seq( [ [i/50, 0], [i/50, 1],
>                         [(i+1)/50, 1], [(i+1)/50, 0] ],
>                       i=0..49)):

> PLOT( POLYGONS(points,
>       COLOUR(HUE, seq(i/50, i=0..49)) ),
>       AXESTICKS(DEFAULT, 0), STYLE(PATCHNOGRID) );
```

La spécification **AXESTICKS(DEFAULT, 0)** a pour effet de neutraliser une légende sur l'axe vertical mais laisse une légende par défaut sur l'axe horizontal.

Il est facile de réaliser une procédure **colormapHue** qui affiche l'échelle des couleurs de n'importe quelle fonction de couleur fondée sur un nuancier :

```
> colormapHue := proc(F, n)
>     local i, points;
>     points := seq( evalf( [ [i/n, 0], [i/n, 1],
>                             [(i+1)/n, 1], [(i+1)/n, 0] ]
>                     ), i=0..n-1 ):
>     PLOT( POLYGONS( points,
>         COLOUR(HUE, seq( evalf(F(i/n)), i=0.. n-1) )),
>         AXESTICKS(DEFAULT, 0), STYLE(PATCHNOGRID) );
> end:
```

On va visualiser l'échelle des couleurs associée à la fonction $y(x) = \sin(\pi x)/3$ for $0 \leq x \leq 40$:

```
> colormapHue( x -> sin(Pi*x)/3, 40);
```

On peut de la même façon visualiser des niveaux de gris associés à une fonction F, puisque les niveaux de gris sont obtenus avec des parts égales de rouge, de bleu et de vert :

```
> colormapGraylevel := proc(F, n)
>    local i, flatten, points, grays;
>    points := seq( evalf([ [i/n, 0], [i/n, 1],
>                   [(i+1)/n, 1], [(i+1)/n, 0] ]),
>              i=0..n-1):
>    flatten := a -> op( map(op, a) );
>    grays := COLOUR(RGB, flatten(
>           [ seq( evalf([ F(i/n), F(i/n), F(i/n) ]),
>                i=1.. n)]));
>    PLOT( POLYGONS(points, grays),
>          AXESTICKS(DEFAULT, 0) );
> end:
```

La fonction identité, $x \mapsto x$, produit l'échelle fondamentale des niveaux de gris.

```
> colormapGraylevel( x->x, 20);
```

Insertion de couleur dans les graphiques

On peut ajouter une information de couleur à une structure graphique déjà créée. La procédure **addCurvecolor** colorie chaque courbe d'une structure **CURVES** en fonction de l'axe de coordonnées y :

```
> addCurvecolor := proc(curve)
>    local i, j, N, n , M, m, curves, curveopts, p, q;
>
>    # Récupère l'information sur les points.
>    curves := select( type, [ op(curve) ],
```

```
>                           list(list(numeric)) );
>       # Récupère toutes les options sauf celles
>       # concernant la couleur
>       curveopts := remove( type, [ op(curve) ],
>                       { list(list(numeric)),
>                         specfunc(anything, COLOR),
>                         specfunc(anything, COLOUR)
>                       } );
>
>       # Détermine l'échelle.
>       # M et m sont les listes des max et des min des
>       # ordonnées.
>       n := nops( curves );
>       N := map( nops, curves );
>       M := [ seq( max( seq( curves[j][i][2],
>             i=1..N[j] ) ), j=1..n ) ];
>       m := [ seq( min( seq( curves[j][i][2],
>             i=1..N[j] ) ), j=1..n ) ];
>       # Construit les nouvelles courbes en leur
>       # attribuant une couleur selon un coloriage
>       # de type HUE
>       seq( CURVES( seq( [curves[j][i], curves[j][i+1]],
>                     i=1..N[j]-1 ),
>                 COLOUR(HUE, seq((curves[j][i][2]
>                                 - m[j])/(M[j] - m[j]),
>                             i=1..N[j]-1)),
>                 op(curveopts) ), j=1..n );
> end:
```

Voici un exemple :

```
> c := CURVES( [ [0,0], [1,1], [2,2], [3,3] ],
>              [ [2,0], [2,1], [3,1] ] );
```

$c := \mathrm{CURVES}([[0,0],[1,1],[2,2],[3,3]],[[2,0],[2,1],[3,1]])$

```
> addCurvecolor( c );
```

$\mathrm{CURVES}([[0,0],[1,1]],[[1,1],[2,2]],[[2,2],[3,3]],$

$\mathrm{COLOUR}(HUE, 0, \frac{1}{3}, \frac{2}{3})),$

$\mathrm{CURVES}([[2,0],[2,1]],[[2,1],[3,1]], \mathrm{COLOUR}(HUE, 0, 1))$

On peut ensuite distribuer une telle procédure sur toutes les structures **CURVES** d'un graphique pour obtenir le coloriage de chaque courbe. C'est l'objet de la procédure **addcolor** :

```
> addcolor := proc( aplot )
>    local recolor;
>    recolor := x -> if op(0,x)=CURVES then
>                       addCurvecolor(x)
>                    else x fi;
>    map( recolor, aplot );
> end:
```

Essayons **addcolor** sur la représentation graphique de $\sin(x) + \cos(x)$:

```
> p := plot( sin(x) + cos(x), x=0..2*Pi,
>            linestyle=2, thickness=3 ):
> addcolor( p );
```

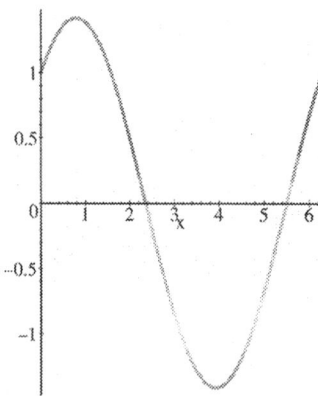

Si l'on ajoute de la couleur à deux courbes simultanément, les deux coloriages sont indépendants :

```
> q := plot( cos(2*x) + sin(x), x=0..2*Pi ):
> addcolor( plots[display](p, q) );
```

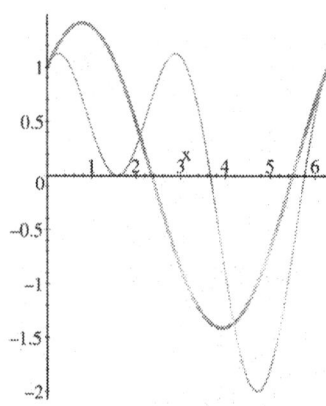

La procédure **addcolor** fonctionne aussi pour des courbes de l'espace :

```
> spc := plots[spacecurve]( [ cos(t), sin(t), t ],
>                   t=0..8*Pi, thickness=2,
>                   color=black ):
> addcolor( spc );
```

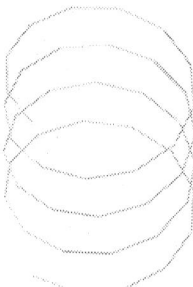

On peut facilement modifier le coloriage d'un graphique en utilisant des fonctions de coloriage. De telles fonctions de coloriage doivent être de la forme $C_{Hue}: R^2 \to [0, 1]$ s'il s'agit d'un coloriage de type HUE, ou de la forme $C_{RGB}: R^2 \to [0, 1] \times [0, 1] \times [0, 1]$ s'il s'agit d'un coloriage de type RGB.

Représentation graphique d'un damier

Le dernier exemple que nous proposons montre comment obtenir une grille servant de support à un damier avec des cases rouges et blanches dans l'espace de dimension 3. Cette fois il ne suffit pas d'utiliser une fonction de coloriage. En effet, dans ce cas on n'obtiendrait que le coloriage des sommets des polygones sous-jacents et non des surfaces correspondant aux cases. Il faut d'abord convertir la grille ou le maillage en polygones. Le reste de la procédure affecte la couleur rouge ou la couleur blanche à une zone de l'espace en fonction de son emplacement.

```
> chessplot3d := proc(f, r1, r2)
>    local m, n, i, j, plotgrid, p, opts, coloring, size;
>
>    # obtention des dimensions de la grille
>    # et création de la structure graphique
>    if hasoption( [ args[4..nargs] ], grid, size) then
>       m := size[1];
>       n := size[2];
>    else # defaults
```

```
>         m := 25;
>         n := 25;
>    fi;
>    p := plot3d( f, r1, r2, args[4..nargs] );
>
>    # conversion de la grille (premier opérande de p)
>    # en polygones
>    plotgrid := op( convert( op(1, p), POLYGONS ) );
>    # coloriage faisant alterner le rouge et le blanc
>    coloring := (i, j) -> if modp(i-j, 2)=0 then
>                              convert(red, colorRGB)
>                          else
>                              convert(white, colorRGB)
>                          fi;
>    # op(2..-1, p) = tous les opérandes sauf le
>    # premier
>    PLOT3D( seq( seq( POLYGONS( plotgrid[j +
>                                          (i-1)*(n-1)],
>                                coloring(i, j) ),
>                 i=1..m-1 ), j=1..n-1 ),
>            op(2..-1, p) );
> end:
```

Voici, sous forme de damier, une représentation de la surface $(x, y) \rightarrow \sin(x)\sin(y)$:

```
> chessplot3d( sin(x)*sin(y), x=-Pi..Pi, y=-Pi..Pi,
>              style=patch, axes=frame );
```

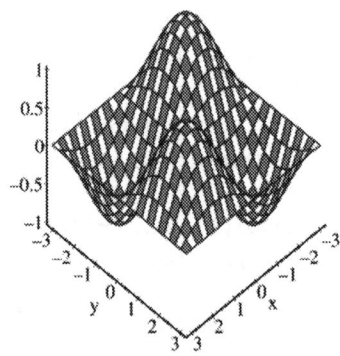

Remarquons que **chessplot3d** fonctionne lorsque la structure graphique issue de **plot3d** est de type **GRID** ou de type **MESH**. Le type **MESH** est utilisé dans le cas de surfaces paramétrées ou de coordonnées non cartésiennes :

```
> chessplot3d( (4/3)^x*sin(y), x=-1..2*Pi, y=0..Pi,
>              coords=spherical, style=patch,
>              lightmodel=light4 );
```

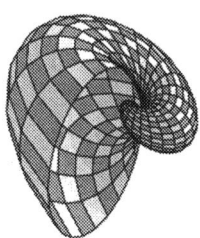

8.10 Conclusion

Dans ce chapitre, nous avons vu comment rédiger des procédures graphiques en s'appuyant sur les commandes **plot** et **plot3d** ainsi que sur les commandes disponibles dans les packages **plots** et **plottools**. Pour un contrôle plus fin, il faut accéder aux structures graphiques **PLOT** et **PLOT3D** directement : elles contiennent les spécifications primitives de tous les graphiques de Maple. Au sein de ces structures on peut définir des points, des courbes, des polygones ou encore des grilles et des maillages de points. Nous avons aussi vu comment gérer les différentes options graphiques, comment écrire des procédures graphiques qui font appel au calcul numérique, comment créer des animations et obtenir des couleurs non standard.

 # Entrées et sorties

Bien que Maple présente principalement un environnement et un langage pour effectuer des manipulations mathématiques, de nombreuses situations se présentent où le recours à des données extérieures à Maple devient nécessaire. De même, certains résultats obtenus avec Maple peuvent servir pour d'autres systèmes, et la mise en forme de ces résultats pour qu'ils soient exploitables par d'autres applications devient aussi une nécessité. Enfin, on a parfois besoin d'écrire des programmes Maple qui posent des questions à l'utilisateur ou qui lui présentent des résultats formatés. A cet effet, Maple est doté d'un ensemble complet de commandes d'entrées/sorties. L'étude de ces commandes fait l'objet de ce chapitre.

9.1   Etude d'un exemple

Cette partie illustre certaines façons d'utiliser la bibliothèque d'entrées/sorties de Maple. Les exemples qui suivent montrent comment écrire le contenu d'une table dans un fichier et comment lire le fichier pour reconstituer la table. Ils se réfèrent aux données suivantes, qui sont fournies sous la forme d'une liste de couples (x, y), chaque x étant un entier et chaque y étant un nombre réel. Un couple (x, y) est en fait représenté par la liste $[x, y]$:

```
> A := [[0, 0],
>       [1, .8427007929],
>       [2, .9953222650],
>       [3, .9999779095],
>       [4, .9999999846],
>       [5, 1.000000000]]:
```

On peut imaginer que dans une application réelle, cette table serait le résultat d'un certain nombre de calculs. Pour les besoins de l'exemple, elle a été entrée directement dans Maple.

Pour utiliser ces données dans une autre application, il arrive fréquemment qu'on ait besoin de les sauvegarder dans un fichier en respectant un format que l'autre application peut lire. Il est facile de faire cela à l'aide des commandes de la bibliothèque d'entrées/sorties de Maple :

```
> for xy in A do fprintf(`monfich`, `%d %e\n`,
>                         xy[1], xy[2]) od:
> fclose(`monfich`);
```

Voici l'allure du fichier **monfich** si on l'imprime :

```
0 0e-01
1 8.427007e-01
2 9.953222e-01
3 9.999779e-01
4 9.999999e-01
5 1e+00
```

La commande **fprintf** a écrit chaque couple de nombres dans le fichier. Cette commande prend deux arguments ou plus ; le premier argument spécifie le fichier dans lequel on veut écrire, le deuxième spécifie le format d'écriture. Les arguments suivants sont les valeurs à écrire dans le fichier.

Dans l'exemple ci-dessus, le nom du fichier est **monfich**. Lors de la première occurrence du nom d'un fichier comme argument d'une commande **fprintf** (ou de n'importe quelle autre commande d'écriture décrite ultérieurement), Maple crée le fichier en question s'il n'existe pas encore, et le prépare pour pouvoir y écrire (ouverture en écriture). Si le fichier existe déjà, la nouvelle version va écraser l'ancienne. On peut changer ce comportement de la commande **fprintf**, grâce à la commande **fopen** qui sera étudiée plus loin.

Le format d'écriture, **%d %e\n**, spécifie que Maple doit écrire la première donnée au format d'un entier décimal (**%d**), et la seconde donnée au format scientifique (**%e**). Un seul espace doit séparer les deux nombres et un passage à la ligne doit suivre (**\n**) le deuxième nombre. De la sorte, chaque couple de nombres est écrit sur une ligne. Par défaut, ce qui est le cas dans cet exemple, Maple arrondit les nombres flottants au sixième chiffre significatif. On peut préciser qu'on souhaite bénéficier de davantage ou de moins de chiffres significatifs, toujours à l'aide d'un format particulier. La partie consacrée à l'étude de **fprintf** décrit ces options en détail.

Lorsqu'on a fini d'écrire dans un fichier, il convient de le fermer. Tant qu'on n'a pas fermé le fichier, on n'est pas certain que les données y sont toutes inscrites. En effet, la plupart des systèmes d'exploitation ont recours à une mémoire tampon pour enregistrer temporairement les sorties. La commande **fclose**, qui sert à spécifier que l'on veut fermer un fichier, provoque le transfert du contenu éventuel de la mémoire tampon vers ce fichier. Si l'on n'a pas fermé un fichier, Maple le ferme automatiquement avant de quitter.

Dans un cas aussi simple que celui de l'exemple précédent, il est plus simple d'utiliser la commande **writedata** pour écrire les données dans le fichier :

```
> writedata(`monfich2`, A, [integer,float]);
```

La commande **writedata** effectue elle-même l'ouverture du fichier en écriture, l'écriture des données au format spécifié par les données et la fermeture du fichier. Toutefois, **writedata** ne fournit pas de moyen de contrôler le format d'écriture de manière aussi fine que **fprintf**.

Dans certaines applications on souhaite lire des données qui se trouvent dans un fichier. Il est presqu'aussi facile d'extraire des données d'un fichier que de les y écrire :

```
> A := [];
```

$$A := []$$

```
> do
>     xy := fscanf(`monfich2`, `%d %e`);
>     if xy = 0 then break fi;
>     A := [op(A),xy];
> od;
```

$$xy := [0, 0]$$
$$A := [[0, 0]]$$
$$xy := [1, .842700]$$
$$A := [[0, 0], [1, .842700]]$$
$$xy := [2, .995322]$$
$$A := [[0, 0], [1, .842700], [2, .995322]]$$
$$xy := [3, .999977]$$
$$A := [[0, 0], [1, .842700], [2, .995322], [3, .999977]]$$
$$xy := [4, .999999]$$
$$A := [[0, 0], [1, .842700], [2, .995322], [3, .999977], [4, .999999]]$$
$$xy := [5, 1.]$$
$$A := [[0, 0], [1, .842700], [2, .995322], [3, .999977], [4, .999999], [5, 1.]]$$
$$xy := 0$$

```
> fclose(`monfich2`);
```

On commence par initialiser **A** pour que **A** soit la liste vide. Dans la boucle, Maple lit deux nombres à la fois dans le fichier. La commande **fscanf** lit les caractères d'un fichier et les filtre en fonction des formats qui sont spécifiés (dans ce cas `%d %e` signifie qu'on doit reconnaître un nombre entier puis un nombre réel). La commande retourne la liste des valeurs extraites du fichier ou l'entier 0 pour signifier que la fin du fichier a été rencontrée. Lors du premier appel à **fscanf** pour un nom de fichier donné, la commande ouvre automatiquement le fichier en lecture. La deuxième ligne de la boucle regarde si **fscanf** a retourné 0 pour indiquer la fin de fichier, et sort de la boucle si tel est le cas. Dans le cas contraire, Maple concatène les deux nombres trouvés à la liste des valeurs qui sont déjà dans **A** (la syntaxe **A := [op(A),xy]** signifie que Maple doit placer dans **A** le contenu de **A** suivi du nouvel élément trouvé **xy**).

Comme précédemment pour l'écriture du fichier, il est possible de lire ces données plus facilement avec la commande **readdata** :

```
> A := readdata(`monfich2`, [integer,float]);
```

$$A := [[0,0], [1, .842700], [2, .995322], [3, .999977],$$
$$[4, .999999], [5, 1.]]$$

La commande **readdata** effectue l'ouverture du fichier en lecture, la lecture puis le filtrage des données selon le format indiqué et enfin la fermeture du fichier. Toutefois les possibilités de filtrage de la commande **readdata** sont moindres que celles de la commande **fscanf**.

Ces exemples illustrent quelques concepts fondamentaux de la bibliothèque d'entrées/sorties de Maple. On peut déjà faire beaucoup de choses avec les commandes que nous venons de présenter. Il existe néanmoins bien d'autres commandes permettant une gestion efficace des entrées/sorties. La suite de ce chapitre leur est consacrée.

9.2 Fichiers : types et modes

La plupart des commandes de la bibliothèque d'entrées/sorties de Maple opèrent sur des fichiers. Dans ce chapitre, le terme *fichier* désigne non seulement les fichiers sur disque mais encore l'interface Maple. Dans la plupart des cas, il est impossible de faire une distinction entre les deux du point de vue des entrées/sorties. Presque toute manipulation qu'on peut faire sur un fichier peut être faite sur l'interface.

Fichiers tamponnés et fichiers non tamponnés

Maple peut gérer deux sortes de fichiers : les fichiers tamponnés et les fichiers non tamponnés. Maple ne fait aucune différence quant à leur utilisation. Toutefois les accès aux fichiers tamponnés sont en général plus rapides. Lors de l'écriture dans un fichier tamponné, Maple garde les caractères dans une mémoire tampon ; il transfère le contenu de cette mémoire vers le fichier chaque fois qu'elle est pleine ou lorsqu'on ferme le fichier. Les fichiers non tamponnés sont utiles lorsqu'on veut tirer parti de la connaissance du système d'exploitation sous-jacent, notamment de la taille des blocs sur le disque. De manière générale, il vaut mieux utiliser les fichiers tamponnés. La plupart des commandes d'entrées/sorties utilisent par défaut des fichiers tamponnés.

Les commandes qui donnent des informations sur le statut d'un fichier utilisent respectivement l'identificateur **STREAM** pour indiquer un fichier tamponné et **RAW** pour indiquer un fichier non tamponné.

Fichiers textes et fichiers binaires

De nombreux systèmes d'exploitation, parmi lesquels DOS/Windows, le Macintosh Operating System et VMS, distinguent les fichiers contenant des séquences de caractères (*fichiers textes*) des fichiers contenant des séquences d'octets (*bytes*) (*fichiers binaires*). La différence principale réside dans la manière de traiter le caractère de retour à la ligne (*new line*). Il existe d'autres différences sur certaines plates-formes, mais elles n'apparaissent pas lors de l'utilisation de Maple.

Pour Maple, le caractère de retour à la ligne (*new line*), qui signifie qu'on a terminé une ligne et qu'on va commencer une nouvelle ligne, constitue un seul caractère (même s'il figure sous la forme des deux caractères "**\n**" dans les chaînes de caractères). La représentation interne de ce caractère sous forme d'octet (*byte*) est 10, qui est le caractère ASCII *line feed*. Certains systèmes d'exploitation, comme DOS/Windows ou VMS représentent le retour à la ligne avec un autre caractère, ou avec une séquence de deux caractères. Par exemple, DOS/Windows et VMS représentent *new line* par les deux octets consécutifs 10 et 13 (*line feed* et retour chariot). Le Macintosh le représente par le seul octet 13 (retour chariot).

La bibliothèque d'entrées/sorties de Maple peut traiter les fichiers textes ou les fichiers binaires. Lorsque Maple écrit dans un fichier texte, tout caractère *new line* est traduit de manière adéquate pour le système d'exploitation sous-jacent. Lorsque Maple lit un fichier texte, il remplace le code correspondant au caractère *new line* par le seul caractère *new line*. Lorsque Maple écrit dans un fichier binaire, aucune traduction n'a lieu. Le caractère *new line* est écrit et lu comme un seul octet de valeur 10.

Sous UNIX, Maple ne fait pas de distinction entre fichier texte et fichier binaire : aucune traduction n'a lieu.

Les commandes qui établissent une distinction entre fichiers textes et fichiers binaires utilisent respectivement les identificateurs **TEXT** et **BINARY**.

Mode lecture et mode écriture

A un moment donné, un fichier peut être ouvert en lecture ou en écriture. On ne peut pas écrire dans un fichier ouvert seulement en lecture. En revanche, on peut lire et écrire dans un fichier ouvert en écriture. Si l'on essaie d'écrire dans un fichier seulement ouvert en lecture, Maple ferme ce fichier puis l'ouvre en écriture. Il se produit une erreur si l'utilisateur ne dispose pas du droit d'écriture sur le fichier (ou si le fichier se trouve sur un support qui n'autorise pas l'écriture).

Les commandes permettant de spécifier si une requête s'applique en lecture ou en écriture utilisent respectivement les identificateurs **READ** et **WRITE**.

Les fichiers `default` et `terminal`

Les commandes d'entrées/sorties considèrent l'interface Maple comme un fichier. Les identificateurs `default` et `terminal` réfèrent à ce fichier. L'identificateur `default` désigne le flot d'entrée courant, dont Maple lit et traite les commandes. L'identificateur `terminal` désigne le flot d'entrée de plus haut niveau, celui qui était le flot d'entrée courant lorsque Maple a été lancé.

Lorsque Maple est utilisé de manière interactive, `default` et `terminal` sont équivalents. Ce n'est que lorsqu'on lit des commandes dans un fichier source que l'instruction `read` fait une différence entre `default`, qui désigne le fichier qui est en train d'être lu, et `terminal` qui désigne la session. Sous UNIX, si l'entrée est le résultat d'une redirection depuis un autre fichier ou un pipe, `terminal` désigne ce fichier ou ce pipe.

9.3 Descripteurs et noms de fichiers

Une commande d'entrées/sorties peut référer à un fichier de deux façons : par un nom ou par un descripteur.

L'utilisation du nom est la plus simple des deux méthodes. Lors de la première opération effectuée sur le fichier considéré, Maple ouvre le fichier en lecture ou en écriture, en mode texte ou en mode binaire, en fonction de la nature de l'opération. Le principal avantage de cette méthode est sa simplicité. Toutefois, si l'on doit effectuer de nombreuses opérations simples sur un fichier, ce n'est pas la méthode la plus efficace.

La référence à un fichier par descripteur est à peine plus compliquée. Elle est familière à ceux qui ont déjà programmé dans des environnements plus traditionnels. Un descripteur sert seulement à identifier un fichier après son ouverture. On utilise le nom du fichier une seule fois pour l'ouvrir puis on crée un descripteur de ce fichier. Lorsqu'on manipule ensuite ce fichier, on utilise ce descripteur plutôt que le nom du fichier. La partie intitulée *Ouverture et fermeture de fichiers* (page 352) propose un exemple d'utilisation de descripteur.

L'avantage du recours à un descripteur réside dans la plus grande souplesse de traitement (on peut spécifier si l'on a affaire à un fichier texte ou à un fichier binaire, si le fichier doit être ouvert en écriture ou en lecture), dans la plus grande efficacité de traitement, et dans la possibilité de travailler avec des fichiers non tamponnés. L'inconvénient réside dans le léger surcroît de programmation qu'exige l'utilisation d'un descripteur.

Il faut privilégier l'usage de descripteurs lorsqu'on a des traitements compliqués à effectuer sur un fichier.

Dans la suite, le terme *IdentificateurFichier* désigne un fichier, que ce soit par son nom ou par son descripteur.

9.4 Manipulation de fichiers

Ouverture et fermeture de fichiers

Avant de pouvoir lire ou écrire dans un fichier, il faut l'ouvrir. Lorsqu'on désigne un fichier par son nom, cela se produit automatiquement lors de la première opération effectuée sur ce fichier. En revanche, si l'on utilise un descripteur il faut explicitement ouvrir le fichier afin de créer le descripteur.

Les deux commandes permettant d'ouvrir un fichier sont **fopen** et **open**. La commande **fopen** ouvre des fichiers tamponnés (**STREAM**) alors que la commande **open** ouvre des fichiers non tamponnés (**RAW**).

La commande **fopen** s'utilise de la manière suivante :

> **fopen(** *NomFichier*, *ModeAccès*, *TypeFichier* **)**

NomFichier spécifie le nom du fichier à ouvrir. Ce nom doit adopter les conventions du système d'exploitation sous-jacent. Le mode d'accès *ModeAccès* doit être **READ** (ouverture en lecture), **WRITE** (ouverture en écriture) ou **APPEND** (ouverture en écriture avec concaténation à la suite du contenu).

Si l'on essaie d'ouvrir en lecture un fichier qui n'existe pas, **fopen** génère une erreur (qui peut être récupérée avec **traperror**).

Si l'on essaie d'ouvrir en écriture un fichier qui n'existe pas, Maple commence par créer ce fichier. Si le fichier existe et qu'on spécifie **WRITE**, Maple écrase le fichier. Enfin, si le fichier existe et que l'on spécifie **APPEND**, tous les ordres d'écriture ajouteront leur contenu à partir de la fin du fichier.

On utilise la commande **open** de la manière suivante :

> **open(** *NomFichier*, *ModeAccès* **)**

Les arguments de **open** sont les mêmes que ceux de **fopen** si ce n'est qu'il n'est pas possible de spécifier le type du fichier. Un fichier non tamponné est systématiquement de type binaire.

Les deux commandes **fopen** et **open** retournent un descripteur de fichier. C'est ce descripteur qu'il faut utiliser lors des opérations suivantes. De toute façon, on peut toujours désigner un fichier par son nom si on le souhaite.

Lorsqu'on en a terminé avec un fichier, il convient de dire à Maple de le fermer. Ceci permet d'être certain que Maple a écrit toutes les informations dans le fichier. Cela permet aussi de libérer des ressources du système d'exploitation sous-jacent (lequel impose en général une limite au nombre de fichiers qu'il est possible d'ouvrir simultanément).

On ferme un fichier en utilisant l'une des deux commandes **fclose** ou **close**. Ces deux commandes sont équivalentes et s'utilisent de la manière suivante :

> **fclose(** *IdentificateurFichier* **)**
> **close(** *IdentificateurFichier* **)**

IdentificateurFichier est le nom ou le descripteur du fichier qui doit être fermé. Une fois qu'un fichier a été fermé, le descripteur qui lui était associé n'est plus valide :

```
> f := fopen(`FichierTest.txt`,WRITE);
```
$$f := 0$$

```
> writeline(f,`Ceci est un test`);
```
$$15$$

```
> fclose(f);
> writeline(f,`Ceci est un autre test`);
```

Error, (in fprintf) file descriptor not in use

Lorsqu'on quitte Maple, ou lorsqu'on exécute une commande **restart**, Maple ferme automatiquement les fichiers qui seraient encore ouverts (qu'ils aient été ouverts explicitement par une commande **fopen** ou **open** ou implicitement par une commande d'entrées/sorties).

Position dans un fichier

La position courante dans un fichier est l'endroit au sein de ce fichier à partir duquel auront lieu les différentes opération d'écriture ou de lecture. Chaque opération de lecture ou d'écriture déplace la position courante vers l'avant du nombre d'octets lus ou écrits. On peut déterminer la position courante dans un fichier à l'aide de la commande **filepos**. On l'utilise de la manière suivante :

> **filepos(** *IdentificateurFichier, Position* **)**

IdentificateurFichier est le nom ou le descripteur du fichier dont on veut déterminer ou ajuster la position. Si l'on passe un nom et que le fichier correspondant n'est pas encore ouvert, Maple l'ouvre en mode lecture et le considère comme un fichier de type binaire.

L'argument *Position* est optionnel. S'il est omis, Maple retourne la position courante. S'il est fourni, Maple fixe la position courante à la valeur de *Position*. La valeur retournée dans ce cas est celle donnée dans *Position* à moins que le fichier ne soit plus court que la position indiquée. Une position est un nombre entier ou le nom **infinity** qui désigne la fin du fichier.

La commande suivante retourne la longueur du fichier **monfich.txt**.

```
> filepos(`monfich.txt`, infinity);
```
36

Détection de la fin d'un fichier

La commande **feof** détermine si l'on a atteint la fin d'un fichier. Cette commande ne s'applique qu'aux fichiers tamponnés (c'est-à-dire de type **STREAM**), qu'ils aient été ouverts ainsi implicitement ou explicitement par une commande **fopen**. On appelle la commande **feof** de la manière suivante :

> **feof(** *IdentificateurFichier* **)**

IdentificateurFichier est le nom ou le descripteur du fichier concerné. Si l'on passe un nom et que le fichier correspondant n'est pas encore ouvert, Maple l'ouvre en lecture au format binaire.

La commande **feof** retourne **true** si et seulement si on a atteint la fin du fichier lors de la dernière opération **readline, readbytes** ou **fscanf**. Dans le cas contraire, **feof** retourne **false**. Cela signifie que s'il reste 20 octets dans un fichier donné et que l'on utilise la commande **readbytes** pour les lire, la commande **feof** retourne toujours **false**. On ne rencontre la fin du fichier que lors de l'opération de lecture suivante.

Détermination du statut d'un fichier

La commande **iostatus** retourne des informations détaillées sur tous les fichiers en cours d'utilisation. On utilise la commande **iostatus** de la manière suivante :

```
iostatus()
```

La commande **iostatus** retourne une liste. Cette liste contient les éléments suivants :

iostatus()[1]   Nombre de fichiers que Maple est en train d'utiliser.

iostatus()[2]   Nombre d'instructions **read** actives imbriquées (une instruction **read** peut lire un fichier qui contient une instruction **read**).

iostatus()[3]   Borne supérieure fixée par le système d'exploitation sous-jacent sur le nombre **iostatus()[1] + iostatus()[2]**.

iostatus()[n]   pour **n > 3**. Liste donnant une information sur un fichier en cours d'utilisation par Maple.

Lorsque $n > 3$, les listes retournées par **iostatus()[n]** contiennent chacune les éléments suivants :

iostatus()[n][1]   Descripteur de fichier retourné par **fopen** ou **open**.

iostatus()[n][2]   Nom du fichier.

iostatus()[n][3]   Genre du fichier (**STREAM, RAW** ou **DIRECT**).

iostatus()[n][4]   Pointeur de fichier ou descripteur utilisé par le système d'exploitation sous-jacent. Le pointeur a la forme **FP**=*entier* ou **FD**=*entier*

iostatus()[n][5]   Mode du fichier (**READ** ou **WRITE**).

iostatus()[n][6]   Type du fichier (**TEXT** ou **BINARY**).

Suppression de fichiers

De nombreux fichiers ne sont utilisés que temporairement. Souvent on n'a plus besoin de ces fichiers lorsqu'on quitte la session Maple. Il vaut donc mieux les supprimer. On utilise la commande **fremove** à cet effet.

> **fremove(** *IdentificateurFichier* **)**

IdentificateurFichier est le nom ou le descripteur du fichier qu'on veut supprimer. Si le fichier est encore ouvert au moment où on veut le supprimer, Maple le ferme avant de le supprimer. S'il n'existe pas, Maple génère une erreur.

Pour supprimer un fichier sans savoir s'il existe ou non, il suffit d'utiliser **traperror** pour récupérer l'erreur que **fremove** peut générer.

```
> traperror(fremove(`monfich.txt`)):
```

9.5 Commandes de lecture

Lecture de lignes de texte dans un fichier

La commande **readline** lit exactement une ligne de texte dans un fichier. Les caractères sont lus jusqu'au caractère de fin de ligne (*new line*) inclus. La commande **readline** élimine alors le caractère new line et retourne la ligne de caractères sous forme d'une chaîne Maple. Si **readline** ne peut pas lire une ligne entière dans le fichier, elle retourne 0 au lieu d'une chaîne. La commande **readline** s'utilise de la manière suivante :

> **readline(** *IdentificateurFichier* **)**

IdentificateurFichier est le nom ou le descripteur du fichier qu'on souhaite lire. Pour des raisons de compatibilité avec les précédentes versions de Maple, on peut omettre *IdentificateurFichier*, auquel cas Maple utilise **default**. Ainsi **readline()** et **readline(default)** sont des commandes équivalentes.

Si *IdentificateurFichier* vaut **-1**, alors Maple lit aussi dans le flot **default**, si ce n'est que le préprocesseur de Maple opère alors sur chaque ligne. Cela signifie que les lignes qui commencent par "**!**" sont transmises au système d'exploitation au lieu d'être envoyées à travers **readline**, et que les lignes qui commencent par "**?**" transmettent un appel à la commande **help**.

Si l'on appelle **readline** avec un nom de fichier, et que ce fichier n'est pas encore ouvert, Maple l'ouvre en mode lecture et le considère comme un fichier texte. Si la commande **readline** retourne 0 (signalant la fin du fichier) alors qu'elle a été appelée avec un nom de fichier, la commande ferme ce fichier.

L'exemple suivant définit une procédure Maple qui lit un fichier texte et qui l'affiche sur le flot de sortie **default** :

```
> ShowFile := proc( fileName::string )
>    local line;
>    do
>       line := readline(fileName);
>       if line = 0 then break fi;
>       printf(`%s\n`,line);
>    od;
> end:
```

Lecture d'octets dans un fichier

La commande **readbytes** lit un ou plusieurs octets ou caractères dans un fichier et retourne soit une chaîne soit une liste d'entiers. S'il ne reste plus de caractères à lire dans le fichier lors de l'appel à **readbytes**, alors la commande retourne 0 signalant ainsi que la fin du fichier a été atteinte. On utilise la commande **readbytes** de la manière suivante :

> **readbytes(** *IdentificateurFichier*, *longueur*, **TEXT** **)**

IdentificateurFichier est le nom ou le descripteur du fichier qu'on souhaite lire. L'argument *longueur*, qu'on peut omettre, spécifie le nombre d'octets que Maple doit lire. Si l'on omet *longueur*, Maple lit un octet. Le paramètre optionnel **TEXT** indique que le résultat doit être retourné sous forme de chaîne plutôt que sous forme de liste d'entiers. On peut aussi choisir **infinity** comme valeur pour *longueur* ce qui force Maple à lire le reste du fichier.

Si l'on spécifie le paramètre **TEXT**, alors si un octet de valeur 0 se trouve parmi les octets à lire, la chaîne résultat ne contient que les caractères précédant cet octet.

Si l'on appelle **readbytes** avec un nom de fichier alors que ce fichier n'est pas encore ouvert, Maple l'ouvre en mode lecture. Si l'on spécifie **TEXT**, alors Maple considère ce fichier comme étant un fichier texte, sinon Maple le considère comme étant un fichier binaire. Si **readbytes** retourne 0 (signalant la fin du fichier) alors qu'on l'a appelée avec un nom de fichier, alors Maple ferme automatiquement ce fichier.

Dans l'exemple suivant on définit une procédure qui lit tout un fichier à l'aide de la commande **readbytes** et qui le copie dans un nouveau fichier.

```
> CopyFile := proc( sourceFile::string,
>                   destFile::string )
```

```
>         writebytes(destFile,
>                    readbytes(sourceFile, infinity))
> end:
```

Lecture formatée

Les commandes **fscanf** et **scanf** lisent et filtrent des nombres ou des chaînes dans un fichier. Ces commandes retournent une liste constituée des objets filtrés. S'il ne reste plus de caractères dans le fichier lors de l'appel à **fscanf** ou **scanf**, la commande retourne 0 au lieu d'une liste, signalant ainsi que la fin du fichier a été atteinte.

Les commandes **fscanf** et **scanf** s'utilisent de la manière suivante :

> **fscanf(** *IdentificateurFichier, Format* **)**
> **scanf(** *Format* **)**

IdentificateurFichier est le nom ou le descripteur du fichier qu'on veut lire. Un appel à **scanf** est équivalent à un appel à **fscanf** avec la valeur **default** pour *IdentificateurFichier*.

Si l'on appelle **fscanf** avec un nom de fichier et que ce fichier n'est pas encore ouvert, Maple l'ouvre en mode lecture et le considère comme étant un fichier texte. Si **fscanf** retourne 0 (signalant ainsi la fin du fichier), Maple ferme automatiquement le fichier.

Le *Format* dit comment Maple doit filtrer la lecture. Un format est une chaîne Maple constituée d'une séquence de spécifications de conversion qui peuvent être séparées par d'autres caractères. Les crochets indiquent des composants optionnels :

> **%[*]** [*largeur*] *code*

Le symbole "**%**" débute toute spécification de conversion. Le caractère optionnel "*" indique que Maple doit filtrer l'objet mais pas le retourner comme partie du résultat. L'objet en question est rejeté.

Le paramètre *largeur* est optionnel et sert à indiquer le nombre maximum de caractères à filtrer pour l'objet en question. Ceci permet de lire un objet long comme deux objets plus courts.

Le *code* indique la nature de l'objet à rechercher. Cela détermine le type de l'objet que Maple retourne dans la liste résultat. Ce code peut être l'un des suivants :

d ou **D**   Les prochains caractères non blancs de l'entrée doivent constituer un entier décimal signé ou non signé. Un entier Maple est retourné.

o ou **O** Les prochains caractères non blancs de l'entrée doivent constituer un nombre octal non signé. Ce nombre est converti en un entier décimal et est retourné comme un entier Maple.

x ou **X** Les prochains caractères non blancs de l'entrée doivent constituer un nombre hexadécimal non signé. Les lettres **A** à **F** (majuscules ou minuscules) représentent les chiffres correspondant aux entiers décimaux 10 à 15. Le nombre est converti en un entier décimal et est retourné comme un entier Maple.

e, **f**, ou **g** Les prochains caractères non blancs de l'entrée doivent constituer un nombre signé ou non signé, comportant éventuellement un point (virgule décimale) et éventuellement suivi par un signe **E** ou **e** et par un entier décimal représentant une puissance de dix. Le nombre est retourné comme un flottant Maple.

s Les prochains caractères non blancs sont retournés comme une chaîne Maple jusqu'à ce qu'on rencontre un caractère blanc.

a Maple filtre tous les caractères non blancs jusqu'au prochain caractère blanc. Une expression Maple non évaluée est retournée.

m Les prochains caractères constituent une expression Maple codée au format de fichier **.m** de Maple. Maple lit suffisamment de caractères pour pouvoir filtrer l'expression. Maple ignore une éventuelle spécification *largeur*. Une expression Maple est retournée.

c Le prochain caractère (blanc ou non) est retourné comme une chaîne Maple. Si un paramètre *largeur* est spécifié, il sera retourné exactement ce nombre de caractères (blancs ou non).

[...] Les caractères listés entre " **[** " et " **]** " constituent la liste des caractères acceptés. Maple parcourt le fichier jusqu'à ce qu'il rencontre un caractère qui n'est pas dans la liste. Les caractères lus sont retournés sous forme de chaîne Maple.
Si la liste commence par un caractère " ^ ", alors la liste des caractères admissibles est celle de tous les caractères qui ne sont pas dans la liste. Si un caractère " **]** " devait être mentionné parmi les caractères de la liste, il devrait être mentionné immédiatement après le " **[** " ouvrant la liste ou immédiatement après le caractère " ^ " s'il y en a un.
On peut utiliser un caractère " **-** " pour représenter un intervalle de caractères. C'est ainsi que " **A-Z** " représente la liste de toutes les lettres capitales. Si un caractère " **-** " devait apparaître en tant que tel dans la liste des caractères admissibles, il devrait apparaître en premier ou en dernier dans cette liste.

n Le nombre total de caractères lus jusqu'au "**%n**" est retourné comme un entier Maple.

Maple saute tous les caractères non blancs dans *format* mais pas dans une spécification de conversion (où il doivent s'ajuster aux caractères correspondants de l'entrée). Maple ignore les espaces dans *format*, sauf si l'espace précède une spécification "**%c**" ce qui a pour effet de conduire la spécification "**%c**" à sauter tous les blancs de l'entrée.

S'il n'a pas réussi à filtrer d'objet conforme aux spécifications, Maple retourne une liste vide.

Les commandes **fscanf** et **scanf** utilisent l'implémentation du format hexadécimal et du format octal sous-jacents à la plate-forme utilisée. L'interprétation de données hexadécimales ou octales est donc sujette à caution.

Dans l'exemple suivant on définit une procédure qui lit un fichier contenant une table de nombres. Les lignes de cette table sont de longueur variable. Le premier nombre de la ligne est un entier qui indique le nombre de nombres réels qui le suivent sur cette ligne. Des virgules séparent tous les nombres d'une même ligne.

```
> ReadRows := proc( fileName::string )
>    local A, count, row, num;
>    A := [];
>    do
>       # Détermine combien de nombres se trouvent sur
>       # cette ligne.
>       count := fscanf(fileName,`%d`);
>       if count = 0 then break fi;
>       if count = [] then
>          ERROR(`integer expected in file`)
>       fi;
>       count := count[1];
>
>       # Lecture des nombres de la ligne.
>       row := [];
>       while count > 0 do
>          num := fscanf(fileName,`,%e`);
>          if num = 0 then
>             ERROR(`unexpected end of file`)
>          fi;
>          if num = [] then
>             ERROR(`number expected in file`)
>          fi;
>          row := [op(row),num[1]];
>          count := count - 1
```

```
>           od;
>
>           # Ajoute la ligne au résultat cumulé.
>           A := [op(A),row]
>       od;
>       A
> end:
```

Lecture de déclarations Maple

La commande **readstat** lit exactement une déclaration Maple sur le flot d'entrée **terminal**. Maple filtre et évalue la déclaration, puis Maple retourne son résultat. On utilise la commande **readstat** de la manière suivante :

> **readstat(** *Prompt, Quote3, Quote2, Quote1* **);**

L'argument *Prompt* spécifie l'invite que doit utiliser la commande **readstat**. Si l'on omet l'argument *Prompt*, Maple utilise une invite blanche. On peut préciser ou omettre les trois arguments *Quote3*, *Quote2* et *Quote1*. Si on les fournit, ils spécifient la valeur que Maple doit utiliser pour `"`, `""`, and `"""` dans la déclaration lue par Maple. On spécifie chacun de ces arguments sous forme d'une liste contenant la valeur à substituer. Cela permet de passer aussi des séquences. Par exemple, si `"` doit prendre la valeur **2*n+3** et `""` la valeur **a,b**, alors il faut placer **[2*n+3]** pour *Quote1* et **[a,b]** pour *Quote2*.

La réponse fournie par l'utilisateur à une commande **readstat** doit constituer une expression Maple. L'expression peut s'étendre sur plusieurs lignes, mais **readstat** n'accepte pas qu'il y ait plusieurs expressions sur la même ligne. Si l'entrée contient une erreur de syntaxe, **readstat** retourne un message d'erreur (qui peut être récupérée par **traperror**) qui décrit la nature de l'erreur et sa position dans l'entrée.

Voici un exemple simple d'utilisation de **readstat** au sein d'une procédure :

```
> DerivationInteractive := proc( )
>     local a, b;
>     a := readstat(`Entrer une expression s.v.p. : `);
>     b := readstat(`Dériver par rapport à : `);
>     printf(`La dérivée de %a par rapport à %a est
>            %a\n`, a,b,diff(a,b))
> end:
```

Lecture de données tabulées

La commande **readdata** lit des fichiers textes contenant des tables de données. Pour des tables simples, il peut être plus commode d'utiliser cette commande plutôt que d'écrire sa propre procédure pour lire la table. On utilise la commande **readdata** de la manière suivante :

> **readdata(** *IdentificateurFichier*, *TypeDonnées*, *NombreColonnes* **)**

IdentificateurFichier est le nom ou le descripteur du fichier que **readdata** doit lire. L'argument *TypeDonnées* doit spécifier le type des données à lire : **integer** ou **float**. Il peut aussi être omis et dans ce cas **readdata** le fixe à **float**. Si **float** doit lire plusieurs colonnes, on peut spécifier le type de chaque colonne par le biais d'une liste de types.

L'argument *NombreColonnes* indique combien de colonnes sont à lire dans le fichier. Si l'on omet ce paramètre, **readdata** déduit le nombre de colonnes du nombre de types spécifiés. Ce paramètre vaut 1 si l'on a rien spécifié dans *TypeDonnées*.

Si Maple ne lit qu'une colonne, **readdata** retourne la liste des valeurs qui ont été lues. Si Maple lit plus d'une colonne, **readdata** retourne une liste de listes, chaque liste correspondant à une ligne du fichier.

Si l'on appelle **readdata** avec un nom de fichier et que ce fichier n'est pas encore ouvert, alors Maple ouvre ce fichier en lecture et le considère comme un fichier texte.

Les deux exemples suivants proposent des utilisations équivalentes de **readdata** pour lire une table de triplets (x, y, z) de nombres réels dans un fichier :

```
> A1 := readdata(`monfich.text`,3);
```
$$A1 := [[1.5, 2.2, 3.4], [2.7, 3.4, 5.6], [1.8, 3.1, 6.7]]$$

```
> A2 := readdata(`monfich.text`,[float,float,float]);
```
$$A2 := [[1.5, 2.2, 3.4], [2.7, 3.4, 5.6], [1.8, 3.1, 6.7]]$$

9.6 Commandes d'écriture

Configuration des paramètres d'écriture à l'aide de la commande **interface**

La commande **interface** n'est pas une commande qui sert à piloter l'écriture, mais qui sert à configurer un certain nombres de paramètres affectant l'écriture produite par certaines commandes.

Pour fixer un paramètre, on appelle la commande **interface** de la manière suivante :

> **`interface( `** *Variable* **` = `** *Expression* **` )`**

L'argument *Variable* spécifie le nom du paramètre à changer, et l'argument *Expression* spécifie la valeur que doit prendre ce paramètre. Nous allons voir plus loin quels paramètres peuvent ainsi être fixés. On peut aussi se reporter à la page d'aide en ligne **?interface** pour les connaître. Il est possible de fixer plusieurs paramètres en passant plusieurs arguments sous la forme *Variable* **=** *Expression* séparés par des virgules.

Pour connaître la valeur d'un paramètre, on le fait de la manière suivante :

> **`interface( `** *Variable* **` )`**

L'argument *Variable* spécifie le nom du paramètre. La commande **interface** retourne la valeur courante de ce paramètre. On ne peut demander la valeur que d'un seul paramètre à la fois.

Affichage d'expressions : affichage unidimensionnel

La commande **lprint** affiche des expressions Maple dans un format unidimensionnel très proche de celui utilisé par Maple pour les entrées. Dans la plupart des cas, on peut fournir à nouveau cette expression telle quelle en entrée à Maple, qui rendrait à nouveau le même résultat.

La commande **lprint** s'utilise de la manière suivante :

> **`lprint( `** *SéquenceExpressions* **` )`**

L'argument *SéquenceExpressions* consiste en une ou plusieurs expressions Maple. Les expressions sont affichées l'une après l'autre, séparées par trois espaces.

Maple envoie toujours les sorties produites par **lprint** au flot de sortie **default**. On peut utiliser les commandes **writeto** et **appendto** pour rediriger temporairement le flot de sortie vers un fichier.

Le paramètre d'interface **screenwidth** affecte l'affichage des sorties produites par **lprint**. Si cela est possible, Maple coupe la sortie entre deux mots. Si un mot est trop long pour être affiché sur une seule ligne, Maple le répartit sur plusieurs lignes et imprime un caractère "****" (backslash) avant chaque coupure.

L'exemple suivant montre les sorties produites par **lprint** et la manière dont elles sont affectées par **screenwidth**.

```
> lprint(expand((x+y)^5));

x^5+5*x^4*y+10*x^3*y^2+10*x^2*y^3+5*x*y^4+y^5
```

```
> interface(screenwidth=30);
> lprint(expand((x+y)^5));

x^5+5*x^4*y+10*x^3*y^2+10*x^2
*y^3+5*x*y^4+y^5
```

Affichage d'expressions : affichage bidimensionnel

La commande **print** affiche les expressions Maple dans une notation bidimensionnelle. Selon la version de Maple et selon l'interface dont vous disposez, cette notation est soit la notation mathématique usuelle que l'on trouve dans les ouvrages spécialisés, soit une approximation de cette notation ne faisant appel qu'à des caractères normaux.

On utilise la commande **print** de la manière suivante :

> print(*SéquenceExpressions*)

L'argument *SéquenceExpressions* consiste en une ou plusieurs expressions Maple. Maple affiche ces expressions l'une après l'autre, séparées par des virgules.

Maple envoie toujours les sorties produites par **lprint** au flot de sortie **default**. On peut utiliser les commandes **writeto** et **appendto** pour rediriger temporairement le flot de sortie vers un fichier.

Plusieurs paramètres d'interface affectent l'affichage de **print**. On les fixe de la manière suivante :

> interface(*parametre=valeur*)

Parmi ces paramètres on trouve :

prettyprint Ce paramètre permet de choisir le type d'affichage produit par la commande **print**. Si l'on fixe **prettyprint** à 0, **print** produit le même affichage que **lprint**. Si on fixe **prettyprint** à 1, alors **print** produit un affichage simulant la notation mathématique en n'utilisant que des caractères normaux. Si l'on fixe **prettyprint** à 2 et que la version de Maple ainsi que le terminal utilisés le permettent, **print** produit un affichage qui utilise les notations mathématiques usuelles.

indentamount Ce paramètre permet de spécifier le nombre d'espaces utilisés par Maple pour indenter les expressions trop longues pour figurer sur une seule ligne. Ce paramètre n'est effectif que si l'on a fixé **prettyprint** à 1 ou lorsque Maple affiche des procédures La valeur par défaut de **indentamount** est 4.

labelling ou **labeling**   On peut fixer ce paramètre à la valeur **true** ou à la valeur **false** pour indiquer si Maple peut ou non recourir à des étiquettes (labels) pour représenter des sous-expressions qui se présentent fréquemment dans de longues expressions. L'usage d'étiquettes facilite la lecture des expressions longues. La valeur par défaut du paramètre **labelling** est **true**.

labelwidth   Ce paramètre indique la taille approximative que doivent avoir les sous-expressions pour que Maple décide de les remplacer par une étiquette (label) (dans le cas où le paramètre **labelling** est fixé à **true**). La taille mentionnée est la taille approximative de l'expression lorsqu'elle est affichée par **print** alors que **prettyprint =1**.

screenwidth   Ce paramètre indique la largeur de l'écran (en nombre de caractères). Lorsque le paramètre d'affichage **prettyprint** vaut 0 ou 1, Maple utilise cette largeur pour décider comment couper certaines expressions longues. Lorsque **prettyprint** vaut 2, l'interface utilisateur doit gérer des pixels et non des caractères ; il détermine alors cette largeur automatiquement.

verboseproc   On utilise ce paramètre lors de l'affichage de procédures. Si **verboseproc** est fixé à 1, alors Maple n'affiche que les procédures définies par l'utilisateur ; les procédures propres à Maple sont affichées sous une forme simplifiée ne montrant que les arguments et parfois une brève description de la procédure. Si **verboseproc** est fixé à 2, Maple affiche complètement le contenu de toutes les procédures. Enfin, si **verboseproc** vaut 3, Maple affiche toute procédure complètement ainsi que le contenu de sa table de remember sous forme de commentaire après la procédure.

Lorsqu'on l'utilise de manière interactive, Maple affiche automatiquement le résultat de chaque calcul. Le format de cet affichage est le même que celui qu'aurait produit la commande **print**. De ce fait, tous les paramètres d'interface qui affectent **print** affectent aussi l'affichage de ces résultats.

Voici quelques exemples de sorties produites par la commande **print**. On peut voir l'influence des paramètres **prettyprint**, **indentamount** et **screenwidth** :

```
> print(expand((x+y)^6));
```

$$x^6 + 6x^5y + 15x^4y^2 + 20x^3y^3 + 15x^2y^4 + 6xy^5 + y^6$$

```
> interface(prettyprint=1);
> print(expand((x+y)^6));
```

$$x^6 + 6x^5y + 15x^4y^2 + 20x^3y^3 + 15x^2y^4 + 6xy^5 + y^6$$

```
> interface(screenwidth=35);
> print(expand((x+y)^6));
```

$$x^6 + 6x^5y + 15x^4y^2 + 20x^3y^3 \\ + 15x^2y^4 + 6xy^5 + y^6$$

```
> interface(indentamount=1);
> print(expand((x+y)^6));
```

$$x^6 + 6x^5y + 15x^4y^2 + 20x^3y^3 \\ + 15x^2y^4 + 6xy^5 + y^6$$

```
> interface(prettyprint=0);
> print(expand((x+y)^6));

x^6+6*x^5*y+15*x^4*y^2+20*x^3*y^3+
15*x^2*y^4+6*x*y^5+y^6
```

Ecriture de chaînes dans un fichier

La commande **writeline** permet d'écrire une ou plusieurs chaînes dans un fichier. Chaque chaîne apparaît sur une ligne distincte. La commande s'utilise de la manière suivante :

> **writeline**(*IdentificateurFichier*, *SéquenceChaines*)

IdentificateurFichier est le nom ou le descripteur du fichier dans lequel on souhaite écrire, et *SéquenceChaines* est la séquence des chaînes qu'on veut écrire dans ce fichier. Si l'on n'indique rien dans *SéquenceChaines*, alors **writeline** saute une ligne dans le fichier.

Ecriture d'octets dans un fichier

La commande **writebytes** permet d'écrire un ou plusieurs octets dans un fichier. On peut spécifier les octets soit sous forme de chaînes, soit sous forme d'une liste d'entiers.

La commande s'utilise de la manière suivante :

> writebytes(*IdentificateurFichier*, *octets*)

IdentificateurFichier est le nom ou le descripteur du fichier dans lequel on souhaite écrire. L'argument *octets* indique les octets qui doivent être écrits dans le fichier. Ils peuvent être spécifiés sous forme de chaîne ou sous forme d'une liste d'entiers. Si l'on appelle **writebytes** avec un nom de fichier et que ce fichier n'est pas encore ouvert, Maple ouvre ce fichier en écriture ; si les octets sont spécifiés sous forme de chaîne, le fichier est considéré comme fichier texte et si les octets sont spécifiés sous la forme d'une liste d'entiers, le fichier est considéré comme fichier binaire.

L'exemple suivant présente une procédure Maple qui lit un fichier et le recopie dans un nouveau fichier en utilisant la commande **writebytes**.

```
> CopyFile := proc( sourceFile::string,
>                   destFile::string )
>     writebytes(destFile,
>                readbytes(sourceFile, infinity));
> end:
```

Ecriture formatée

Les commandes **fprintf** et **printf** écrivent des objets dans un fichier en respectant un format déterminé.

On utilise ces commandes de la manière suivante :

> **fprintf**(*IdentificateurFichier*, *format*, *SéquenceExpressions*)
> **printf**(*format*, *SéquenceExpressions*)

IdentificateurFichier est le nom ou le descripteur du fichier dans lequel on souhaite écrire. Un appel à **printf** est équivalent à un appel à **fprintf** avec la valeur **default** pour *IdentificateurFichier*. Si l'on appelle **fprintf** avec un nom de fichier et que le fichier correspondant n'est pas encore ouvert, Maple l'ouvre en écriture et le considère comme un fichier texte.

L'argument *format* spécifie comment Maple doit écrire les éléments de *SéquenceExpressions*. La chaîne *format* est constituée d'une séquence de spécifications de formats éventuellement séparées par d'autres caractères. Chaque spécification de format présente la syntaxe suivante où les crochets indiquent des composants optionnels :

> **%**[*drapeaux*][*largeur*][.*precision*]*code*

Le caractère "**%**" débute une spécification de format. Un ou plusieurs des drapeaux suivants peut éventuellement suivre le caractère "**%**" :

+ Une valeur numérique est écrite précédée d'un signe "**+**" ou d'un signe "**-**" selon le cas.

- Le texte est justifié à gauche au lieu d'être justifié à droite.

espace Une valeur numérique signée est écrite précédée soit d'un signe "**-**", soit d'un espace selon que cette valeur est négative ou non.

0 La sortie est complétée à gauche par des zéros (entre le signe et le premier chiffre). Si l'on spécifie simultanément un drapeau "**-**", le drapeau "**0**" est ignoré.

Le paramètre optionnel *largeur* indique le nombre minimum de caractères de sortie pour ce champ. Si la sortie présente moins de caractères que ce minimum, Maple la complète par des blancs sur sa gauche (ou sur sa droite si le drapeau `-" est aussi spécifié).

Le paramètre optionnel *precision* spécifie le nombre de chiffres qui doivent apparaître après le point décimal s'il s'agit de flottants, ou la longueur maximale du champ s'il s'agit d'une chaîne.

On peut donner à *largeur* ou *precision* la valeur "*****". Dans ce cas Maple prend les valeurs pour ces paramètres dans la liste des arguments. Les valeurs de *largeur* et/ou *precision* doivent alors apparaître dans cet ordre avant les arguments qui constituent la sortie. Une valeur négative de *largeur* est équivalente à la présence d'un drapeau "**-**".

Le paramètre *code* indique le type d'objet que Maple va devoir écrire. Il peut prendre l'une des valeurs suivantes :

d Formate l'objet comme un entier décimal signé.

o Formate l'objet comme un entier octal non signé.

x ou **X** Formate l'objet comme un entier hexadécimal non signé. Maple représente les chiffres correspondant aux nombres décimaux 10 à 15 par les lettres "**A**" à "**F**" si le code "**X**" a été utilisé, et par les lettres "**a**" à "**f**" si le code "**x**" a été utilisé.

e ou **E** Formate l'objet comme un nombre à virgule flottante en notation scientifique. Un chiffre apparaîtra avant le point décimal et *precision* donne la valeur du nombre de chiffres qui apparaîtront après le point décimal (six chiffres par défaut si l'on ne fournit pas de paramètre *precision*). Tout ceci est suivi par la lettre "**e**" ou "**E**" et par un entier signé spécifiant une puissance de dix. La puissance sera affectée d'un signe et comportera au moins trois chiffres (après avoir été complétée à gauche par des zéros si nécessaire).

f Formate l'objet comme un nombre à virgule fixée. Le nombre de chiffres spécifié par *precision* apparaîtront après le point décimal.

g ou **G** Formate l'objet en utilisant le format "**d**", "**e**" (ou "**E**" si l'on a spécifié "**G**") ou "**f**" selon la valeur de l'objet. Si la valeur devant être formatée ne contient pas de point décimal, Maple utilise le format "**d**". Si la valeur est inférieure à 10^{-4} ou supérieure à $10^{precision}$, Maple utilise le format "**e**" (ou "**E**"). Dans les autres cas Maple utilise le format `**f**".

c Ecrit l'objet sous forme d'un seul caractère. L'objet doit être une chaîne Maple contenant exactement un caractère.

s Ecrit l'objet qui doit être une chaîne Maple comportant au moins le nombre de caractères indiqué dans *largeur* (si ce paramètre est spécifié) et au plus le nombre de caractères indiqué dans *precision* (si ce paramètre est spécifié).

a Ecrit l'objet qui peut être n'importe quel objet Maple, en suivant la syntaxe Maple. Le nombre de caractères écrits par Maple est au moins celui indiqué dans *largeur* (si ce paramètre est spécifié) et au plus celui indiqué dans *precision* (si ce paramètre est spécifié). Notons que la troncature d'expressions Maple comme conséquence d'un choix de *precision* peut conduire à des expressions Maple incomplètes et syntaxiquement incorrectes.

m L'objet, qui peut être n'importe quel objet Maple, est écrit au format des fichiers "**.m**". Le nombre de caractères écrits par Maple est au moins celui indiqué dans *largeur* (si ce paramètre est spécifié) et au plus celui indiqué dans *precision* (si ce paramètre est spécifié). Notons que la troncature d'expressions Maple au format "**.m**" comme conséquence d'un choix de *precision* peut conduire à des expressions Maple incomplètes et syntaxiquement incorrectes.

% Ce caractère est le symbole permettant de distinguer un code de valeur dans un format.

Maple écrit les caractères qui apparaissent dans un format, mais pas ceux qui apparaissent dans une spécification de code de valeur.

N'importe quel format de flottants accepte les entiers, les rationnels ou les flottants. Maple convertit éventuellement les types non flottants au format des flottants.

Les commandes **fprintf** et **printf** ne vont pas systématiquement à la ligne lors de chaque appel. Si l'on souhaite passer à la ligne, le format doit contenir le caractère "**\n**" de changement de ligne. De même, les sorties produites par les commandes **fprintf** et **printf** ne subissent pas de découpages en plusieurs lignes au delà de **interface(screenwidth)** caractères.

Les formats "**%o**", "**%x**" et "**%X**" ont recours à l'implémentation du système d'exploitation sous-jacent. Par suite, l'interprétation de données octales ou hexadécimales est sujette à caution.

Ecriture de données tabulées

La commande **writedata** permet d'écrire des données en colonnes dans un fichier texte. Dans la plupart des cas, il est beaucoup plus commode d'utiliser cette commande que de rédiger une procédure adéquate utilisant **fprintf**.

On utilise la commande **writedata** de la manière suivante :

> **writedata(** *IdentificateurFichier*, *Données*, *TypeDonnées*, *ProcParDefaut* **)**

IdentificateurFichier contient le nom ou le descripteur du fichier dans lequel on souhaite écrire.

Si l'on appelle **writedata** avec un nom de fichier et que ce fichier n'est pas encore ouvert, Maple l'ouvre en mode écriture et le considère comme un fichier texte. En outre, si l'on appelle **writedata** avec un nom de fichier, le fichier est automatiquement fermé par **writedata**.

L'argument *Données* doit être un vecteur, une matrice, une liste ou une liste de listes. Si *Données* est un vecteur ou une liste de listes de valeurs, **writedata** écrit chaque ligne de la matrice ou chaque sous-liste sur une ligne du fichier, les valeurs d'une même ligne étant séparées par des tabulations.

L'argument *TypeDonnées* est facultatif et permet de spécifier si **writedata** doit écrire les données comme des entiers, des flottants (ce qui est le cas par défaut) ou des chaînes. Si l'on précise **integer**, les valeurs doivent être numériques et **writedata** les écrit sous forme d'entiers (Maple tronque les rationnels et les flottants en entiers). Si l'on spécifie **float**, les valeurs doivent être numériques et **writedata** les écrit sous forme de flottants (Maple convertit les rationnels et les entiers en flottants). Enfin, si l'on spécifie **string**, les valeurs doivent être des chaînes. Lorsqu'on écrit des matrices ou des listes de listes, on peut spécifier *TypeDonnées* sous forme de liste de types de données, une pour chaque colonne de sortie.

L'argument optionnel *ProcParDefaut* spécifie la procédure que **writedata** doit appeler si une valeur fournie n'est pas conforme au type spécifié. Maple passe le descripteur du fichier concerné ainsi que la valeur non conforme en argument à la procédure *ProcParDefaut*. En l'absence de ce paramètre, une procédure par défaut est lancée, qui ne fait qu'afficher le message d'erreur suivant : **Bad data found**. L'exemple suivant constitue une procédure *ProcParDefaut* plus utile :

```
> UsefulDefaultProc := proc(f,x) fprintf(f,`%a`,x) end:
```

Cette procédure est capable d'écrire n'importe quel type de valeur dans le fichier considéré.

Dans l'exemple suivant, on construit une matrice de Hilbert d'ordre 5 et on écrit son contenu dans un fichier :

```
> writedata(`hilbertFile.txt`,linalg[hilbert](5));
```

L'examen du fichier révèle :

```
1 .5 .333333 .25 .2
.5 .333333 .25 .2 .166666
.333333 .25 .2 .166666 .142857
.25 .2 .166666 .142857 .125
.2 .166666 .142857 .125 .111111
```

Ecriture des fichiers tamponnés

Le recours à une mémoire dans les opérations d'entrées/sorties peut conduire à un délai entre le moment ou une requête d'écriture se produit et le moment où Maple écrit physiquement les données dans le fichier. Ceci permet de regrouper en une seule opération d'écriture de nombreuses petites opérations d'écriture.

Le gestionnaire d'entrées/sorties choisit automatiquement le moment où il convient d'écrire dans un fichier. Toutefois, dans certains cas on peut vouloir être certain que les données écrites ont effectivement été transmises au fichier. La commande **fflush** a été conçue à cet effet. La commande **fflush** s'utilise de la manière suivante :

> **fflush(** *IdentificateurFichier* **)**

IdentificateurFichier est le nom ou le descripteur du fichier dont Maple doit vider la mémoire tampon. Lors d'un appel à **fflush**, Maple écrit dans le fichier toutes les informations qui sont dans la mémoire tampon et qui ne figurent pas encore physiquement dans le fichier.

Signalons qu'il n'est pas nécessaire d'utiliser **fflush**. Tout ce qui a été écrit dans un fichier sera écrit physiquement, au plus tard, au moment où sera fermé ce fichier. La commande **fflush** force Maple à écrire physiquement les données lorsqu'on le lui demande.

Redirection du flot de sortie **default**

Les commandes **writeto** et **appendto** redirigent le flot de sortie **default** vers un fichier. Toute opération d'écriture destinée au flot **default** est alors réalisée dans le fichier spécifié. On appelle les commandes **writeto** et **appendto** de la manière suivante :

> **writeto(** *NomFichier* **)**
> **appendto(** *NomFichier* **)**

L'argument *NomFichier* indique le nom du fichier vers lequel vont être redirigées les sorties. Lorsqu'on appelle **writeto**, Maple écrase le fichier s'il existe déjà, et écrit les sorties suivantes dans ce fichier. La commande **appendto** écrit les sorties suivantes à la fin du fichier désigné s'il existe déjà. Si le fichier spécifié est déjà ouvert au moment de l'appel (par exemple, parce qu'il était déjà impliqué dans d'autres opérations d'entrées/sorties), Maple déclenche une erreur.

Si l'on indique la valeur particulière **terminal** pour *NomFichier*, Maple va envoyer toutes les sorties suivantes vers le flot de sortie **default** initial (celui qui était en fonction lorsqu'on a lancé la session Maple). Les appels **writeto(terminal)** et **appendto(terminal)** sont équivalents.

Il n'est pas bon de lancer directement une commande **writeto** ou **appendto** depuis l'invite de Maple car alors Maple ne va plus afficher l'invite (qui sera écrite dans le fichier de redirection). Maple va aussi écrire tous les messages d'erreur dans le fichier. Il devient donc impossible de voir ce qui se passe. Il vaut mieux, en général, utiliser les commandes **writeto** et **appendto** dans des fichiers lus avec une commande **read**.

9.7 Commandes de conversion

Génération de code C ou de code FORTRAN

Maple fournit des commandes pour traduire les expressions Maple en deux autres langages de programmation : C et FORTRAN. La conversion en d'autres langages de programmation peut s'avérer utile lorsqu'on a utilisé les capacités symboliques de Maple pour développer un algorithme numérique dont l'exécution sera beaucoup plus rapide en C ou en FORTRAN qu'en Maple.

On effectue respectivement une traduction du code en FORTRAN ou en C à l'aide des commandes **fortran** ou **C**. Comme **C** est un nom simple, que l'on est susceptible d'utiliser comme nom de variable, Maple ne charge pas cette commande au démarrage. Il faut donc la charger avec **readlib** avant de s'en servir.

Les commandes **fortran** et **C** obéissent à la syntaxe suivante :

> **fortran(** *Expression, Options* **)**
> **C(** *Expression, Options* **)**

L'argument *Expression* peut prendre l'une des formes suivantes :

1. Une expression algébrique simple : Maple génère une séquence d'instructions C ou FORTRAN permettant de calculer la valeur de cette expression.
2. Une liste d'expressions de la forme *nom = expression* : Maple génère une séquence d'instructions C ou FORTRAN permettant de calculer la valeur de chaque expression et de l'affecter au nom indiqué.
3. Le nom d'un tableau d'expressions : Maple génère une séquence d'instructions C ou FORTRAN permettant de calculer chaque expression et de l'affecter à l'élément correspondant du tableau.
4. Une procédure Maple : Maple génère une fonction C ou une subroutine FORTRAN équivalente.

Pour connaître les différentes options utilisables, le lecteur est invité à se reporter aux pages d'aide en ligne **?fortran** et **?C**.

La commande **fortran** utilise la commande `` `fortran/function_name` `` lorsqu'elle traduit des noms de fonctions en leurs équivalents FORTRAN. Cette commande prend trois arguments : le nom de la fonction Maple, le nombre d'arguments et la précision ; elle retourne un nom de fonction FORTRAN. On peut court-circuiter la traduction automatique de noms en affectant des valeurs à la table de remember de `` `fortran/function_name` ``.

```
> `fortran/function_name`(arctan,1,double) := datan;
```

$$\text{fortran/function\_name}(arctan, 1, double) := datan$$

```
> `fortran/function_name`(arctan,2,single) := atan2;
```

$$\text{fortran/function\_name}(arctan, 2, single) := atan2$$

Lorsqu'il faut convertir un tableau, la commande **C** réindexe tous les indices pour qu'ils commencent à 0 puisque la base des tableaux en C est 0. La commande **fortran** réindexe les tableaux pour qu'ils commencent à 1 mais uniquement lors de la traduction d'une procédure.

Dans cet exemple, Maple calcule symboliquement une primitive.

```
> f := unapply( int( 1/(1+x^4), x), x );
```

$$f := x \to \frac{1}{8}\sqrt{2}\ln\left(\frac{x^2 + x\sqrt{2} + 1}{x^2 - x\sqrt{2} + 1}\right)$$
$$+ \frac{1}{4}\sqrt{2}\arctan(x\sqrt{2} + 1) + \frac{1}{4}\sqrt{2}\arctan(x\sqrt{2} - 1)$$

La commande **fortran** génère une routine FORTRAN qui implémente la fonction primitive trouvée :

```
> fortran(f, optimized);
c The options were    : operatorarrow
    real function f(x)
    real x
    real t1
    real t2
    real t3
      t1 = sqrt(2.E0)
      t2 = x**2
      t3 = x*t1
      f = t1*alog((t2+t3+1)/(t2-t3+1))/8
         +t1*atan(t3+1)/4+t1*atan(t3-1)
    #/4
      return
      end
```

On peut demander la même chose en langage C, mais il faut d'abord charger la commande C avec **readlib**.

```
> readlib(C):
> C(f, optimized);
/* The options were    : operatorarrow */
double f(x)
double x;
{
    double t2;
    double t3;
    double t1;
    t1 = sqrt(2);
    t2 = x*x;
    t3 = x*t1;
    return(t1*log((t2+t3+1)/(t2-t3+1))/8
          +t1*atan(t3+1)/4+t1*atan(t3-1)/4);
}
```

Génération de textes LaTeX ou *eqn*

Maple permet la conversion d'expressions Maple en textes pour deux langages de traitement de textes particuliers : LaTeX et *eqn*. Ceci permet d'insérer facilement des résultats dans des articles.

On peut obtenir une conversion en LaTeX ou *eqn* en utilisant respectivement les commandes **latex** ou **eqn**. Comme **eqn** est un nom simple qui risque d'être utilisé comme nom de variable par l'utilisateur, la commande **eqn** n'est pas chargée au démarrage par Maple. Il convient donc de la charger avec **readlib** avant toute opération.

Les commandes **latex** et **eqn** s'utilisent de la manière suivante :

> **latex(** *Expression, NomFichier* **)**
> **eqn(** *Expression, NomFichier* **)**

L'argument *Expression* peut être n'importe quelle expression mathématique. Certaines expressions très spécifiques à Maple, comme les procédures, ne peuvent être traduites. L'argument *NomFichier* est optionnel et indique le nom du fichier dans lequel doit être placé le résultat de la traduction. Si *NomFichier* n'est pas spécifié, Maple écrit cette traduction dans le flot de sortie **default**.

Les commandes **latex** et **eqn** savent traduire la plupart des expressions mathématiques comme les intégrales, les limites, les sommes, les produits et les matrices. On peut aussi étendre les capacités de **latex** et **eqn** en définissant des procédures avec des noms de la forme `latex/`*NomDeFonction*` ou `eqn/`*NomDeFonction*`. Une telle procédure gère la mise en forme typographique de la fonction appelée *NomDeFonction*. Il faut produire la sortie de ces fonctions de formatage avec **printf**. **latex** et **eqn** utilisent **writeto** pour rediriger les sorties lorsque l'on spécifie un nom de fichier.

Aucune commande ne génère les commandes requises par LATEX ou **eqn** pour mettre le système de traitement de texte en mode mathématique : **$**...**$** pour LATEX et **.EQ**....**EN** pour *eqn*.

L'exemple suivant montre la génération de texte en LATEX puis en *eqn* pour une intégrale et sa valeur. Remarquons l'utilisation de **Int**, forme inerte de **int**, pour empêcher l'évaluation du membre de gauche de l'équation que Maple est en train de formater :

```
> Int(1/(x^4+1),x) = int(1/(x^4+1),x);
```

$$\int \frac{1}{x^4+1} dx = \frac{1}{8}\sqrt{2}\ln\left(\frac{x^2+x\sqrt{2}+1}{x^2-x\sqrt{2}+1}\right)$$
$$+ \frac{1}{4}\sqrt{2}\arctan(x\sqrt{2}+1) + \frac{1}{4}\sqrt{2}\arctan(x\sqrt{2}-1)$$

```
> latex(");
\int \!\left ({x}^{4}+1\right )^{-1}{dx}=1/8\,
\sqrt {2}\ln ({\frac {{x}^{2}+x\sqrt {2}+1}{{x
}^{2}-x\sqrt {2}+1}})+1/4\,\sqrt {2}\arctan(x
\sqrt {2}+1)+1/4\,\sqrt {2}\arctan(x\sqrt {2}-
1)

> readlib(eqn):
> eqn("");
{{int { {( {{ "x" sup 4 }^+^1 } )} sup -1 }~d "x"
```

```
}~~=~~{{ {{ sqrt 2 }^{ln ( { {{ "x" sup 2 }^+^{ "x"
^{ sqrt 2 }}^+^1 } over {{  "x" sup 2 }^-^{ "x" ^{
sqrt 2 }}^+^1 }})}} over 8 }^+^{ {{ sqrt 2 }^{arctan
( {{ "x" ^{ sqrt 2 }}^+^1 })}} over 4 }^+^{ {{ sqrt 2
}^{arctan ( {{ "x" ^{ sqrt 2 }}^-^1 })}} over 4 }}}
```

Conversions entre chaînes et listes d'entiers

Les commandes **readbytes** et **writebytes** décrites dans les parties intitulées *Lecture d'octets dans un fichier* (page 357) et *Ecriture d'octets dans un fichier* (page 366) peuvent travailler avec des chaînes ou des listes d'entiers. Il est possible d'utiliser la commande **convert** pour convertir l'un des formats en l'autre de la manière suivante :

> convert(*Chaîne,* bytes)
> convert(*ListeEntiers,* bytes)

Si l'on passe une chaîne à **convert(...,bytes)**, cette commande retourne une liste d'entiers. Si on lui passe une liste d'entiers, la commande retourne une chaîne.

En raison de la façon dont sont implémentées les chaînes en Maple, le caractère correspondant à l'octet 0 ne peut pas apparaître dans une chaîne. C'est pourquoi si *ListeEntiers* contient un zéro, **convert** retourne une chaîne qui ne contient que les caractères précédant l'occurrence du 0 dans la liste.

La conversion d'octets en listes de caractères est utile lorsque Maple doit interpréter certaines parties de flots d'octets comme une chaîne de caractères et d'autres parties comme des octets individuels.

Dans l'exemple suivant, Maple convertit une chaîne en liste d'entiers. La procédure convertit la même liste, dans laquelle une entrée a été changée en 0, en une chaîne :

```
> convert(`Test String`,bytes);
```
$$[84, 101, 115, 116, 32, 83, 116, 114, 105, 110, 103]$$

```
> convert([84,101,115,116,0,83,116,114,105,110,103],
>         bytes);
```
Test

Filtrage d'expressions et de déclarations Maple

La commande **parse** convertit une chaîne constituant une entrée Maple valide en une expression Maple. L'expression est simplifiée mais pas évaluée.

On utilise la commande **parse** de la manière suivante :

> **parse(** *Chaîne,* *Options* **)**

L'argument *Chaîne* représente la chaîne à filtrer. Il doit contenir une expression ou une déclaration respectant la syntaxe Maple.

On peut passer une ou plusieurs options à la commande **parse** :

statement Cette option indique que **parse** doit accepter aussi des déclarations en plus des expressions. Toutefois, comme Maple ne permet pas l'existence de déclarations non évaluées, **parse** évalue la chaîne si l'on spécifie **statement**.

nosemicolon **parse** place normalement un point-virgule (" ; ") en fin d'expression si la chaîne ne se termine pas par un point-virgule ou par deux points (" : "). Si l'on spécifie **nosemicolon**, cela ne se produit pas, et Maple génère l'erreur **unexpected end of input** si la chaîne est incomplète. La commande **readstat** qui utilise **readline** et **parse**, se sert de cette possibilité pour gérer des entrées sur plusieurs lignes.

Si la chaîne passée à **parse** contient une erreur de syntaxe, **parse** génère une erreur (qu'on peut récupérer avec **traperror**) de la forme suivante :

> **incorrect syntax in parse:**
> *DescriptionErreur* (*PositionErreur*)

DescriptionErreur décrit la nature de l'erreur (par exemple, `` `+` `` **unexpected** ou **unexpected end of input**). *PositionErreur* donne la position approximative du caractère où Maple a détecté l'erreur.

Lorsqu'on appelle **parse** depuis l'invite de Maple, Maple affiche le résultat du filtrage selon la présence d'un point virgule ou des deux points en fin de commande. Que la chaîne passée à **parse** contienne un point-virgule ou non n'a, en revanche, pas d'influence sur l'affichage :

```
> parse(`a+2+b+3`);
```

$$a + 5 + b$$

```
> parse(`sin(3.0)`):
> ";
```

$$.1411200081$$

Conversion formatée de chaînes

Les commandes **sprintf** et **sscanf** sont semblables aux commandes **fprintf/printf** et **fscanf/scanf**, si ce n'est qu'elles lisent ou écrivent dans des chaînes au lieu de le faire dans des fichiers. On appelle la commande **sprintf** de la manière suivante :

> sprintf(Format, SéquenceExpressions)

L'argument *Format* spécifie de quelle manière Maple doit formater les éléments de l'argument *SéquenceExpressions*. *Format* est une chaîne Maple faite d'une séquence de spécifications de formats éventuellement séparés par d'autres caractères. Ces formats ont été répertoriés dans les parties intitulées *Entrées formatées* (page 358) et *Sorties formatées* (page 367). La commande **sprintf** retourne une chaîne contenant le résultat formaté.

On appelle la commande **sscanf** de la manière suivante :

> sscanf(ChaîneSource, Format)

L'argument *ChaîneSource* constitue l'entrée à filtrer. L'argument *Format* précise de quelle manière Maple doit filtrer cette entrée. Comme pour la commande **sprintf**, le format est constitué d'une séquence de spécifications de conversion. La commande **sscanf** retourne la liste des objets filtrés, exactement comme le font **fscanf** et **scanf**.

L'exemple suivant illustre l'utilisation de **sprintf** et **sscanf** pour la conversion d'un nombre flottant et de deux expressions algébriques aux formats respectivement d'un flottant, de la syntaxe Maple et d'un format de fichier **.m** :

```
> s := sprintf(`%4.2f %a %m`,evalf(Pi),sin(3),cos(3));
```

$s := 3.14\ sin(3)\ -\%\$cosG6\#""\$$

```
> sscanf(s,`%f %a %m`);
```

$[3.14, \sin(3), \cos(3)]$

9.8 Etude d'un exemple détaillé

Cette partie propose un exemple de situation où l'on utilise plusieurs des fonctions d'entrées/sorties que nous venons de décrire. Le but est de générer une routine FORTRAN dans un fichier texte. Dans cet exemple les commandes ont été tapées directement dans une session Maple. En général, dans ce genre de situation, on écrirait plutôt une procédure ou au moins un fichier de commandes.

On suppose qu'on veut calculer des valeurs de la fonction $1 - \text{erf}(x) + \exp(-x)$ en de nombreux points de l'intervalle [0,2]. En utilisant le package **numapprox** de la bibliothèque Maple, on obtient une approximation rationnelle pour cette fonction de la manière suivante :

```
> f := 1 - erf(x) + exp(-x):
> approx := numapprox[minimax](f, x=0..2, [5,5]);
```

$approx := (1.872580443 + (-2.480776710$
$\quad + (1.455351214 + (-.4104023539 + .04512788340\, x)x)x)x)/$
$\quad (.9362912707 + (-.2440863844 + (.2351110296$
$\quad + (.00115045324 - .01091372886\, x)x)x)x)$

On peut maintenant créer le fichier et écrire l'en-tête de la subroutine FORTRAN.

```
> file := `approx.f77`:
> fprintf(file, `real function f(x)\nreal x\n`):
```

Avant d'écrire la sortie FORTRAN dans le fichier, il faut le fermer, sinon la commande **fortran** va essayer d'ouvrir le fichier en mode **APPEND** et va provoquer une erreur, le fichier étant déjà ouvert :

```
> fclose(file):
```

On peut maintenant écrire les instructions FORTRAN dans le fichier :

```
> fortran([´f´=approx], filename=file):
```

Enfin, on termine en ajoutant le reste de la syntaxe d'une subroutine FORTRAN :

```
> fopen(file, APPEND):
> fprintf(file, `return\nend\n`):
> fclose(file):
```

L'examen du fichier révèle son contenu :

```
real function f(x)
real x
      f = (0.187258E1+(-0.2480777E1+(0.1455351E1+
     #(-0.4104024E0+0.4512788E-1*x)*x)*x)*x)/(0.9
     #362913E0+(-0.2440864E0+(0.235111E0+(0.11504
     #53E-2-0.1091373E-1*x)*x)*x)*x)
return
end
```

Cette subroutine est prête pour être compilée en un programme FORTRAN.

9.9 Remarques à destination des programmeurs C

Ceux qui ont une expérience de la programmation en langage C ou en langage C++ auront trouvé familières de nombreuses commandes d'entrées/sorties. Cela n'est pas une coïncidence puisque la bibliothèque d'entrées/sorties de Maple reprend à dessein celle de C.

En général, les commandes d'entrées/sorties Maple fonctionnent de la même façon que leurs homologues du langage C. Les différences qui existent résultent des différences entre les deux langages. Par exemple, en C il faut passer une mémoire tampon à la fonction **sprintf** dans laquelle est écrit le résultat. En Maple, les chaînes sont des objets qu'on peut passer aussi simplement que des nombres ; la commande **sprintf** retourne donc une chaîne suffisamment longue pour contenir le résultat. Cette méthode est à la fois plus simple et moins sujette à erreur puisqu'on ne risque plus de dépasser la fin d'une mémoire tampon de longueur fixée.

De même, les commandes **fscanf**, **scanf** et **sscanf** retournent des listes de résultats filtrés au lieu de demander de passer des références aux variables. Cette méthode aussi est plus fiable puisqu'elle évite de passer un mauvais type de variable ou une variable de taille insuffisante.

Une autre différence réside dans l'utilisation de la commande **filepos** qui effectue à elle seule le travail de deux fonctions C : **ftell** et **fseek**. On peut faire cela en Maple parce que les fonctions acceptent un nombre variable d'arguments.

De manière générale, si vous avez l'habitude de programmer en langage C, vous devriez avoir peu de difficulté pour utiliser la bibliothèque d'entrées/sorties de Maple.

9.10 Conclusion

Ce chapitre a expliqué comment on pouvait importer dans Maple et exporter de Maple des données ou du code. La plupart des commandes décrites dans cette partie sont plus primitives que des commandes usuelles comme **save** et **writeto**. L'ensemble de ces commandes dote le programmeur de moyens suffisants pour faire face à toutes les situations d'échanges de données ou de code. Le fondement de la plupart des fonctions d'entrées/sorties trouve son origine dans le langage C, même si elles ont été étendues pour faciliter l'affichage d'expressions algébriques.

Dans l'ensemble, cet ouvrage fournit un cadre essentiel pour comprendre la programmation avec Maple. Chaque chapitre aborde un domaine particulier de Maple. Toutefois, il est évident qu'une description exhaustive de Maple ne saurait tenir dans un seul volume. Le système d'aide en ligne est une ressource de premier ordre pour obtenir certaines informations ; il complète cet ouvrage. Alors que notre propos s'attache à l'étude des concepts fondamentaux, le système d'aide en ligne présente les détails de chaque commande.

Il existe de nombreux ouvrages consacrés à Maple. Certains constituent des introductions générales à Maple, un peu comme ce livre ; d'autres sont consacrés à l'application de Maple à des domaines particuliers. Leur étude complétera de façon enrichissante cette lecture.

Index

!, 124, 129, 169
!!, 169
", 52, 169, 361
"", 52, 361
""", 52, 361
#, 31, 129
$, 124, 158
&, 105, 124
&*, 124, 165, 167
&*(), 167
', 16
`, 128, 134, 181
(), 128
*, 124, 165
**, 124, 165
+, 124, 165
,, 124, 128
-, 124, 165
->, 54, 124, 130
., 124
.., 124
/, 124, 165
:, 128
::, 19, 124, 200
:=, 3, 11, 124
;, 128
<, 124
<=, 124
<>, 124, 128
=, 11, 124
>, 124
>=, 124

?, 129
@, 164, 169
@@, 103, 164, 169
[ ], 128, 160
%, 124, 155, 158
\, 129
{}, 128
^, 124, 165

abnorm, 9, 10
ABS, 15–18
abs, 36, 37, 123
abznorm, 10
add, 26, 157, 159, 186, 190–192, 203
add(k,k=1.1..3.1);, 192
addcolor, 341–343
addCurvecolor, 340
affectation, 11, 130
   et définition d'équations, 11
affichage
   d'expressions Maple, 364
   de labels, 365
   formaté, 103
   indentation, 364
   largeur de l'écran, 365
   procédures, 365
   unidimensionnel, 363
algorithme de tri rapide, 59
algsubs, 194
alias, 103, 104
alias, 104, 154
all, 238

AMBIENTLIGHT, 293
and, 105, 123, 124, 174, 175
ANIMATE, 328
animate, 273, 331
animate3d, 273, 331
animation, 328
   forme statique, 329
   structure des données, 328
anything, 184
apostrophes, 181
appel non évalué, 118
APPEND, 352, 353, 379
appendto, 363, 364, 371, 372
arbres (représentant une expression), 145
arc, 305
args, 87, 201, 216, 277, 294
arguments, 8, 199, 201, 284
   séquence des, 199
arguments optionnels, 275
   traitement, 279
arithmétique, 165
array, 177
array, 177
arrow, 207, 312, 314, 315
assign, 135
assigned, 134
assume, 42, 43, 83
AXESLABELS, 283, 285
AXESSTYLE, 285, 291
AXESTICKS, 285

BesselJ (fonction), 104, 260
BesselY (fonction), 104
Beta (fonction), 254
bibliothèque
   archivage dans une, 116
   création de, 116
   lecture dans une, 118
   sauver dans une, 117
BINARY, 351, 355
boolean, 175
boucles for, 11
boucles while, 11
bouteille de Klein, 311
branchement conditionnel, 136
break, 140, 142
builtin, 208
by, 123, 139

C (langage), 372–374, 380
calcul numérique, 252
calculs
   en machine, 325
   gérés par Maple, 325
caractères
   blancs, 126
   d'échappement, 129
   spéciaux, 122, 123
carre, 48, 49, 66
Cartesian-, 93, 94
CartesianProduct, 94–97
CartesianProduct2, 97
cat, 132
champs de vecteurs, 312
chaînes, 149
   et caractère 'back quote', 125
   conversion en expressions, 100
Chebyshev, 222
check, 244
chessplot3d, 344
close, 353
cmplx, 114
coeff, 35, 40
coefficients (d'un polynôme), 35
coeffs, 36, 37
collect, 40
COLOR, 285
color, 335
colormap, 337
colormapHue, 339
colormaps, 338
COLOUR, 336
combine, 167, 172
commandes
   sur plusieurs lignes, 3
commandes built-in, 208
commandes prédéfinies, 109
COMPLEX, 114–116
complex(float), 154
complexplot, 273
composition, 164
   de fonctions, 168
concaténation, 150
conjecture, 22
connect, 74
connectivity, 74
connexe, 76–78
constant, 69, 183

constantes
    définition de nouvelles, 267
    symboliques, 183
constants, 183
cont, 229, 230, 247
contourplot, 303, 304
contourplot3d, 303, 304
contours, 304
conversion
    d'octets en chaînes, 376
    d'options graphiques, 294
    d'un maillage en polygones, 300
    d'une grille en polygones, 343
    de chaînes, 378
    de chaînes en expressions, 100, 376
    de chaînes en octets, 376
conversion d'expressions
    vers LaTeX, 374
    vers eqn, 374
convert, 315, 376
Copyright, 208, 209
corps des quaternions, 106
cos, 123, 125
couleur, 282, 335
count, 211, 212, 230
courbes
    tracé de, 33
crible, 226, 230, 232
crible d'Eratosthène, 225
cube, 49, 50, 67
CURVES, 283–286, 291, 340, 341
cutout, 309
cutoutPolygon, 308, 309

débogueur, 224
    activation des procédures, 243
    affichage des instructions, 243
    contrôle de l'exécution, 247
    évaluation de variables, 241
    examen des variables, 240
    exécution pas à pas, 248
    instructions identiques, 251
    invite, 226
    modification des variables, 242
    points d'arrêt, 226, 233
    points d'observation, 230, 237
    poursuite de l'exécution, 229, 247
    prompt, 226
    quitter, 231, 247
    restrictions, 251

    suppression de points d'arrêt, 230, 234
    suppression de points d'observation, 231, 238
déclaration de types, 19
DEBUG, 235, 236
debugger (voir débogueur), 224
default, 351, 357, 358, 363, 364, 367, 371, 372, 375
degree, 35, 133
denom, 151
description, 123, 196, 208
det, 261
DEtools, 272
diagrammes de Smith, 306
diff, 11, 109, 133, 172, 251
Digits, 52, 53, 64, 65, 82, 152, 237, 241, 253, 254, 256, 257, 259, 263–267, 270
DIRECT, 355
disk, 293, 294
display, 278, 303, 305, 308, 314, 329, 331, 334
distribution uniforme, 63
ditto (opérateur), 169
divisepar2, 20–22
divisepar2(), 21
divisepar2(40), 21
do, 123, 138, 226
domaininfo, 314
done, 123, 251
données
    lecture dans un fichier, 348
    représentation des, 73
    sauvegarde dans un fichier, 347
dropshadow, 304
dropshadowplot, 57, 304
dsolve, 84, 97

écho
    suppression de l', 5
écriture
    d'octets, 366
    de chaînes, 366
    en colonnes, 370
    formats, 347
    formatée, 347, 358, 367
efficacité (d'un programme), 23, 191, 205, 207, 253, 257, 325, 326
element, 93–96
elif, 17, 123, 137

else, 123, 136, 137
end, 1, 4, 5, 55, 123
ensemble de Mandelbrot, 274
ensemble des caractères, 122
ensembles, 25, 28, 159
    sélection d'un élément, 159
    vide, 159
entiers, 126
    naturels, 126
    premiers, 148
    sous-types, 148
entrée, 4
    interactive, 98
    invite, 2
entrées, 8
eqn
    génération de code, 374
eqn, 374, 375
equation, 172
Eratosthène, 225
erreurs
    d'arrondi, 265
    de programmation, 224
    de syntaxe, 120, 121
    lors de la lecture de fichiers, 121
    récupération d', 214
ERROR, 213, 215
error, 214
espaces, 126
étiquetage
    d'expressions, 155
    spécification de la longueur, 155
eval, 6, 46, 51, 57, 58, 63, 68, 86, 101, 177, 193, 204, 205, 218
evalb, 173, 174, 211
evalc, 154
evalf, 3, 64, 109, 112, 153, 172, 253, 254, 256, 259, 267, 268, 270, 284, 325
    nouvelles constantes, 267
evalgrid, 326, 327
evalhf, 256, 257, 260–262, 264, 325–327
    et évaluation, 256
    et fonction de Bessel, 260
    et listes, 261
    et méthode de Newton, 258
    et tableaux, 260–262
    et **var**, 262
evalm, 167

evaln, 66–69, 134, 210
evaluate, 257, 258
évaluation, 46, 57
    à un niveau, 204
    au dernier nom, 6, 51–52, 217
    avant invocation de la procédure, 49
    évaluation complète, 6
    contrôle du niveau, 204
    d'expressions générales, 147
    d'expressions non évaluées, 182
    de chaînes filtrées, 376
    de paramètres, 210
    des paramètres, 49
    récursive complète, 204, 217
    variables locales, 50
even, 148
expand, 102, 112, 125
exposant, 152
expression(s), 144
    booléenne, 175
    chaînes converties en, 100
    et map, 186
    lecture dans un fichier, 143
    non évaluées, 181
    opérandes, 146
    simplification, 147
    structure interne, 145
    suppression de parties, 188
    sélection de parties, 188
    types, 145
    écriture dans un fichier, 143, 144
    évaluation, 147
extend, 280
extension
    d'opérateurs, 102
    de commandes prédéfinies, 109, 315
    de types, 102
extension de la commande
    diff, 109
    simplify, 110

faces, 297
Factor, 170, 171
factor, 171
factorielle, 169
FAIL, 93, 136, 137, 140, 141, 175, 176
false, 102, 136, 140, 141, 173–175, 232, 279, 355, 365
fclose, 348, 353
feof, 354, 355

fflush, 371
fi, 15, 123
fib, 80–82, 206, 207
Fibonacci
  nombres de, 23
Fibonacci, 23, 24, 79, 80
fichiers
  binaires, 350
  création automatique, 347, 353
  default, 351
  descripteurs, 351
  détection de la fin, 354
  d'initialisation, 119
  écriture formatée, 367
  écriture d'octets, 366
  écriture dans, 347
  écriture de chaînes, 366
  écriture en colonnes, 348, 370
  fermeture, 347, 353
  format .m, 143
  format interne, 143
  format texte, 143
  lecture, 98, 143–144, 349
  lecture d'octets, 357
  lecture de lignes, 356
  lecture en colonnes, 349, 362
  longueur, 354
  modes, 351
  non tamponnés, 350
  ouverture, 347, 352
  position courante, 354
  redirection de "default", 371
  sauvegarde, 143
  sauvegarde d'expressions particulières, 144
  suppression, 356
  tamponnés, 350, 371
  terminal, 351
  textes, 350
  types, 350
filepos, 354, 380
filtrage
  de chaînes, 100, 378
fin de ligne, 126
float, 152, 163, 362, 370
flottants (nombres), 151, 264
  affichage, 260
  erreurs d'arrondi, 265
  et nouvelles fonctions, 268
  exposants, 263
  gérés par la machine, 255, 264
  gérés par logiciel, 257
  gérés par machine, 257
  modèles de, 262
  précision, 254, 263
  tableaux, 260
fnum, 325, 326
fonction(s), 161, 197, 273
  appel de, 162
  composition, 164, 168
  définition, 268
  opérande zéro, 162
FONT, 285
fopen, 347, 352–355
for, 11, 13, 14, 19, 20, 29, 123, 138–141, 186, 203, 227, 251
format .m, 143
formats, 349, 358, 367
formats d'écriture, 347
FORTRAN
  génération de code, 378
fortran, 372, 373, 379
fourierPicture, 331, 332
fprintf, 347, 348, 367, 369, 370, 378
fraction, 150, 152
fractions, 150
  simplification de, 150
frame, 289
fremove, 356
from, 123, 138, 139
fscanf, 349, 355, 358, 360, 378, 380
fseek, 380
fsolve, 33
ftell, 380
function, 162, 163

Galois (extension de), 171
GCD, 212
generateplot, 315
générateur uniforme de nombres
  aléatoires, 63
génération de code C, 372
génération de code FORTRAN, 372
GetLimitInput, 100
global, 8, 123, 196, 208
graphiques
  animation, 328
  bouteille de Klein, 311
  champs de vecteurs, 312
  choix des couleurs, 302

graphiques (*cont.*)
   diagramme sectoriel, 302
   diagrammes de Smith, 306
   en couleur, 335
   gestion de la couleur, 335
   génération de grilles, 324
   maillages de polygones, 299
   modification des maillages, 307
   ombre, 303
   options, 275
   pavage du plan, 305
   primitives graphiques, 293
   représentation graphique d'un échiquier, 343
   rotation de la figure, 301
   structures de données, 281, 286, 289
   structures polygonales, 313
   tables de couleurs, 337
   tridimensionnels, 289
   valeurs non définies, 319
graphiques bidimensionnels
   structures de données, 282, 283
graphisme
   conversion d'options, 294
GRID, 291, 300, 311, 344
grid, 275
gridpoints, 326–328
GRIDSTYLE, 293
guillemets simples, 16

Hamilton
   corps de, 106
HankelH1, 104
has, 221, 251
hasoption, 279, 294, 304
HAUT, 36, 37
hauteur, 35
help, 356
histogrammes, 290
HUE, 285, 335, 338
hypothèses
   sur les variables, 42

I, 9, 104, 153, 154
if, 11
if, 11, 15–17, 25, 71, 123, 173, 175, 176, 197, 226, 234, 248–251
Im, 9, 10, 33, 153
in, 123, 138, 141
indentamount, 364, 365

indentation, 17
indexed, 149
indices, 76
infinity, 139, 354, 357
infolevel
   all, 111
   simplify, 111
init, 114
instruction conditionnelle, 11
instructions
   de boucles
      boucles for, 13
      boucles while, 20
   de branchement conditionnel, 15
      imbriquées, 16
   de programmation
      boucles for, 29
Int, 255, 375
int, 180, 185, 217, 255, 375
integer, 123, 125, 133, 148, 150, 152, 163, 184, 362, 370
intégration
   numérique, 254, 255
   par parties, 39
interface, 362
intersect, 123, 124
intervalle, 180
intervalles, 180
IntExpMonomial, 40, 42, 43
IntExpPolynomial, 40, 41, 44, 71–73
into, 249
invite, 2
iostatus, 355
iquo, 20
irem, 20
is, 42, 43, 173, 175
ispoly, 44
iterate, 258–260
iteration, 22

labelling, 365
labelwidth, 365
langage de programmation
   boucles, 186
langage Maple
   branchement conditionnel, 136
   caractères d'échappement, 129
   ensemble des caractères, 122
   expressions, 144
   instructions, 129

instructions de boucle, 138
mots, 123, 126
mots réservés, 123
signes de ponctuation, 127
syntaxe, 120
sémantique, 121
éléments du, 122
lasterror, 214
LaTeX
génération de code, 374
latex, 374, 375
lecture
d'octets, 357
dans un fichier, 356
dans une bibliothèque, 118
de déclarations, 361
d'un fichier, 98
en colonnes, 362
formatée, 358
lexorder, 31
lhs, 172, 180
libname, 113–117
LIGHTMODEL, 293
limit, 99, 255
line, 293, 294
LINESTYLE, 285
list, 26, 31, 123, 125, 133, 159, 229, 243
list(string), 31
listbarchart3d, 291
listes, 25, 26, 159
de listes, 32
et map, 187
fusion de, 189
sélection d'un élément, 159
vide, 159
listplot3d, 317
listvectorfieldplot, 317
local, 5, 8, 50, 123, 196, 208
locales (variables)
évaluation, 204
locale, 50
loopplot, 277, 278
lprint, 236, 282, 363, 364

MaConst, 267, 268
MaFct, 269–271
maillages de polygones, 307
MakeIteration, 86
makePolygongrid, 299–301

makevectors, 320
mantisse, 152
map, 17, 33, 36, 37, 54, 56, 64, 68–70, 76, 161, 186–190, 198
appliqué à des séquences, 68
march, 116
match, 72
matrice(s)
comme structure de données, 75
d'adjacence, 75
produit de, 167
MAX, 202, 215–217
max, 36
MEMBER, 209, 210
member, 30
MEMBRE, 29, 30
MESH, 292, 299–301, 311, 344
messages d'erreur, 19, 213
MethodA, 215
méthode de Newton, 84
minus, 123, 124
mod, 123, 124, 170, 171
modp, 170
mods, 170
modulo, 170
moitie, 4
mots, 123
séparateurs, 126
mots réservés, 123
mots-clés, 123
moyenne, 26
mul, 26, 157, 159, 186, 190–192, 203
multiplication
non commutative, 124, 167

name, 149, 163, 184
nargs, 210, 216, 277, 294
negint, 148
networks, 73, 76
newname, 203, 204
Newton, 85, 259, 260
next, 140, 142, 227, 228, 239, 248, 249
nombre flottant non signé, 151
nombres
premiers, 225
nombres aléatoires
générateur de, 63
nombres complexes, 153
numériques, 153
partie imaginaire, 9

nombres complexes (*cont.*)
   partie réelle, 9
   sous-types, 153, 154
nombres décimaux, 151
nombres flottants
   arithmétique des, 152
   gérés par logiciel, 253
   gérés par machine, 253
noms, 130
   création d'alias, 104
   de procédures, 217
   désaffectation, 134
   et affectation, 134
   indexés, 131
   suivis d'un tilde, 91
nonnegint, 148
nontrivial, 69, 70
nops, 26, 148, 156, 157
nosemicolon, 377
not, 105, 123, 124, 174
notation fonctionnelle, 197
notation flèche, 55, 130
NULL, 28, 52, 156, 157, 160, 169, 190
numapprox, 379
numer, 151
numeric, 152–154, 183, 201
numéros d'instruction, 225, 233
numpoints, 279, 294

$O(x^n)$, 179
od, 123, 138
odd, 148
op, 76, 146, 148, 151, 156, 159, 181, 192, 220
op érandes, 146
open, 352–355
opérateurs, 102, 105
   arithmétiques, 165
   binaires, 124
   de concaténation, 131
   différentiel, 198
   ditto, 52, 169
   définis par l'utilisateur, 105
   factorielle, 169
   flèche, 197
   logiques, 174
   modulo, 170
   neutres, 105
   précédence, 144

   relationnels, 172
   unaires, 124
operator, 199, 207
option, 123
options, 123, 196, 208
or, 123, 124, 174
Order, 178
outfrom, 229, 249

packages, 112
   de procédures, 112
   chargement, 117
   chargements de, 113
   création de bibliothèques, 116
   et bibliothèques, 116
   et nouveaux types de données, 114
   et variables globales, 115
   initialisation, 114
   sauvegarde, 113
   sauver des, 117
pairup, 213, 214
paramètres, 8, 48, 199
   affectation de valeurs à des, 209
   déclarés, 200
   effectifs, 197, 201
   formels, 196
   nombre de, 87, 200
   symboliques, 41
   vérification, 277
   évaluation de, 210
parse, 100, 101, 376, 377
partialsum, 302
partition, 97
partition, 59–62
pavages, 305
   de Truchet, 306
phi, 130
Pi, 267
piechart, 302
pieslice, 302
PLOT, 281–284, 286, 289, 291, 293, 294, 300, 345
plot, 11, 12, 32, 216, 272, 273, 276, 277, 282, 345
PLOT3D, 281–283, 290, 291, 293, 299, 310, 314, 345
plot3d
   options, 275
plot3d, 273, 279, 299, 312, 344, 345
plotdiff, 11, 12

plots, 272, 277, 278, 281, 303, 305, 308, 314, 329, 331, 333, 335, 345
plotting
    lines, 294
plottools, 272, 293, 301–303, 305–307, 312, 334, 335, 345
POINTS, 284, 285, 291
points, 329
points d'arrêt, 226, 233
    explicites, 235
    limites des, 234
    partagés, 234
    suppression, 230, 234
    visualisation, 245
points d'observation, 237
    et messages d'erreur, 238
    et traperror, 238
    suppression, 231, 238
    visualisation, 245
points d'observation d'erreur
    limites des, 238
    suppression, 238
POLYGON, 313
polygongrid, 299
POLYGONS, 284, 285, 291, 296, 300
POLYNOM, 104
polynôme(s), 38
    de Chebyshev, 38, 222
    degré, 35
    modification de l'affichage des, 104
    représentation des, 104
    représentation graphique des racines, 32
posint, 20, 148
POSITION, 30
powers, 113, 117, 118
prettyprint, 364, 365
prime, 148
print, 179, 236, 260, 364, 365
printf, 367, 369, 375, 378
proc, 54, 123, 196, 222
procedure, 218
procedure definition, 163
procédure d'initialisation, 114
procédure(s), 83
    accès aux valeurs des paramètres, 201
    affichage du contenu, 6
    anonymes, 198
    appel, 5, 197
    ayant un nombre variable de paramètres, 216
    built-in, 208
    chargement, 221
    contrôle de l'affichage, 365
    corps de, 5, 196
    création avec unapply, 57
    définition, 4, 5, 196
    description, 208
    et opérateurs ditto, 169
    évaluation, 199
    évaluation par le dernier nom, 6
    exécution, 5
    exécution détaillée, 111
    graphiques, 273
    imbriquées, 54
    invocation, 5
    mise au point, 224
    nombre de paramètres, 87
    noms de, 217
    non nommées, 198
    numéros d'instruction, 225, 233
    op, 218
    opérandes, 219
    opérateur ditto, 52
    options, 206
    options d'affichage, 207
    paramètres effectifs, 197
    paramètres formels, 196
    points d'arrêt, 233
    points d'observation, 230, 237
    programmation modulaire, 21
    récursives, 22, 207
    règles d'évaluation, 46
    regroupement de, 112
    retour non évalué, 15
    retour à travers un paramètre, 209
    retours d'erreur, 213
    retours explicites, 212
    sauvegarde, 220
    simples, 3
    simplification de, 198
    sortie de boucle, 142
    subs, 57
    substitution dans les, 57, 96
    tables de remember, 78
    type, 218
    types de retours, 209
    unapply, 57

procédure(s) (*cont.*)
    valeurs retournées par une procédure, 5, 14, 24, 197
    variables locales, 92
    vérification de type, 70
    watchpoints, 230
procname, 217
Product, 93, 94
product, 159, 180, 191, 192
produit cartésien, 92
programmation
    avec des formules, 35
    avec graphiques, 272
    efficace, 23
    en C, 380
    et structures de données graphiques, 293
    mise au point, 224
    récursive, 22
programme, 3
protect, 133
précision, 253, 254, 257
Puiseux
    séries de, 179

Quaternion, 106
quaternions, 106
    associativité de la multiplication, 110
quicksort, 59, 60, 62, 63
quit, 123, 129, 140, 231, 247, 251

rand, 63, 84, 97
rand(4..7), 63
randpoly, 34
range, 180
rational, 150
RAW, 350, 352, 355
Re, 9, 10, 33, 153
READ, 351, 352, 355
read, 122, 123, 129, 143, 144, 221, 251, 351, 355, 372
readbytes, 355, 357, 376
readdata, 349, 362
readlib, 118
readlib, 118, 372, 374
readline, 98–100, 355, 356, 377
readstat, 98–100, 361, 377
recherche numérique des solutions d'une équation, 84
recherche par dichotomie, 30

rectangle, 305
récupération d'erreurs, 214
redtop, 290
règles d'évaluation
    au sein du débogueur, 241
    dans une procédure, 46
    et substitution, 193
    evaln, 66
    exceptions, 47, 52
    spécifiques à certaines commandes, 66
    uneval, 68
    variables d'environnement, 52
remember, 23, 79, 206, 207
remove, 70, 161, 186, 188, 221
rep, 50
représentation graphique
    d'une boîte, 289
    d'une série, 286
    disques, 294
    histogrammes, 290
    échelle, 296
représentations graphiques, 33
    à l'aide du package **plottools**, 301
restart, 353
result, 125
retour à la ligne, 126
retour de procédure 15
    non évalué, 15, 215
RETURN, 24, 25, 29, 79, 212
return, 250
RGB, 282, 335, 337
rhs, 172, 180
ribbonplot, 278–281, 318
RootOf, 155
round, 64

saisie
    interactive, 98
saisie au clavier, 98
sauver
    dans une bibliothèque, 117
save, 123, 129, 143, 144, 221, 251, 380
savelib, 117
savelibname, 117
SCALING, 285
scanf, 358, 360, 378, 380
screenwidth, 363, 365
select, 161, 186, 188, 221
sélection, 160
sémantique, 121, 196

séparateurs, 2
seq, 23, 26, 28, 29, 157–159, 186, 190–192, 203, 251
séquence(s), 25, 27, 155
    calcul de la somme, 190
    calcul du produit, 190
    création avec $, 158
    création avec seq, 157
    création de, 190
    et efficacité, 191
    nombre d'éléments, 157
séries, 178
    de Fourier, 331
    de Laurent, 179
    de Puiseux, 179
    opérande zéro, 179
    structure interne, 179
series, 109, 112, 172, 178–180
set, 159
shift, 87–89
showstat, 225, 228, 233, 234, 236, 243
showstop, 245, 246
sigma, 27
signes de ponctuation, 127
simplification
    d'exponentielles composées, 167
    d'expressions générales, 147
    de fractions, 150
    de procédures, 198
simplify, 43, 102, 109–111, 123, 125
sin, 123, 125, 133, 217, 267
single quotes, 181
SirIsaac, 86
smap, 68
solutions
    analytiques, 252
    numériques, 252
solve, 1, 33, 157
SOMME, 14, 18, 19
sommets, 73
sort, 160
springPlot, 334
sprintf, 378, 380
square, 113
sscanf, 378, 380
stat, 228
statement, 377
stats, 272
stellateFace, 310
step, 227, 228, 239, 241, 248, 249

stop, 123, 251
stopat, 225, 226, 233, 234, 236
stoperror, 238, 239
stopwhen, 230, 237, 238
STREAM, 350, 352, 354, 355
string, 149, 370
structures de données, 25, 109
    choix d'une, 73
    exercices, 78
    fondamentales, 25
    procédures, 78
    tables, 78
    théorie des graphes, 73
STYLE, 285
style, 313
subs, 57, 58, 65, 88, 192–194
subsop, 148
substitution, 192
    algébrique, 194
    règles d'évaluation, 193
    symbolique, 192
SUM, 19
sum, 159, 180, 191, 192, 255
sum(k,k=1.1..3.1);, 192
sumn, 243, 244
sumplot, 288
SYMBOL, 285
symbolique(s)
    programmation, 35
    transformations, 17
syntaxe, 196
system, 81, 82, 207

table, 176, 177
tableau(x), 92, 176–177
    de flottants, 260
    et noms indexés, 131
    réindexation, 373
    règles d'évaluation, 177
table(s), 176
    affectation directe, 206
    ajout d'entrées, 79
    comme structures de données, 76
    création, 176
    de commandes, 112
    de couleurs, 337
    de remember, 23, 78, 107
    indices, 177

règles d'évaluation, 177
  éléments, 177
tabulations, 126
taylor, 178
terminaison d'une commande, 2
terminal, 98, 351, 361, 372
TEXT, 284, 285, 291, 302, 351, 355, 357
then, 123, 136
THICKNESS, 285
théorie des graphes, 73
tildes, 91
time, 23
TITLE, 337
to, 123, 139
total, 14
tracé(s)
  bidimensionnel, 272
  commandes built-in, 276
  commandes fondamentales, 272
  d'un ruban, 278
  de boucles, 276
  de fonctions, 273
  en coordonnées cylindriques, 282
  nombre de points utilisés, 279
  options, 275
  structure de données, 282
  tridimensionnel, 272
traitement de texte, 374
traitement des options, 279
transform, 303, 307
traperror, 214, 215, 238, 239, 260, 352, 356, 361, 377
tri, 58
triangle, 308
true, 102, 136, 139–141, 173, 175, 184, 188, 227, 235, 355, 365
truth tables, 176
try, 54–56, 58
try2, 55
try3, 56
try4, 57
try5, 58
tubeplot, 333
type
  integer, 148
  vérification automatique de, 70
type, 69, 71, 148–150, 152, 156, 173, 175, 185, 260
typematch, 71, 72, 110, 286

types, 102
  appels de fonction, 161
  arrays, 177
  chaînes, 149
  concaténation, 150
  d'entiers, 148
  déclaration de, 19
  définition de nouveaux, 102, 106
  ensembles, 159
  évaluation des, 67
  expressions non évaluées, 181
  factorielles, 169
  floating-points, 151
  fractions, 150
  intervalles, 180
  intégrales, 73
  multiplication non commutative, 167
  nombres complexes, 153
  nombres flottants, 151
  noms indexés, 149
  opérateurs logiques, 174
  procédures, 218
  reconnaissance de, 71
  relations, 172
  string, 149
  structurés, 69, 184
  séquences, 155
  séries, 178
  structurés, 69, 184
  tableaux, 177
  tables, 177
  vérification de, 18, 69, 97

unapply, 57, 85, 87, 88, 286
undefined, 319, 325
uneval, 68, 69, 182, 257
uniform, 63–65
union, 105, 123, 124
unstopat, 230, 234–236
unstoperror, 238
unstopwhen, 238
userinfo, 111

valeur, 5
var, 262, 327
variable(s)
  affectation d'une valeur à, 204
  champ de validité, 7, 54
  désaffectation, 134
  d'environnement, 52

évaluation, 204
globales, 6, 91, 203
identification, 90
locales, 5, 7, 50, 91, 97, 203
non déclarées, 56
varyAspect, 330
vecteurs
fusion de, 189
vectorfieldplot, 317–322
verboseproc, 6, 208, 365
vérification de type
automatique, 71, 200, 213
VIEW, 285
virgule flottante
modèle IEEE, 253

w, 58
whattype, 68

when, 238
where, 243–245
while, 11, 20, 22, 32, 123, 139–141, 173, 175, 176, 186, 251
with, 73, 112–115, 117, 118, 221
WRITE, 351–353, 355
writebytes, 366, 367, 376
writedata, 348, 370
writeline, 366
writeto, 363, 364, 371, 372, 375, 380

x, 49

y, 11
yellowsides, 290

zip, 186, 189

Maple 5

J.M. Cornil, P. Testud
**Introduction à Maple 5
Release 4**

1997. Env. 450 p.
Broché env. FF 279
ISBN 3-540-63186-0

Je désire commander:
Springer-Verlag France
Tel.: + 33 / 1 / 44 41 15 99
Fax: + 33 / 1 / 43 25 02 25
ou à votre libraire spécialisé

Springer

Springer-Verlag, P. O. Box 31 13 40, D-10643 Berlin, Germany.

P. Dumas, X. Gourdon

Maple

Son bon usage en mathématique

1997. Env. 450 p.
Broché env. FF 298
ISBN 3-540-63140-2

Les systèmes de calcul formel permettent la résolution aisée des problèmes naguère inaccessibles. Encore faut-il comprendre l'esprit dans lequel ils sont bâtis pour les employer efficacement. Ce livre montre le bon usage du logiciel Maple sans se limiter à une présentation morne de la syntaxe. Au contraire il présente le mathématiques des deux premières années de l'enseignement supérieur à travers le logiciel Maple. De nombreux exercices et problèmes pourvus de corrections détaillées permettent de comprendre la classe de problèmes traitables par un tel système. De plus un micro-langage est défini qui couvre la plupart des besoins et évite au novice d'être dérouté par les nombreuses procédures disponibles.

Je désire commander:
Springer-Verlag France
Tel.: + 33 / 1 / 44 41 15 99
Fax: + 33 / 1 / 43 25 02 25
ou à votre libraire spécialisé

Springer

Springer-Verlag, P. O. Box 31 13 40, D-10643 Berlin, Germany.

Springer and the environment

At Springer we firmly believe that an international science publisher has a special obligation to the environment, and our corporate policies consistently reflect this conviction.

We also expect our business partners – paper mills, printers, packaging manufacturers, etc. – to commit themselves to using materials and production processes that do not harm the environment. The paper in this book is made from low- or no-chlorine pulp and is acid free, in conformance with international standards for paper permanency.

MIX
Papier aus verantwortungsvollen Quellen
Paper from responsible sources
FSC® C105338

If you have any concerns about our products,
you can contact us on
ProductSafety@springernature.com

In case Publisher is established outside the EU,
the EU authorized representative is:
**Springer Nature Customer Service Center GmbH
Europaplatz 3, 69115 Heidelberg, Germany**

Printed by Libri Plureos GmbH
in Hamburg, Germany